W0016255

Joshua und Anne-Lee Gilder

DER FALL KEPLER

Joshua und Anne-Lee Gilder

DER FALL KEPLER

Mord im Namen der Wissenschaft

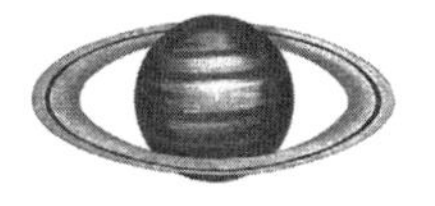

Aus dem Englischen
von Thorsten Schmidt

List

List ist ein Verlag
der Ullstein Buchverlage GmbH

ISBN 3-471-79509-x

Published in agreement with the authors,
c/o BAROR INTERNATIONAL, INC., Armonk, New York, USA
Gesetzt aus der Sabon bei Franzis print & media GmbH, München
Druck und Bindung: Bercker, Kevelaer
Printed in Germany

Für unseren Sohn,
das Zentrum unseres Universums

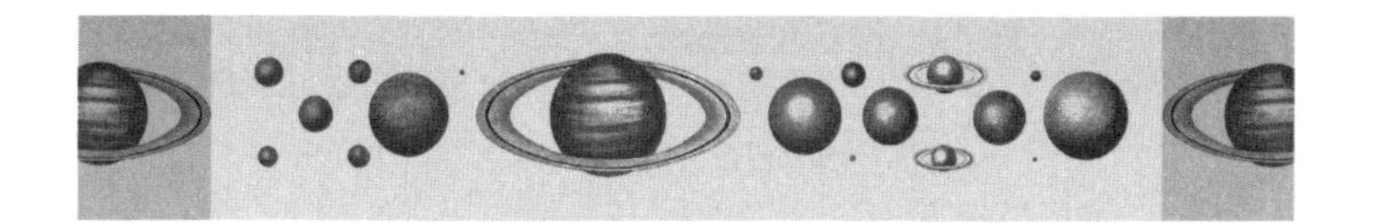

INHALT

Karte I: Das Heilige Römische Reich zur Zeit Keplers und Brahes 9
Karte II: Tycho Brahes Dänemark 10

Der Mord zu Beginn der wissenschaftlichen Revolution 11
1. Das Leichenbegängnis 15
2. Eine Chronik der Seelenqual 20
3. Vertreibung 36
4. Den Himmel vermessen 41
5. Der Alchemist 55
6. Ein explodierender Stern 67
7. Eine eigene Insel 77
8. Das tychonische Weltsystem 87
9. Verbannung 96
10. Das Geheimnis der Welt 105
11. Heirat 121
12. Die Ursus-Affäre 129
13. Kaiserlicher Mathematikus 142
14. Religiöse Intoleranz 155
15. Konfrontation in Prag 163
16. Arglist 176

17. Tycho und Rudolf 184
18. Die Mästlin-Affäre 190
19. Der Zorn kocht über 197
20. Der Tod von Tycho Brahe 203
21. In der Krypta 209
22. Verräterische Symptome 215
23. Dreizehn Stunden 222
24. Das Elixier 229
25. Das Motiv und die Mittel 241
26. Diebstahl 253
27. Die drei Gesetze 256

Nachwort 265
Anhang 271
Anmerkungen 275
Bibliografie 293
Abbildungsnachweis 309
Danksagung 311
Register 315

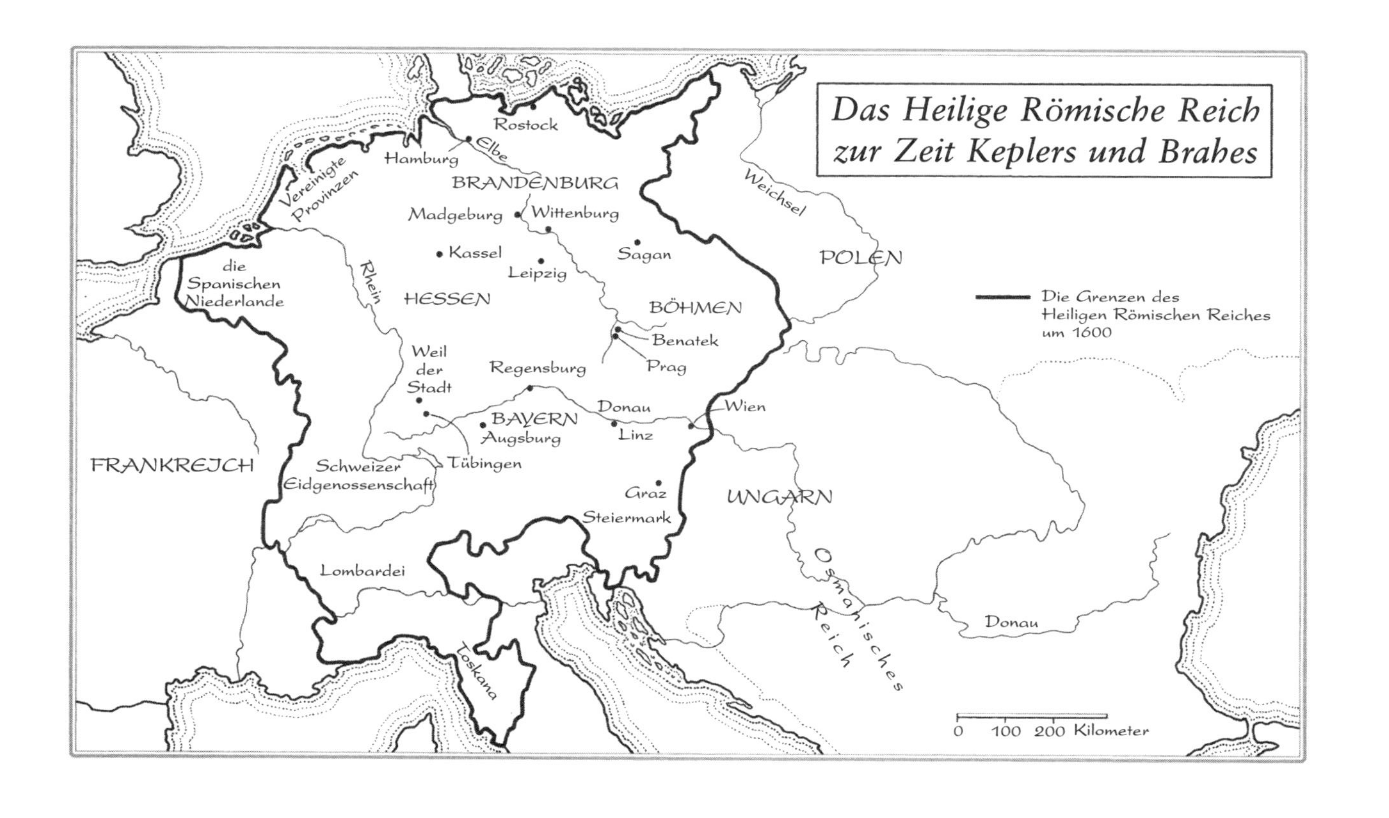
Das Heilige Römische Reich
zur Zeit Keplers und Brahes
Die Grenzen des
Heiligen Römischen Reiches
um 1600
Rostock
Elbe
Hamburg
Vereinigte
Provinzen
BRANDENBURG
Madgeburg
Wittenburg
Kassel
Leipzig
Sagan
Weichsel
POLEN
die
Spanischen
Niederlande
Rhein
HESSEN
BÖHMEN
Benatek
Prag
Weil
der
Stadt
Regensburg
Donau
Wien
BAYERN
Augsburg
Linz
Tübingen
FRANKREICH
Schweizer
Eidgenossenschaft
Graz
Steiermark
UNGARN
Lombardei
Osmanisches
Reich
Donau
Toskana
0 100 200 Kilometer

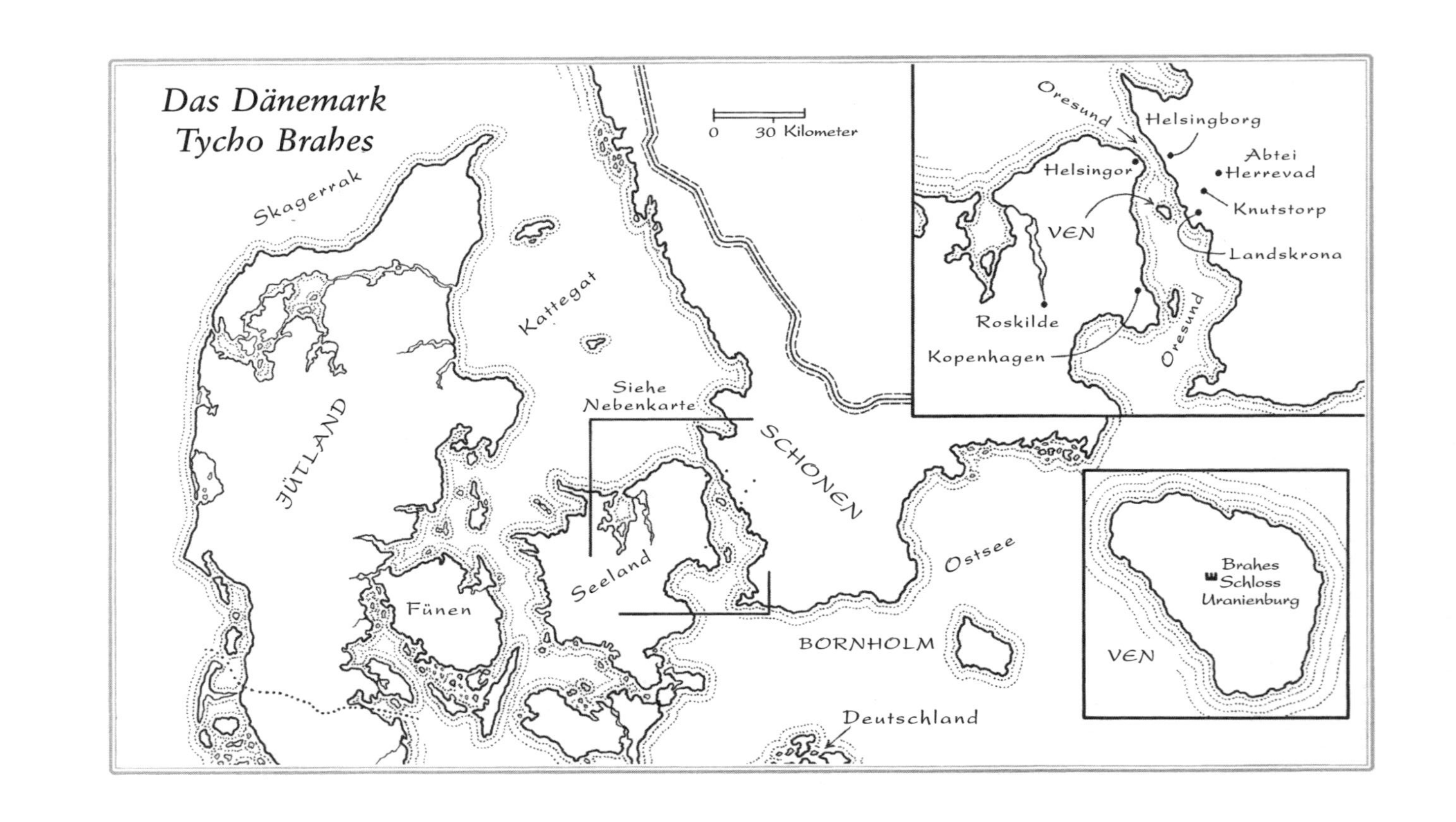
Das Dänemark
Tycho Brahes
0 30 Kilometer
Skagerrak
Kattegat
JÜTLAND
Fünen
Seeland
Siehe
Nebenkarte
SCHONEN
Ostsee
BORNHOLM
Deutschland
Oresund
Helsingborg
Helsingor
Abtei
Herrevad
Knutstorp
VEN
Landskrona
Roskilde
Kopenhagen
Oresund
Brahes
Schloss
Uranienburg
VEN

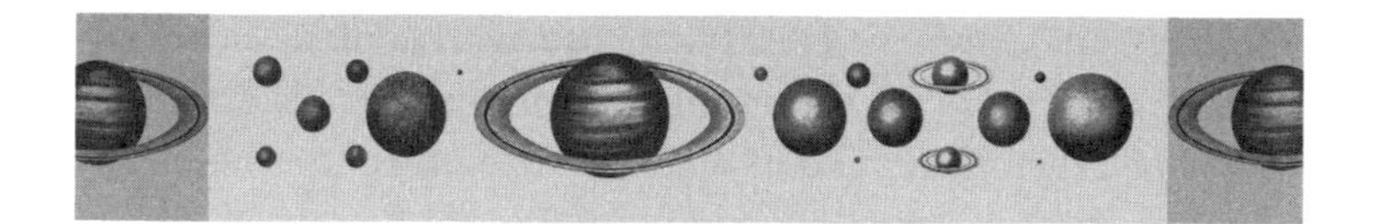

Der Mord zu Beginn der wissenschaftlichen Revolution

Johannes Kepler war einer der bedeutendsten Astronomen der Geschichte. Indem er das antike Modell der sich gleichförmig auf Kreisbahnen bewegenden Planeten durch die dynamische Planetentheorie der Neuzeit ersetzte, veränderte er unser Weltverständnis von Grund auf. Mit seinen revolutionären drei Gesetzen der Planetenbewegungen schuf Kepler die Grundlagen für Newtons allgemeines Gravitationsgesetz und setzte die Physik auf den Pfad der Entdeckungen, auf dem sie bis heute stetig weitergegangen ist. Isaac Newton sagte: »Wenn ich weiter in die Ferne blicken durfte, so deshalb, weil ich auf den Schultern von Riesen stand.« Einer dieser Riesen war Johannes Kepler.

Aber ohne Tycho Brahe wäre Kepler heute lediglich eine Fußnote in den Astronomiebüchern. Brahe war der berühmteste Astronom seiner Zeit, einer der ersten großen systematischen Empiriker und einer der Begründer der modernen naturwissenschaftlichen Methode. Auf der Uranienburg, seinem Schloss auf der dänischen Insel Ven, und später als Kaiserlicher Mathematikus am Hof des römisch-deutschen Kaisers Rudolf II. in Prag führte Brahe über vierzig Jahre lang akribisch Buch über seine mit bloßem Auge und anhand selbst erfundener, ausgetüftelter Instrumente vorgenommenen Beobachtungen an

Planeten und Sternen. Derart präzise waren diese Beobachtungen, dass es über hundert Jahre dauern sollte, bis das Fernrohr noch genauere Daten lieferte. Dieser reiche Beobachtungsschatz bedeutete das endgültige Aus für das ptolemäische Weltsystem und zertrümmerte die Kristallsphären, an denen, wie man seit der Antike glaubte, die Planeten aufgehängt waren. Und mit diesem Fundus konnte Kepler das Geheimnis der Planetenbewegungen enträtseln.

Die achtzehn Monate zu Beginn des 17. Jahrhunderts, in denen diese beiden Männer in Prag zusammenarbeiteten und -lebten, markierten den Übergang von der mittelalterlichen zur neuzeitlichen Naturwissenschaft. Aber kaum ein anderes Gespann in der Wissenschaftsgeschichte hatte ein so zermürbendes, von ständigen Zwistigkeiten überschattetes Verhältnis. Abgesehen davon, dass beide Männer Genies waren und eine Passion für die Sternkunde hatten, hätten sie kaum verschiedener sein können.

Brahe entstammte dem dänischen Hochadel. Kepler wuchs als vernachlässigter und misshandelter Sohn einer in raschem gesellschaftlichen Niedergang begriffenen deutschen Händlerfamilie in ärmlichen Verhältnissen auf. Nur seiner hervorragenden Begabung hatte er es zu verdanken, dass ihm ein Leben in Armut erspart blieb. Brahe war ein unverwüstlicher, bramarbasierender Gesellschaftsmensch mit einem gewaltigen Appetit auf Essen, Wein und die Genüsse des Lebens überhaupt. Könige, Königinnen, Aristokraten und Gelehrte aus ganz Europa pilgerten in Scharen auf die Insel Ven, um die Sternwarte, die Brahe dort errichtet hatte, ehrfurchtsvoll zu bestaunen. Kepler war hager und gebrechlich; er kränkelte sein ganzes Leben lang, und er zog sich lieber ins stille Kämmerlein zurück, als geselligen Vergnügungen beizuwohnen.

Brahe war ein leidenschaftlicher Empiriker, der sein Leben der exakten Vermessung der Gestirne (Astrometrie) widmete. Kepler, den seine Kurzsichtigkeit davon abhielt, eigenständige astronomische Beobachtungen anzustellen, war ein überbordender Quell theoretischer und spekulativer Betrachtungen;

viele davon waren in höchstem Maße mystizistisch und abstrus, einige aber waren unglaublich brillant.

Doch das Genie Kepler hatte auch eine Schattenseite, er verzehrte sich in Zorn, Furcht und Missgunst und war wie besessen von dem Wunsch, sich Tycho Brahes riesigen Fundus an Planetenbeobachtungen anzueignen. Erst nach Brahes Tod sollte Keplers Stern strahlend aufgehen.

Vierhundert Jahre lang glaubte man, Tycho Brahe sei eines natürlichen Todes gestorben. Neuere forensische Untersuchungen von Haaren des dänischen Astronomen belegen indes, dass er ermordet wurde, heimtückisch vergiftet. Und was das Motiv, die Tatwerkzeuge und die Gelegenheit betrifft, so deuten alle Indizien auf einen Verdächtigen: Johannes Kepler.

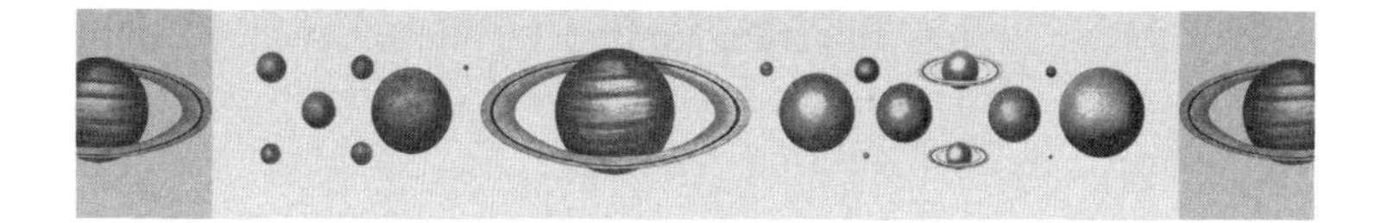

KAPITEL 1

DAS LEICHENBEGÄNGNIS

Die Prager Bürger drängten sich in solchen Scharen auf den Straßen, dass man den Eindruck hatte, der Leichenzug bahne sich seinen Weg gleichsam zwischen zwei Mauern aus Menschen. Der mit einer schwarzen Samtdecke, in die Brahes Wappen prunkvoll mit Goldfäden eingestickt war, bedeckte Sarg wurde von zwölf kaiserlichen Trabanten, allesamt Adligen, getragen. Im Innern lag der Leichnam Tycho Brahes in vollem ritterlichen Harnisch, das Rapier neben sich.[1]

Drei Männer führten die Prozession an, zwei trugen Kerzen, der dritte eine wehende schwarze Damastfahne. Ihnen folgte Brahes Leibpferd, das ganz mit einer schwarzen Decke behängt war, auf der sein goldenes Wappen prangte. Dahinter ein weiterer Fahnenträger und ein zweites, ebenfalls schwarz gedecktes Pferd; dann ein Mann, der ein Paar vergoldete Sporen trug, ein zweiter, der Brahes federgeschmückten Helm in Händen hielt, und ein dritter, der Brahes Wappenschild zur Schau stellte. Hinter dem Sarg schritt Brahes jüngster Sohn, flankiert von seinem geliebten Vetter, Eric Brahe, und dem engen Freund Baron Ernfried von Minckwitz in langer Trauerkleidung, an dessen Tafel Brahe das erste Unwohlsein verspürt hatte. Als Nächstes kamen kaiserliche Räte und böhmische Adlige, dahinter Brahes Assistenten und Dienstboten.

Es folgten Brahes Ehefrau Kirsten im Geleit zweier hoher königlicher Richter und ihre drei Töchter, die jeweils von zwei vornehmen Herren geführt wurden. Die Nachhut bildeten zahlreiche »stattliche Frauen« und die vornehmsten Bürger Prags.

Am 4. November 1601 bahnte sich der Trauerzug seinen Weg im Schatten der imposanten schwarzen Türme der Teynkirche durch die Menge der Schaulustigen, die sich davor und im Innern drängten. Adlige und Bürgerliche rangelten gleichermaßen darum, einen letzten flüchtigen Blick auf den Sarg des fast schon zur Legende gewordenen Wissenschaftlers zu werfen und ihm die letzte Ehre zu erweisen. Die Angehörigen nahmen Platz auf mit schwarzem englischen Tuch behängten Stühlen, und Brahes enger Freund Johannes Jessenius von Jessen stieg die Stufen vor ihnen hinauf, um die Trauerrede zu halten.

»Vor Euern Augen seht Ihr«, so hob er an, »diesen großen Mann, den Erneuerer der Sternkunde, liegen, dahingerafft vom Schicksal, das keine Unterschiede macht.«[2] Er sprach über Brahes kriegerische Vorfahren und seine adlige Herkunft, sein ruhmreiches Wirken und Leben in Dänemark und die ungemein großzügige Förderung durch den dänischen König Frederick II. Er pries seine wissenschaftlichen Leistungen und, wie man es in einer Trauerrede erwartet, seinen vortrefflichen Charakter: seine Liebenswürdigkeit gegen Fremde, seine Gastfreundschaft und Mildtätigkeit gegen die Armen und seine tiefe Gläubigkeit. Jessenius sprach aus eigener Erfahrung, als er seinen Freund als einen »Mann von natürlicher Geselligkeit« beschrieb, als jemanden, der »weder Zorn noch Groll im Innern hegte und leicht verzieh«.

Doch der freimütigeren Art der damaligen Zeit gemäß, ließ sich Jessenius auch breit über unerfreulichere Begebenheiten aus, die in unserer eher zu Schönfärberei neigenden Zeit vermutlich stillschweigend übergangen worden wären: den Zweikampf in jungen Jahren, bei dem Brahe eine ihn lebenslang entstellende Gesichtsverletzung davongetragen hatte, seine

Verbannung aus Dänemark und das Plagiat seines tychonischen Planetensystems durch einen Mann, der sich selbst Ursus nannte. In beklemmender Ausführlichkeit beschrieb Jessenius das Trauerhaus, in das er kurz nach dem »plötzlichen und unerwarteten Tod« Brahes kam, und er nutzte die Gelegenheit, um vor den versammelten Vornehmen und Honoratioren Prags an den rechtlichen Status von Brahes einzigartigem Schatz an Himmelsbeobachtungen zu erinnern, den er »noch in seinem letzten Atemzug ernsthaft seinen Erben zugedacht«[3] hatte. Doch befand sich dieser Schatz, wie Jessenius scharf bemerkte, nach wie vor im Besitz des »Magisters Johannes Keplerus, in dessen Händen all dies bislang geblieben«[4]. Nach Brahes Tod war Kepler aus dem Haus ausgezogen, in dem er während der letzten achtzehn Monate als Assistent des berühmten Astronomen gewohnt und gearbeitet hatte. In Keplers Gepäck befanden sich die dicken Beobachtungsjournale Brahes, seine akribischen astronomischen Aufzeichnungen aus vierzig Jahren.

Recht ausführlich ging Jessenius auch auf Brahes tödliche Erkrankung ein. Am Abend des 13. Oktober 1601 hatte Brahe an einem Bankett teilgenommen und, obgleich er bis dahin keinerlei Beschwerden verspürt hatte, verschlechterte sich sein Gesundheitszustand im Verlauf dieses Abends rapide. Kaum nach Hause zurückgekehrt, warf ihn ein heftiges Fieber nieder, und er wand sich vor rasenden Schmerzen. Fast eine Woche lang litt er Höllenqualen, die nur hin und wieder durch ein leichtes Delirium gelindert wurden. Doch dann schien er das Schlimmste überstanden zu haben; seine berühmte unverwüstliche Konstitution hatte ihn offenbar gerettet. Er schien auf dem besten Weg, sich zu erholen. Zu diesem Zeitpunkt bekundete Brahe den Wunsch, seine Beobachtungen mögen seiner Familie übergeben werden. Am Morgen danach, dem 24. Oktober 1601, fand man ihn tot in seinem Bett.

Unmittelbar nach Brahes Tod breitete sich in ganz Europa das Gerücht aus, er sei vergiftet worden. Denn niemand wollte glauben, dass Brahe, der sich auch mit vierundfünfzig Jahren noch kraftvoll bester Gesundheit erfreut hatte, so unvermittelt auf natürliche Weise aus dem Leben gerissen worden war. Die Gerüchte kursierten in Deutschland und drangen bis nach Norwegen, wo der Bischof von Bergen, Andres Foss, an Brahes langjährigen Assistenten und getreuen Gefährten Longomontanus schrieb: »Ich möchte wissen, ob sie bei ihnen etwas gewisses von unserem Tycho Brahe haben, denn bei uns ist neulich ein unangenehmes Gerücht entstanden, nämlich, dass er solle gestorben seyn, aber nicht eines gewöhnlichen Todes. ... Ach, dass dieses Gerücht falsch wäre. Gott erbarme sich über uns.«[5] In ähnlichem Sinne bekundete der bekannte deutsche Astrologe Georg Rollenhagen wenig später seine Überzeugung, Brahe sei vergiftet worden, denn in »einem so kräftigen Leib [wie Brahes] kann eine Harnverhaltung vor einem klimakterischen [sc. gefahrvollen] Jahr unmöglich eine so drastische Wirkung auslösen«[6]. Rollenhagen argumentiert hier typisch astrologisch und somit an sich nicht besonders glaubwürdig, aber Brahes körperliche Robustheit – die Jessenius in seiner Grabrede als Brahes »kräftigen und männlichen Körper« umschrieb – war allgemein bekannt. Man hielt es schlicht für unwahrscheinlich, dass ein vergleichsweise junger und kerngesunder Mensch plötzlich einer scheinbar banalen Erkrankung zum Opfer fiel. Und dies heizte Spekulationen an, ein Feind habe ihn umgebracht. (Obschon die mittlere Lebenserwartung im 16. und 17. Jahrhundert vergleichsweise gering war, hing dies vor allem mit der erschreckend hohen Säuglings- und Kindersterblichkeit zusammen. Wer das Erwachsenenalter erreichte, hatte recht gute Chancen, relativ alt zu werden.)

Doch mit der Zeit verstummten die Gerüchte, vor allem weil es keinen unmittelbaren Tatverdächtigen zu geben schien und auch weil die Diagnose seiner Erkrankung vor dem Hintergrund des zeitgenössischen medizinischen Wissens plausibel schien: Brahe habe während des Banketts seinen Harn allzu lange verhalten mit der Folge, dass seine Blase überspannt wurde und der Harn nicht mehr abfließen konnte. Im Verlauf der nächsten vierhundert Jahre wurden andere Todesursachen zur Diskussion gestellt. Zunächst vermutete man, er sei an einer geplatzten Blase gestorben; als das medizinische Wissen zunahm, neigte man dann der Diagnose einer akuten Harnvergiftung (Urämie) zu – Ursache dafür ist oft ein Versagen der Nieren, die nicht mehr in der Lage sind, die im Blut enthaltenen Giftstoffe auszufiltern –, die man auf eine Prostatavergrößerung oder einen anderweitigen Verschluss der Harnwege zurückführte.

Im Jahr 1991 erbrachte die forensische Analyse einer Haarprobe, die den exhumierten sterblichen Überresten Brahes entnommen wurde, jedoch ein überraschendes Ergebnis. Zur gleichen Zeit, zu der das vermeintlich tödliche Abendmahl stattfand, nahm Brahe etwas zu sich, was nicht auf der Speisekarte stand: eine sehr hohe Dosis Quecksilber, die in seinen Haaren um das Hundertfache über dem Normalwert liegende Rückstände hinterließ – genug, um einen wahren Herkules bis an, wenn nicht gar durch die Pforten des Orkus zu befördern. Fünf Jahre nach dieser ersten Haaranalyse wies eine zweite Untersuchung einen extrem hohen Quecksilberwert dreizehn Stunden vor Tychos Tod nach, was etwa neun Uhr am Vorabend seines Todes entspricht.

Zwei voneinander unabhängige Analysen führten demnach zur gleichen Schlussfolgerung: Tycho Brahe starb an Quecksilbervergiftung. Und es war kein natürlicher Tod: Tycho Brahe wurde ermordet.

KAPITEL 2

EINE CHRONIK DER SEELENQUAL

Ich habe das Datum meiner Conceptio ermittelt«, schrieb der sechsundzwanzigjährige Johannes Kepler in sein astrologisches Tagebuch: »der 16. Mai 1571, um 16.37 Uhr.«[1] Kepler teilt uns nicht mit, welche astrologischen Berechnungen er anstellte, um den Zeitpunkt seiner Empfängnis so exakt zu ermitteln, aber dieser war für ihn offenkundig von großer Bedeutung. Seine Eltern hatten am Vortag, dem 15. Mai, geheiratet, und er wollte jeglichen Verdacht ausräumen, er sei unehelich empfangen worden. Stattdessen zog Kepler, der am 27. Dezember 1571 zur Welt kam, etwas mehr als sieben Monate nach der Hochzeit, den Schluss, er sei zu früh geboren worden, nach einer Schwangerschaft, die genau 224 Tage und zehn Stunden gedauert habe. Die zeitgenössischen Konstellationen (der Planeten) stützten diese Deduktion: »Da Sonne und Mond im Sternbild Zwillinge standen, bedeuteten fünf östliche Planeten einen Jungen«, während Merkur dafür sorgte, dass er »schmächtig und schnell zur Welt kam«.[2]

Wir kennen diese Details, weil sie in den Jahreshoroskopen enthalten sind, die der sechsundzwanzigjährige Kepler seit dem Jahr 1597 für sich erstellte. Er führte diese Praxis bis 1628, zwei Jahre vor seinem Tod, fort. Keplers Glaube an die Astrologie war für seine Zeit nicht ungewöhnlich; an vielen Universitäten wurden Astrologie im Verein mit Astronomie als eine der klassischen sieben freien Künste (die übrigen *Artes liberales* waren Grammatik, Dialektik, Rhetorik, Geometrie, Arithmetik und Musik) gelehrt. Während seiner Laufbahn als Astronom besserte Kepler sein Einkommen immer wieder dadurch auf, dass er für diverse hoch stehende Persönlichkeiten Horoskope erstellte – später sogar für den römisch-deutschen Kaiser Rudolf II. –, in denen er unterschiedlichste Vorhersagen machte, angefangen vom Wetter bis zum Ausgang von Feldzügen. Obgleich er die Aussagekraft solch detaillierter Prognostika offen anzweifelte, verlor er nie den Glauben an die Macht der »Aspekte« – der Stellungen der Planeten zueinander vor dem Hintergrund der Sternbilder –, den Charakter eines Menschen und sein Schicksal in entscheidenden Momenten seines Daseins wie Empfängnis, Geburt und Eheschließung zu bestimmen und selbst seinen Todeszeitpunkt festzulegen.

Mit Mitte zwanzig begann Kepler retrospektiv Geburtshoroskope für sich und seine nächsten Angehörigen zu erstellen, um die verschiedenen Schicksalskräfte zu verstehen, die seine Persönlichkeit geformt hatten. Seine oft kryptischen Aufzeichnungen, in die kurze biografische Skizzen über seine diversen Verwandten eingestreut sind, die ihren Charakter, ihre Lebensverhältnisse und ihr oftmals schlimmes Ende beschreiben, sind die wichtigste Informationsquelle über seine Kindheit. Die Geschichte seiner Familie, so wie er sie schildert, ist eine einzige Chronik körperlicher und seelischer Gewalt und soziopathischer Verhaltensstörungen, die sich wie ein roter Faden durch die Generationenfolge ziehen.

Kepler kam im Hause seines Großvaters in der Reichsstadt Weil der Stadt zur Welt, deren damals etwa tausend Einwohner überwiegend Bauern und Handwerker waren. Das am Nordrand des Schwarzwaldes gelegene Städtchen war Teil eines regelrechten Flickenteppichs aus Freien Reichsstädten, Fürsten- und Herzogtümern, aus denen sich das Heilige Römische Reich Deutscher Nation zusammensetzte. Die Keplers hatten offenbar in ferner Vergangenheit einen Adelstitel geführt, aber zu der Zeit, als Johannes zur Welt kam, war die Familie schon seit mehreren Generationen in gesellschaftlichem Abstieg begriffen.

Den Patriarchen der Familie, Großvater Sebald, behielt Kepler als »aufgeblasen« in Erinnerung und bescheinigte ihm, »sich dünkelhaft prächtig zu kleiden ... Seine Miene verriet, dass er zornmütig, starrköpfig und wollüstig war. Das Gesicht war üppig behaart und fleischig, der Bart verlieh ihm Autorität. Für einen ungebildeten Mann war er beredsam ... Ab dem Jahr 1587 nahm sein Ansehen zugleich mit seinem Vermögen ab.«[3]

Obgleich Sebald seine Frau und seine Kinder misshandelte, stand er offenbar bei seinen Mitbürgern in hohem Ansehen, denn er bekleidete viele Jahre lang das Amt des Bürgermeisters von Weil der Stadt. Dort ging er auch seinen Geschäften als Schankwirt und Handelstreibender nach, der Papier, Tuch und andere Artikel kaufte und verkaufte. Mit neunundzwanzig Jahren heiratete er Katharina, deren bescheidene Vorzüge, in Keplers Erinnerung, weit von ihren negativen Wesenszügen übertroffen wurden: »Sie ist sehr unstet, schlau, falsch, jedoch in religiösen Angelegenheiten sehr eifrig, schmächtig, von feuriger Wesensart.« Kepler beschreibt seine Großmutter außerdem als eine Unruhestifterin, die »missgünstig, im Hass glühend und gewalttätig und sehr nachtragend« gewesen sei.[4]

Diesem Paar wurden elf Kinder geboren. Die ersten drei starben innerhalb weniger Jahre nach ihrer Geburt. Heinrich, Johannes' Vater, kam als viertes Kind zur Welt und erreichte als Erstes das Erwachsenenalter. Kepler schildert der Reihe nach das Schicksal seiner Tanten und Onkel. Das fünfte Kind war Kunigunde: »Der Mond hätte nicht ungünstiger stehen können. Sie, die so viele Kinder zur Welt gebracht hatte, starb durch Gift, wie man munkelt.«[5] Von dem sechsten Kind, einem Mädchen, verzeichnet Kepler nur das Geburtsdatum und die Tatsache, dass es vermutlich noch in früher Kindheit verstarb.

Das siebte Kind und der größte Unruhestifter war Sebaldus, den Kepler einen »Magus« nennt, worunter man damals jemanden verstand, der schwarze Magie betrieb. Dieser Onkel »führte einen sehr liederlichen Lebenswandel« und gab sich je nachdem, was gerade den größten Vorteil verhieß, bald als Katholik, bald als Protestant aus. Obgleich er sich mit der »gallischen Krankheit« (wohl Syphilis) angesteckt hatte, ehelichte er eine reiche Adlige, mit der er viele Kinder hatte. Er war »lasterhaft und bei seinen Mitbürgern verhasst« und wanderte schließlich »in äußerster Armut durch Frankreich und Italien«. Das achte Kind hieß, wie die Mutter, Katharina. Sie machte eine gute Partie, »doch lebte sie in Saus und Braus und verprasste ihr Geld«, so dass sie ebenfalls am Bettelstab endete. Von den drei Letztgeborenen scheinen zwei in früher Kindheit gestorben zu sein. Über seinen Onkel Friedrich bemerkt Kepler nur: »Er zog nach Esslingen.«[6]

Seinen Vater hat Kepler indes in besonders schlechter Erinnerung behalten: »Saturn im Gedrittschein zum Mars ... brachte einen lasterhaften, harten, händelsüchtigen Mann hervor, dem ein schlimmes Ende beschieden war. Venus und Merkur steigerten seine Bosheit noch. Jupiter in nahem Abstieg an der Sonne machte ihn arm, doch er heiratete eine reiche Frau.« Saturn im siebten Haus ließ ihn das Geschützwesen erlernen. Kepler erinnert sich, dass sein Vater »viele Feinde hatte und eine zänkische Ehe führte. Jupiter brachte ihm mit der ungünstig stehenden Sonne eine falsche und unnütze Zuneigung zu Ehrtiteln und vergebliche Hoffnungen darauf, er irrte ruhelos umher ... stand schon unter dem Galgen ... Ein mit Schießpulver gefülltes Tongefäß, das einen Riss hatte, zerbarst und zerfetzte meinem Vater das Gesicht.« Er behandelte Keplers Mutter »sehr hartherzig und zog schließlich in die Fremde, wo ihn der Tod ereilte«.[7]

Heinrich war nicht der Einzige, der seiner Frau übel mitspielte. Das Paar wohnte im Haus von Heinrichs Eltern, und Kepler glaubte, seine Mutter habe nur dank ihres Starrsinns die »menschenunwürdige Behandlung«[8] ihrer Schwiegereltern ertragen, die sie, als sie mit ihrem letzten Kind, Christoph, schwanger war, beinahe totschlugen.

Im Jahr 1574, als Kepler zwei Jahre alt war, verließ Heinrich seine Frau und seine beiden Kinder (inzwischen war ein zweiter Sohn zur Welt gekommen, der nach seinem Vater Heinrich genannt worden war), um sich als Söldner zu verdingen; obgleich die Keplers selbst Lutheraner waren, kämpfte er auf katholischer Seite gegen die calvinistischen Aufständischen in den Spanischen Niederlanden. Keplers Mutter, die zwischenzeitlich eine Pesterkrankung überstanden hatte, zog ihrem Mann und seinem Söldnerheer ein Jahr später in die Niederlande nach. Sie gab ihre Söhne in die Obhut ihres jähzornigen Großvaters und ihrer gewalttätigen Großmutter.

Als Johannes im Alter von dreieinhalb Jahren an den Blattern erkrankte, band ihm die Großmutter die Hände so fest zusammen – damit er sich nicht mehr kratzen konnte –, dass sie offenbar nie mehr ihre volle Beweglichkeit zurückerlangten. Kepler erinnert sich, dass ihn die Blattern »beinahe umbrachten« und dass man ihn »grob behandelte, so dass meine Hände beinahe verstümmelt worden wären«.[9] In späteren Jahren nannte er seine Handschrift »verzwickt«.[10] Die Blattern befielen seine Augen, wo sie bleibende Narben zurückließen; in einem Auge führten sie zu Mehrfachsehen und auf beiden zu starker Kurzsichtigkeit. Kepler selbst nannte sein Augenlicht »getrübt«[11]. Für den künftigen Astronomen, der eines Tages unser Weltbild revolutionieren sollte, bestand das Firmament fortan nur noch aus einer riesigen Wolke verschwommener Sterne, vor denen zahlreiche Monde in vager Silhouette tanzten.

Entweder aufgrund seiner Pockenerkrankung, seiner schwächlichen Konstitution oder auch wegen der traumatischen Erlebnisse in seiner frühen Kindheit sollte Kepler bis an sein Lebensende von den unterschiedlichsten Gebrechen geplagt werden. Fieber und Kopfschmerzen waren seine beständigen Begleiter. Die Augen waren chronisch entzündet, er litt an Ausschlägen und Krätze. Wiederkehrende Magengeschwüre und Leberleiden nötigten ihn zu einer strengen, kargen Diät und ließen ihn dem Wein gänzlich abschwören. Zweifellos trug das Wasser, das er stattdessen trank, zu seinen Magen-Darm-Problemen bei, da es stark mit Bakterien und Viren belastet gewesen sein dürfte. Später beschrieb Kepler seinen Körper selbst als »schmächtig, saftlos und hager«.[12]

Nachdem seine Eltern aus den Niederlanden heimgekehrt waren, musste Keplers Vater mit Frau und Kindern Weil der Stadt verlassen – seine protestantischen Glaubensbrüder dort dürften nicht sonderlich erbaut gewesen sein von Heinrichs Kampf für die katholische Sache – und in das nahe gelegene Leonberg übersiedeln. Heinrich hielt es dort nicht lange aus; schon bald darauf zog er abermals in die Niederlande, wo er nur mit knapper Not dem Galgen entging. Vermutlich auf diesem Feldzug wurde sein Gesicht bei der Explosion eines Pulverhorns entstellt. Nach Hause zurückgekehrt, erstand er mit dem Erbe seiner Frau ein Gehöft, das jedoch nicht genügend abwarf, um die Familie zu ernähren. Nun versuchte sich Heinrich als Schankwirt, aber der Familie ging es nicht besser. Bei einem Tobsuchtsanfall, über dessen Anlass wir nichts Genaueres wissen, verletzte sich Heinrich selbst und ließ seinen Ärger darüber wie üblich an Keplers Mutter aus, die er heftig verdrosch. Danach verließ er die Seinigen für immer. Er soll sich einmal mehr als Söldner verdingt und in der Kriegsflotte der Neapolitaner gedient haben. Er überlebte dieses Abenteuer, fand aber bald darauf, unter ungeklärten Umständen, »einen schlimmen Tod«[13], ohne die Heimat wieder zu sehen.

Kepler berichtet von zwei denkwürdigen Begebenheiten aus dem Jahr 1577, in dem er sechs Jahre alt wurde. »In jenem Jahr«, so erinnert er sich, »verlor ich an meinem Geburtstag einen Zahn, den ich mir mit einer Schnur herausriss.«[14] Das zweite Erlebnis war eine erste aufwühlende Begegnung mit dem Weltall, dessen Erforschung er später sein Leben widmen sollte. Seine Mutter nahm ihn mit auf eine Anhöhe, um ihm den damals spektakulärsten Anblick am Nachthimmel zu zeigen: einen Kometen mit einem Kopf, der so hell leuchtete wie die Venus, und einem Schweif, der sich über zwanzig Grad am Himmel erstreckte. Viele Kepler-Biografen beschreiben dieses Erlebnis als den vielleicht einzigen glücklichen Augenblick in einer ansonsten von Drangsal überschatteten Kindheit. Doch dürfte der Anblick den Knaben wohl eher mit Furcht, wenn nicht mit blankem Entsetzen erfüllt haben. Selbst viele der gebildeten Zeitgenossen sahen in dem Kometen ein böses Omen. Für die Einwohner von Leonberg hat dies wohl ausnahmslos gegolten. In ganz Europa erschienen Flugschriften und -blätter, die im Gefolge des Kometen schreckliche Heimsuchungen prophezeiten, mit denen Gott die Sünden der Erdenbürger sühnen werde.

Keplers Mutter, die ihm dieses nächtliche Spektakel zeigte, dürfte ihm seine Ängste schwerlich genommen haben. Kepler vermerkt über seine Mutter nur, dass sie als Katharina Guldenman geboren wurde, und er fügt hinzu: »Sie ist klein, mager, dunkel, redselig, händelsüchtig und übellaunig gewesen.«[15] Ihr Vater war Schultheiß und ein wohlhabender Schankwirt gewesen, ihre Mutter war früh verstorben, und sie war hauptsächlich von ihrer Tante, einer gewissen Renate Streicher, die wegen Hexerei auf dem Scheiterhaufen endete, großgezogen worden. Von Renate lernte Keplers Mutter, wie man Heiltränke und Kräutersalben zubereitet; nach dem Tod ihres Mannes machte sie sich diese Fertigkeiten zunutze, um sich und ihre Kinder durchzubringen.

In späteren Jahren wurde sie wegen ihrer Quacksalberei und der Angewohnheit, ihre Nase in Sachen zu stecken, die sie nichts angingen, selbst der Hexerei angeklagt, und sie wäre um ein Haar verbrannt worden. Nur die rechtzeitige Fürsprache ihres Sohnes, der damals auf dem Gipfel seines Ruhmes stand, rettete sie. Auch wenn dies noch in ferner Zukunft lag, lebte die Familie doch schon im Jahr 1577, als der Unheil kündende Komet erschien, am Rande der Gesellschaft.

Im Herbst jenes Jahres wurde Kepler eingeschult. Die ersten Anzeichen seiner außerordentlichen Intelligenz müssen seinen Lehrern schon damals aufgefallen sein, wurde er doch bald auf eine der Lateinschulen versetzt, welche die protestantischen Kirchenoberen nach der Reformation eingerichtet hatten, um die Schüler auf das Theologiestudium oder den Staatsdienst vorzubereiten. Keplers frühe Schulbildung zog sich ein Jahr länger hin als üblich, da seine Eltern ihn trotz seiner angeschlagenen Gesundheit und schwachen Konstitution für längere Zeit von der Schule holten, damit er ihnen bei der Arbeit auf dem Hof zur Hand ging. Im Jahr 1583 begab er sich nach Stuttgart, wo er das gefürchtete »Landexamen«, die Zulassungsvoraussetzung für die Aufnahme in eine weiterführende Schule, bestand. Im Oktober 1584 trat der zwölfjährige Kepler als Stipendiat in die »untere Klosterschule« von Adelberg ein. Vielleicht freute ihn die Aussicht, endlich den engen, bedrückenden Verhältnissen in seinem Elternhaus zu entkommen. Doch kam er vom Regen in die Traufe.[16]

Das Leben in den Klosterschulen war spartanisch und streng geregelt. Der Unterricht fand vornehmlich auf Latein statt, das auch die Schrift- und Umgangssprache der Schüler war. Das Tagewerk begann im Sommer um vier und im Winter um fünf Uhr, und jede Stunde wurde entweder Studien oder religiösen Aktivitäten gewidmet. Es gab zwei Mahlzeiten am Tag, um zehn Uhr morgens und um fünf Uhr am Abend. Die Portionen waren dürftig, da es die Schulleitung mit der Spruchweisheit hielt: Ein voller Bauch studiert nicht gern. Die Schüler durften nicht mit Dienstpersonal sprechen, das sich auf dem Schulgelände aufhielt. Alle trugen die gleichen Gewänder: Mönchskutten, die so lang und weit geschnitten waren, dass die Jungen hineinwachsen konnten. Außerdem bekamen sie eine lange Hose, eine taillierte Jacke, drei Paar Schuhe, Bettwäsche, eine lateinische Bibel, Tinte und Papier.

Strenge disziplinarische Maßregeln waren üblich. Fehlverhalten wie etwa der Missbrauch des Namens Gottes konnte einen Schüler ins klösterliche Verlies bringen, wo er für die Dauer seiner Strafe nichts als Brot und Wasser bekam. Schwer wiegende oder wiederholte Regelverstöße ahndete der Präzeptor mit der Rute, die ihm locker saß. Die Schüler wurden nicht bloß ermuntert, sie waren regelrecht verpflichtet, sich gegenseitig zu bespitzeln und Verfehlungen anzuzeigen. Wenn ein Schüler Kenntnis von einem Fehlverhalten erlangte und dieses nicht meldete, erwartete ihn die gleiche Strafe wie den eigentlichen Missetäter. Die regelmäßige Erstellung einer »Lokation« – Rangordnung – der Schüler tat ein Übriges, um Denunziation, Wettstreit und Missgunst zu schüren.

Kepler war todunglücklich. In seinem Horoskop vermerkt er über die Jahre 1585–86 – er war damals vierzehn: »In diesen beiden Jahren arbeitete ich, obwohl ich ständig an Hautkrankheiten, oft an schlimmen Geschwüren und schlecht behandelten Schwielen an den Füßen litt, die zu übel riechenden und lang anhaltenden Wunden aufkeimten. Der Mittelfinger der rechten Hand war von einem Wurm [Trichophytie] befallen, an der linken Hand hatte ich ein sehr großes Geschwür. Im Januar und Februar 1586 erduldete ich einen harten Streit und Sorgen und wäre fast erschlagen worden. Die Ursache dafür war mein schlechter Ruf und der Hass meiner Schulkameraden, die ich aus Furcht [bei der Schulleitung] angezeigt hatte.«[17] Im November 1586 wechselte Kepler an die höhere Klosterschule in Maulbronn, aber dort sollte es noch schlimmer kommen.

Solche Passagen überwiegen in der zweiten Hälfte des Horoskops, und sie bilden die Grundlage für die noch ausführlichere Abhandlung dieser Thematik in der so genannten *Selbstcharakteristik*. Dabei handelt es sich um autobiografische Aufzeichnungen, die den weiteren Gang seines Lebens schildern, vom Studium am Tübinger Stift bis zu den Jahren unmittelbar danach. Wie das Horoskop ist auch die *Selbstcharakteristik* ein Versuch, den prägenden Einfluss der Konstellationen (Planetenstellungen) auf den Charakter eines Menschen zu begreifen. Allerdings richtete er in diesem Werk das unerbittliche Licht seines analytischen Verstandes ausschließlich auf sich selbst, oftmals mit wenig schmeichelhaften Ergebnissen. Es ist ein bemerkenswertes Dokument, das in seiner gnadenlosen Selbstzergliederung mitunter an Dostojewski erinnert. Aber es war ein rein privates Werk, das er nie zu veröffentlichen gedachte und das nicht für fremde Augen bestimmt war. Hier legte er sich selbst Rechenschaft über seine Stärken und Schwächen ab – wobei die Schwächen in seinem eigenen Urteil deutlich überwogen. So liefert uns seine *Selbstcharakteristik* einzigartige Aufschlüsse nicht nur über das Kind, sondern auch über den jungen Mann Johannes Kepler.

Obgleich Kepler ein ausgezeichneter Schüler war und meist zu den Klassenbesten gehörte, fallen in seinem Bericht über seine Schulzeit vor allem zwei Dinge auf: die Vielzahl körperlicher Beschwerden, die in Zeiten starker seelischer Belastung auszubrechen schienen, und die ausführlichen Schilderungen von schwierigen, zerbrochenen Freundschaften und offenen Feindschaften, die daraus erwuchsen. Ein langer Abschnitt beginnt damit, dass Kepler von sich, wie so oft, in der dritten Person berichtet: »Von Beginn seines Lebens an hatte dieser Mensch manche Feinde; der erste, den ich im Gedächtnis habe, war Holp.«[18] Kepler beschränkt sich darauf, seine »langjährigsten« Feinde – insgesamt dreiundzwanzig Personen – aufzuzählen:

> Zwischen Holp und mir bestand ein geheimer Wettstreit ... Er hasste mich offen, zweimal raufte er mit mir, einmal in Leonberg, einmal in Maulbronn ... Molitor hatte für seine Abneigung insgeheim den gleichen Grund, aber einen Rechtsvorwand dafür. Einst hatte ich ihn und Wieland verraten ... Den Braunbaum machte mir meine Ausgelassenheit im Benehmen und Scherzen vom Freund zum Feind und ebenso mich mir selbst ... Den Huldenreich entfremdete zuerst verletztes Vertrauen von mir und meine unbesonnenen Vorwürfe. Die Abneigung gegen Seiffer übernahm ich von selbst, da ihn auch die andern nicht mochten, und ich reizte ihn, ohne dass er mich durch ein Unrecht herausgefordert hätte. ... Alle miteinander brachte ich oft gegen mich auf durch meine Schuld, in Adelberg durch Anzeigen ... Den Lendlin [erbitterte ich] durch unpassendes Schreiben, Span-

genberg dadurch, dass ich ihn unbesonnen korrigierte, wo er doch der Lehrer war. Kleber hasste mich aufgrund eines falschen Verdachts als Rivalen, da er mich doch früher übermäßig gern gehabt hatte. Das führte bei mir zu frechen Reden und bei ihm zu grämlicher Verstimmung. Öfters ging er deshalb auf mich los und drohte mir Faustschläge an. Den Rebstock reizte es, wenn man meine Begabung lobte, daraufhin war er so unbedacht, meinen Vater zu schmähen. Als ich mich dafür an ihm, dem Überlegenen, rächen wollte, bekam ich Schläge. Husel stellte sich ebenfalls feindselig gegen mein Vorankommen; gegen sie gibt es kein Unrecht von meiner Seite. Zwischen Dauber und mir bestand, bei beiden fast gleich, eine stille, eifersüchtige Rivalität. Doch neigte eher er dazu, verletzend zu werden. Lorhard verkehrte nicht mit mir. Ich suchte ihm nachzueifern, aber das wusste weder er noch sonst jemand. Schließlich, als Dauber, den er lieber mochte, seinen Platz hinter mir erhielt, begann er mich zu hassen und schadete mir.[19]

Damit ist die Liste der Feinde Keplers noch keineswegs vollständig. Da die Klassen in den Klosterschulen recht klein waren – in Adelberg beispielsweise gab es insgesamt nur fünfundzwanzig Schüler –, scheint es sich Kepler während seiner Schuljahre mit einem Großteil seiner Schulkameraden verdorben zu haben. Neid auf Keplers vortreffliche schulische Leistungen mag dabei eine Rolle gespielt haben, aber Kepler ist sich sehr wohl bewusst, dass er ein Unruhestifter ist, denn nachdem er all seine Feinde aufgelistet hat, sagt er über sich selbst: »Deshalb übt er sich in Gedanken gegen die Gegner. Woher [kommt diese Feindseligkeit]? ... In mir Zorn, Unduldsamkeit gegen unsympathische Menschen, unverschämte Lust am Spotten wie auch am Spaßmachen, schließlich dreiste Kritiksucht, da ich niemanden unangefochten lasse.«[20] Ganz zu schweigen von dem Übereifer, mit dem er Mitschüler anschwärzte, womit er sie mit Sicherheit ins Verlies brachte oder der Zuchtrute des Präzeptors auslieferte.

Es gibt noch eine weitere, tiefere emotionale Dimension, die vor allem in seiner Beziehung zu zwei Mitschülern aufscheint; mindestens zu einem von beiden hatte er ein sehr enges Verhältnis. Für das Jahr 1591 macht Kepler folgenden rätselhaften Eintrag: »Kälte löste einen Hautausschlag aus. Als Venus das 7. Haus durchlief, gewann mich Ortholph für sich. Als Venus zurückkehrte, offenbarte ich mich, ... liebeskrank mühte ich mich ab. 26. April: Beginn der Liebe.«[21] Später berichtet er von »einem heftigen Streit mit Ortolph ... er erwog die Trennung, doch bei meiner Rückkehr wollte er mich wiedergewinnen«. Wenig später schreibt er: »Ortolph hasst mich, wie ich den Köllin.«[22]

Köllin, heißt es bei Kepler weiter, »stritt dauernd mit mir herum, nachdem er einmal mit mir Freundschaft angefangen hatte. Ich war zwar nie darauf aus, ihm Böses zu tun, aber der Umgang mit ihm war mir zuwider. Unser Verhältnis war in Ordnung, weil es, was das Gefühl betraf, mehr als zärtlich war, was die Handlungen, sauber, durch keine schändliche Handlung befleckt. Mit keinem hatte ich je so erbittert und andauernd Streit.«[23] Doch während er Köllin die kalte Schulter zeigte, schien er das Zerwürfnis mit Ortolph nachhaltig zu bedauern, denn er erwähnt ihn zweimal, sowohl in seinem Horoskop als auch in der *Selbstcharakteristik*.

Wir wissen nicht, ob sich Kepler und Ortolph auch körperlich nahe kamen. Das lateinische Wort, das Kepler in vorstehend zitiertem Abschnitt benutzt, *amacitia*, kann sowohl »Freundschaft« als auch »Liebe« bedeuten, obgleich die Worte, mit denen er dieses Verhältnis beschreibt, eher auf einen Streit zwischen Liebhabern als auf ein Zerwürfnis unter Freunden hindeuten. Sexuelle Kontakte zwischen Heranwachsenden in Jungeninternaten dürften nichts Ungewöhnliches gewesen sein. Besonders tragisch an dieser Geschichte ist jedoch, dass das Verhältnis zu Ortolph, so kümmerlich es auch war, offenbar die einzige positive Beziehung war, die Kepler in all seinen Schul- und Studienjahren zu einem Kameraden unterhielt.

Aber die *Selbstcharakteristik* ist mehr als eine Liste gescheiterter Beziehungen. Keplers Beziehungen waren deshalb so unbeständig, weil er einen ausgeprägten Hang zu tief schürfender Charakteranalyse hatte. Während Kepler selbst in erster Linie astrologische Kräfte – die wir hier weitgehend ausblenden – am Werk sah, gab es doch noch andere Einflussfaktoren. Denn die grundlegenden Kindheitserfahrungen von Gewalt und Vernachlässigung, die er in seinem Horoskop beschreibt, wurden von ihm verinnerlicht und prägten auf diese Weise nachhaltig seinen Charakter und seine Persönlichkeit.

Besonders auffällig ist der heftige Selbsthass, der das Porträt durchdringt, das er von sich selbst zeichnet, und zwar in besonders skurriler Weise in einer langen Passage (wo er wiederum in der dritten Person über sich spricht), in der er sich mit einem Hund vergleicht. Dies ist ein Leitmotiv, das er im Lauf seines Lebens immer wieder aufgreift:

> Dieser Mensch hat ganz und gar eine Hundenatur. Er ist ganz wie ein verwöhntes Haushündchen. 1. Der Körper ist beweglich, dürr, wohlproportioniert. Die Nahrung ist beiden die gleiche, es macht ihm Spaß, Knochen abzunagen und harte Brotkrusten zu kauen. Er ist gefräßig, ohne Ordnung, sobald ihm etwas unter die Augen kommt, reißt er es an sich. Er trinkt wenig. Er ist selbst mit dem Geringsten [Essen] zufrieden. 2. Sein Charakter ist ganz ähnlich. Zuerst macht er sich (wie ein Hund beim Herrn) beständig bei den Vorgesetzten beliebt. In allem ist er von andern abhängig, ist ihnen zu Diensten, wird gegen sie nicht wütend, wenn er getadelt wird, auf jede Art sucht er ihr Wohlwollen zurückzuerlangen. Er forscht alles aus in Wissenschaft, Politik, im Hauswesen, selbst die einfachsten Tätigkeiten … In Gesprächen ist er ungeduldig, aber häufige Besucher begrüßt er wie ein Hund. Sobald ihm jemand das Geringste entreißt, knurrt er, glüht, wie ein Hund. Er ist hartnäckig, eifert gegen jeden, der sich schlecht aufführt, er bellt nämlich. Er ist auch bissig, scharfer Spott liegt ihm auf der Zunge. So ist er den meisten verhasst und wird von ihnen gemieden, die Vor-

> gesetzten jedoch halten ihn wert, nicht anders als die Hausgenossen einen guten Hund. Äußerste, ungezügelte Unbesonnenheit wohnt in ihm, natürlich von Merkur im Quadrat zu Mars, dem Mond im Trigon zu Mars.[24]

Keplers Hass richtet sich, wie nicht anders zu erwarten, auch nach außen; er manifestiert sich hier als ständig schäumende Wut, die er meist vergeblich zu bändigen sucht: »Mars bedeutet eine beständige, durchdringende und beharrende Kraft ... eine zum Zorn gereizte Kraft ... Wenn Mars ihn [den Merkur] aspiziert, wie bei mir, scheucht er ihn zu sehr auf. Er drängt folglich den Geist und reißt ihn zum Zorn hin, ... zum Widersprechen, zum Anfeinden, zum Anfechten aller Ordnungen, zu kritischem Charakter. Denn es ist bemerkenswert, dass dieser Mensch alles, was er in der Wissenschaft getan hat, auch im Umgang tut, die schlechten Sitten eines Menschen, wer es auch sei, anzugreifen, zu verspotten, herauszufordern.«[25]

Diese Zerrissenheit zwischen völliger Selbsterniedrigung und ausgleichender Wut sollte Kepler zeitlebens begleiten. Es grenzt an ein Wunder, dass sich der Intellekt des Studenten angesichts dieser tiefen emotionalen Wirrsal überhaupt manifestieren und so großartig entfalten konnte.

Von Maulbronn wechselte Kepler an das Evangelische Stift in Tübingen, das seine Studenten auf das protestantische Priesteramt vorbereitete. Vor der Aufnahme des Theologiestudiums mussten die Kandidaten zwei Jahre lang Vorlesungen an der so genannten Artistenfakultät hören, wo sie in den *Artes liberales* – Ethik, Dialektik, Rhetorik, Griechisch, Hebräisch, Physik und Astronomie (die damals, wie gesagt, die Astrologie einschloss) – unterrichtet wurden. Kepler bekam hervorragende Zensuren, und aufgrund dieser außerordentlichen Leistungen erhielt er (neben dem Grundstipendium von sechs Gulden) ein zusätzliches Stipendium in Höhe von zwanzig Gulden. Die Abschlussprüfung an der Artistenfakultät, die zugleich Zulassungsvoraussetzung für das dreijährige Theologiestudium war, bestand er als Zweitbester. Der Senat der Tübinger Universität befürwortete die Erneuerung seines Sonderstipendiums, da »Kepler dermaßen eines fürtrefflichen vnnd herrlichen ingenij, das seinethalben etwas sonderlichs zuhoffen«.[26]

Unter all seinen damaligen Lehrern ragt der berühmte Astronom Michael Mästlin heraus, zu dem Kepler eine enge Beziehung aufbaute. Mästlin machte seine begabtesten Studenten mit der Theorie des Kopernikus vertraut. »Ich ward daher von Kopernikus, den mein Lehrer sehr oft in seinen Vorlesungen erwähnte, so sehr entzückt«, schrieb Kepler später in seinem ersten bedeutenden astronomischen Werk, dem *Mysterium Cosmographicum* (»Weltgeheimnis«), »dass ich nicht nur häufig seine Ansichten in den Disputationen der Kandidaten verteidigte, sondern auch eine sorgfältige Disputation über die These, dass die erste Bewegung (die Umdrehung des Fixsternhimmels) von der Umdrehung der Erde herrühre, verfasste. Ich ging schon daran, der Erde aus physikalischen oder, wenn man lieber will, metaphysischen Gründen auch die Bewegungen der Sonne zuzuschreiben, wie es Kopernikus aus mathematischen Gründen tut.«[27]

Eine wahre Meisterleistung an astronomischer Vorstellungskraft ist zudem seine Disputation über die Bewegungen der Himmelskörper, wie sie sich vom Mond aus darstellen. Im Rahmen seiner astronomischen Studien formulierte er oft »neue« mathematische Theoreme, die, wie er später zu seinem Leidwesen herausfand, längst aufgestellt waren, auch wenn sie nicht auf dem Lehrplan der Universität standen.

Sein Geist war außerordentlich agil und fruchtbar; er wollte den Dingen auf den Grund gehen, alles genau zergliedern und Ideen auf Herz und Nieren prüfen. In jenen Passagen, in denen er seine intellektuellen Entdeckungsreisen beschreibt, spürt man nicht nur Zuversicht, die man in der *Selbstcharakteristik* ansonsten so schmerzlich vermisst, sondern sogar eine gewisse Freude. Er beschreibt die zahllosen Themen, die ihn faszinierten:

> Schon als Knabe macht er sich vor der Zeit an die Lehre von den Versmaßen. Er versuchte Komödien zu schreiben, wählte die allerlängsten Psalmen aus, um sie dem Gedächtnis einzuprägen ... Anfangs mühte er sich um Akrostichen, Griphen, Anagrammatismen, dann aber ... versuchte er sich in verschiedenen, sehr schwierigen Arten der Lyrik ... Er hatte seine Freude an Rätseln, suchte den beißendsten Witz, mit Allegorien spielte er so, dass er ihnen bis in die kleinsten Einzelheiten nachging und sie an den Haaren herzog ... Bei der Niederschrift seiner Aufgaben gefielen ihm Paradoxien ... Vor den andern Studien liebt er die mathematischen. In der Philosophie las er den Aristoteles im Original ... In der Geschichte erklärte er die Wochen Daniels auf andere Weise. Er schrieb eine neue Geschichte des assyrischen Reiches, stellte Untersuchungen zum römischen Kalender an.[28]

Keplers überbordender Gedankenfluss scheint sich zum Teil seiner bewussten Kontrolle zu entziehen. »Tausend Dinge fallen ihm zugleich ein«, schreibt er.[29] »Ihm fällt schneller etwas zu sagen ein, als er genau überlegen kann.« Trotzdem spürt man, dass er nur hier, im Reich des Intellekts, den emotionalen Dämonen entfliehen konnte, die ihn verfolgten, und zu innerer Ruhe fand, auf einer Insel des Friedens inmitten des stürmischen Ozeans seines Privatlebens.

KAPITEL 3

VERTREIBUNG

Alles deutet darauf hin, dass sich Kepler dem Theologiestudium in Tübingen mit noch größerem Eifer widmete als seinen früheren Studien. In dieser Zeit freundete er sich mit einem weiteren Mitglied des Lehrkörpers an, Matthias Haffenreffer, einem etwa zehn Jahre älteren Theologieprofessor. Haffenreffer blieb Kepler ein Leben lang treu verbunden. Doch kurz vor Abschluss seiner theologischen Ausbildung, im dritten Studienjahr, in dem die Studenten schon ungeduldig auf ihre Berufung zum Pfarrer warteten, wurde dem zweiundzwanzigjährigen Kepler kurz und bündig bedeutet, seine Koffer zu packen und eine Stelle als Mathematiklehrer in der steirischen Landeshauptstadt Graz anzutreten. »Wahrlich«, schrieb er, »ich wurde auf Geheiß meiner Präzeptoren fortgedrängt.«[1]

Kepler sah darin mit gutem Grund eine drastische Zurücksetzung. Obgleich ihm Mathematik und Astronomie sehr leicht gefallen waren, waren dies doch »pflichtgemäße Studienfächer, die keine ausgeprägte Neigung zur Astronomie verrieten«.[2] Kepler war sich nicht einmal sicher, ob seine mathematische Gelehrsamkeit genügte, um den Anforderungen seines neuen Amtes gerecht zu werden. Seine ganze Ausbildung war darauf ausgerichtet gewesen, ein geistliches Amt zu übernehmen, und er selbst hatte immer eine Laufbahn im Kirchendienst angestrebt. Der Theologie galt seine wahre Liebe. Und jetzt, so kurz vor dem Ziel, sollte er den schwarzen Talar des Geistlichen für die vergleichsweise wenig geachtete Stellung eines Mathematiklehrers in der Provinz aufgeben.

Die Biografen Keplers haben sich eingehend mit der Frage auseinander gesetzt, weshalb die Tübinger Universitätsverwaltung einen ihrer vortrefflichsten Studenten in die ferne Steiermark abschob, wo er ein Fach unterrichten sollte, für das er trotz seiner natürlichen Begabung eigentlich nicht qualifiziert war. Die Universität Tübingen war von Martin Luthers rechter Hand, Philipp Melanchthon, zur Kaderschmiede für die Armee humanistisch gebildeter Geistlicher geformt worden, welche die neue lutherische Glaubenslehre verbreiten sollten. Gemessen an seinen Studienleistungen, war Kepler eine der Leuchten der Universität. Weshalb wurde dieser Entschluss zudem so überstürzt gefasst? Zwar war die Stelle in Graz nach dem Tod des Mathematiklehrers der Stiftsschule, Georg Stadius, vakant, aber die Schulinspektoren in Graz scheinen es nicht besonders eilig gehabt zu haben. »Wir haben mit jme nach notturfft conversirt«, berichten sie nach dem Eintreffen Keplers, »vnd dahin befunden, das wir gänzlich verhoffen, Er werde dem Magister Stadio seligen, digne succediren khönnen [er werde dem verstorbenen Magister Stadius würdig nachfolgen]. Doch wöllen wir ain Monat zway mit jme versuchen, ee dan Er mit gwiser Besoldung bestelt wirdt. [Doch möchten wir ihn ein, zwei Monate erproben, ehe wir ihn mit festem Gehalt dauerhaft anstellen].«[3]

Zwei Antworten wurden vorgeschlagen, die jedoch beide einer genaueren Prüfung nicht standhalten. Zum einen wird die Ansicht vertreten, Keplers Tübinger Lehrer hätten Wind bekommen von seinen aufkommenden Zweifeln an bestimmten Elementen der lutherischen Glaubenslehre, insbesondere von seinen vermeintlich »kryptocalvinischen« Anschauungen, die auf eine Spiritualisierung des Abendmahls hinausliefen. Fünfzig Jahre nach dem spektakulären Bruch Luthers mit der römisch-katholischen Kirche war die protestantische Reformation ihrerseits von einem Schisma bedroht. Die größte Gefahr ging dabei aus Sicht der Lutheraner von den Anhängern Johannes Calvins in Genf aus. Wenn die Präzeptoren in Tübingen tatsächlich von Keplers aufkeimenden häretischen Anschauungen gewusst hätten, dann hätten sie Grund genug gehabt, sollte man meinen, ihn auf einen Posten abzuschieben, der seine theologischen Wirkungsmöglichkeiten mit größerer Wahrscheinlichkeit dauerhaft beschnitten hätte. Doch sie konnten es gar nicht wissen, denn Kepler selbst hatte sich in dieser Angelegenheit noch nicht entschieden, und zu diesem Zeitpunkt behielt er seine spirituellen Anfechtungen sorgsam für sich.

Die meisten Biografen haben sich daher auf die Annahme verlegt, Keplers protestantische Vorgesetzte seien deshalb mit ihrem jungen Studenten unzufrieden gewesen, weil er sich das kopernikanische Weltbild, in dem die Sonne im Mittelpunkt des Weltalls steht, zu Eigen gemacht habe. Die *theologische* Kontroverse um das kopernikanische Lehrgebäude war jedoch nicht jener Kampf zwischen der Naturwissenschaft auf der einen Seite und der Religion auf der anderen, als der er oftmals dargestellt wird. Es ist kein Zufall, dass Kepler seine kopernikanischen Anschauungen an einer der führenden lutherischen Universitäten der Zeit erwarb, da die Lutheraner mit zu denjenigen gehörten, welche die kopernikanische Lehre an vorderster Front verbreiteten. Neuere wissenschaftliche Studien haben zudem gezeigt, dass Martin Luther die ihm zugeschriebene ablehnende Äußerung über Kopernikus vermutlich nie getan hat, und Melanchthon hat trotz seiner anfänglichen Kritik Kopernikus mehr und mehr geschätzt und bewundert und schließlich bei seinen astronomischen Berechnungen Kopernikus' Zahlen über die Planetenbewegung benutzt.[4]

Joachim Rheticus, ein Absolvent der Universität zu Wittenberg, der zweiten bedeutenden Hochschule der Lutheraner, die von Melanchthon reformiert wurde, veröffentlichte im Jahr 1540 die erste allgemeinverständliche Beschreibung der kopernikanischen Theorie und besorgte die Erstveröffentlichung von Kopernikus' *De Revolutionibus* im Jahr 1543. Inzwischen war Rheticus zum Dekan der Artistenfakultät in Wittenberg berufen worden. Und der Wittenberger Mathematiker Erasmus Reinhold erstellte auf der Grundlage des kopernikanischen Systems neue Tabellen der Planetenbewegung – die so genannten Preußischen oder Prutenischen Tafeln.

In der Tat gab es erhebliche Meinungsverschiedenheiten darüber, ob das kopernikanische System das Weltall so darstellte, wie es wirklich war, oder ob es nur ein nützliches Instrument für die Vorhersage der Planetenbewegungen war. An den protestantischen Universitäten wurde das kopernikanische System jedoch nicht kategorisch verworfen. Solange das heliozentrische Weltbild als bloße mathematische Spekulation hingestellt wurde und religiöse Fragen nicht direkt berührte, nahmen die Theologen nicht weiter Anstoß daran. So wurde Keplers erstes, offen kopernikanisches Werk über die Astronomie, das *Mysterium Cosmographicum*, das er zwei Jahre nach seinem Abschied von Tübingen fertig stellte, von seiner früheren Universität veröffentlicht. Der Tübinger Senat bestand lediglich darauf, dass Kepler ein Einleitungskapitel herausnahm, in dem er die Vereinbarkeit des kopernikanischen Systems mit der Bibel darlegte.

Wenigstens ein weiterer, nur ein paar Jahre jüngerer Student als Kepler, Christoph Besold, berief sich in seinen wissenschaftlichen Disputationen ausdrücklich auf die kopernikanische Lehre und wurde später als Professor der Rechtswissenschaft an die Tübinger Universität berufen. Daher wäre es verwunderlich gewesen, wenn die gleiche Universitätsleitung, die Keplers *Mysterium Cosmographicum* veröffentlichte und offenbar keine Probleme mit dem Mathematik- und Astronomieprofessor Michael Mästlin und seinen häufigen Vorlesungen über Kopernikus hatte und später einen weiteren begeisterten jungen Kopernikaner in ihre Reihen aufnahm, plötzlich beschlossen hätte, Kepler aufgrund seines jugendlichen Interesses an dem Thema abzuschieben. Noch unverständlicher wäre es dann, wieso sie ausgerechnet ihn auswählten, um Oberseminaristen in ebenjenen Fächern – Mathematik und Astronomie – zu unterrichten, in denen sie seine Gesinnungstreue bezweifelten.

Es bleibt also die Frage: Warum? Man sollte annehmen, dass den Universitätsinspektoren, nachdem sie ihren jungen Studenten fünf Jahre lang eingehend beobachtet hatten, nicht entgangen sein konnte, wie schwierig, ambivalent und gespannt Keplers Beziehungen zu seinen Kommilitonen waren. So viele Feinde schaden über kurz oder lang dem Ruf – entweder weil die üble Nachrede (ob begründet oder nicht, spielt fast keine Rolle) Kreise zieht oder weil die Häufigkeit chronischer und langwieriger Streitigkeiten zumindest auf gewisse Schwierigkeiten im Umgang mit Menschen hindeutet. Keplers Vorgesetzte gelangten vielleicht zu dem begründeten Schluss, dass er ungeachtet seines überragenden Intellekts nicht für ein geistliches Amt geeignet sei.

Andererseits deutet die Tatsache, dass Kepler scheinbar aus heiterem Himmel in Ungnade fiel und abgeschoben wurde, darauf hin, dass dem Beschluss ein bestimmter Vorfall oder gar Skandal zugrunde liegen könnte. Wir wissen es nicht genau. Wir wissen jedoch, dass Kepler zeit seines Lebens immer wieder versuchte, nach Tübingen zurückzukehren. Zuerst nahm er die Berufung nach Graz nur unter der Bedingung an, dass ihm die Universität die Möglichkeit auf Rückkehr und auf Abschluss seines Theologiestudiums offen hielt; später bat er seine ehemaligen Professoren dann eindringlich, ihm in Tübingen eine Stelle als Lehrer zu verschaffen. Aber seine Mentoren Mästlin und Haffenreffer, die den Werdegang ihres genialen Schützlings voller Sympathie begleiteten, wollten oder konnten nichts für ihn tun, obwohl Kepler sie immer wieder inständig darum bat. Von dem Augenblick an, da Kepler so unvermittelt verstoßen wurde, sollten die Pforten seiner ehemaligen Alma Mater für immer für ihn verschlossen bleiben.

KAPITEL 4

DEN HIMMEL VERMESSEN

In Leipzig«, schrieb Tycho Brahe über seine Studentenzeit, »begann ich heimlich Bücher zu kaufen und vertiefte mich im Verborgenen immer mehr in die Astronomie, ohne dass es mein Erzieher [*Paedagogo*] merken durfte. So machte ich es mir nach und nach zur Gewohnheit, die Sternbilder am Himmel zu unterscheiden. Zu diesem Zweck benutzte ich einen kleinen, gerade mal faustgroßen Himmelsglobus, den ich abends mitnahm, ohne ein Wort darüber verlauten zu lassen.«[1]

Der fünfzehnjährige Tycho Brahe konnte sich nur dann der Astronomie widmen, wenn er unbeobachtet war, denn er war in der Obhut eines Hofmeisters an die Leipziger Universität geschickt worden, um Jurisprudenz zu studieren – ein Fach, das einem Adligen von Brahes Rang wohl anstand und ihm sehr zustatten kommen würde, wenn er eines Tages ein bedeutendes Amt am königlichen Hof antreten sollte.[2] Denn Brahe war nicht irgendein dänischer Edelmann, sondern er wurde in den erlauchten Kreis von Adligen hineingeboren, der die Spitze der politischen Macht im Land bildete. Die oberste Regierungsinstanz, der dänische Reichsrat (Rigsraad), rekrutierte seine Mitglieder nur aus einigen wenigen Familien. Nachdem der dänische Hochadel frühere Versuche, seine Macht zu beschränken, abgewehrt hatte, zwang er König Christian III.

im Jahr 1536 zur Unterzeichnung einer Verfassungsurkunde, welche die Stellung und die Machtbefugnisse des Adels in den Staatsangelegenheiten formell bekräftigte. Die Mitglieder des Rigsraads erklärten Krieg, schlossen Friedensverträge, besetzten die höchsten Reichsämter aus ihren Reihen und behielten sich sogar das Recht vor, den König zu wählen – auch wenn sie de facto immer den ältesten Sohn des Königs zum Herrscher kürten.[3]

Diese Beteiligung der Aristokratie an der politischen Macht sollte nicht lange währen, aber zu Brahes Zeiten, unter König Frederick II., bildete sie das Fundament einer stabilen und harmonischen Reichsordnung. Innerhalb dieser kleinen, mächtigen Reichsrat-Oligarchie wiederum verfügten nur wenige Familien über bessere Beziehungen als die Brahes. Von den fünfundzwanzig Mitgliedern, die der Reichsrat im Jahr 1552 zählte – Tycho war damals sechs Jahre alt –, waren alle außer einem untereinander eng verwandt. Seine vier Urgroßväter und seine beiden Großväter hatten allesamt dem Reichsrat angehört. Und schon bald sollte sein Vater, Otto Brahe, in dieses erlesene Gremium kooptiert werden.

Tycho Brahe sollte selbst ein besonders enges Verhältnis zum König entwickeln. Als kleiner Junge – vermutlich im Alter von zwei Jahren – wurde Tycho vom Bruder seines Vaters, Jørgen, aus dem Elternhaus entführt. Manchen Quellen zufolge hatte der selbst kinderlose Onkel Jørgen eine Absprache mit Tychos Vater getroffen, wonach Tycho Jørgens Pflegekind und Erbe werden sollte, sobald Tychos Vater ein zweiter Sohn geboren würde. Doch als dieser zweite Sohn dann etwa ein Jahr nach Tycho tatsächlich zur Welt kam, sollen Beate und Otto Brahe nicht mehr bereit gewesen sein, ihren Erstgeborenen herzugeben. Jørgen habe jedoch auf der Erfüllung der ursprünglichen Absprache bestanden und sich für berechtigt gehalten, seinen Anspruch mit Gewalt durchzusetzen. Jedenfalls glätteten sich die Wogen bald wieder, und Tycho Brahe verlebte seine Kindheit in der liebevollen Obhut seines Onkels und seiner Tante. Trotzdem blieb er seinen leiblichen Eltern eng verbunden und behielt auch seine Erbansprüche. Bis zu seinem Tod sprach er von beiden Elternpaaren immer nur mit höchster Bewunderung und Zuneigung.

Diese »Überstellung« hatte zur Folge, dass Brahes unmittelbare verwandtschaftlichen Bande zu den Familien des dänischen Hochadels noch enger wurden, insbesondere zum Bruder seiner Ziehmutter, Peter Oxe, der, nachdem er kurzzeitig in Ungnade gefallen war, aus der Verbannung zurückkehrte und zum Reichshofmeister bestellt wurde. Damit stieg er zum zweitmächtigsten Mann Dänemarks auf. Unterdessen war Onkel Jørgen, der sich in den Seeschlachten gegen die Schweden, in denen es um nichts weniger als die Beherrschung der Ostsee ging, ausgezeichnet hatte, zum Vizeadmiral der dänischen Marine ernannt worden. Als sich in einer Pause zwischen den Schlachten die Flotte in den Gewässern vor Kopenhagen neu formierte, zechten Jørgen und König Frederick ausgiebig, wie es alter dänischer Sitte entsprach. In seinem Rausch torkelte der König und stürzte ins Meer. Jørgen sprang ihm hinterher, um ihn zu retten. Der König überlebte, aber Jørgen zog sich eine schwere Lungenentzündung zu, der er wenig später erlag. Obgleich Jørgen nicht mehr dazu kam, seinen Nachlass zugunsten seines Ziehsohnes zu ordnen, erfreute sich Brahe immer der besonderen Gunst des Königs. Beide Faktoren sollten Brahes Zukunft im Königreich Dänemark maßgeblich beeinflussen.

Dänemark war in der zweiten Hälfte des 16. Jahrhunderts die führende Macht Nordeuropas (Deutschland glich damals einem Flickenteppich aus Herzogtümern, Fürstentümern und anderen Klein- und Kleinststaaten, der von der mehr oder minder schwachen Herrschaftsgewalt des Kaisers des Heiligen Römischen Reiches locker zusammengehalten wurden), und der dänische Adel war noch immer ein kriegerischer Stand. Der Familiensitz der Brahes, Burg Knutstorp, lag gegenüber von Kopenhagen, jenseits des Øresunds, in der südschwedischen Provinz Schonen, die seinerzeit unter dänischer Herrschaft stand. Dieses Gebiet war zu jener Zeit der hauptsächliche

Zankapfel zwischen den beiden skandinavischen Mächten, die um die Vorherrschaft in Nordeuropa rangen. Wer Schonen besaß, der hatte nicht nur fruchtbares Ackerland. Die Herrschaft über die Südspitze der schwedischen Halbinsel sicherte den Dänen die Kontrolle über die Meerenge – zwischen Helsingborg und Schloss Helsingør – am Eingang zur Ostsee und damit die einträglichen Zölle, die sämtliche Schiffe entrichten mussten, die auf ihren lukrativen Handelsfahrten zwischen West- und Osteuropa diese Enge durchfuhren.

Heute wirkt Knutstorp wie ein beschaulicher Landsitz. In den weiten, abfallenden Rasenflächen kann man jedoch noch immer die Umrisse des Burggrabens, genauer gesagt: des kleinen Sees, erkennen, der die stark befestigte Burg einst umgab. Nach einer steilen Karriere im Staatsdienst sollte Otto Brahe schließlich das lukrative Amt des Gouverneurs von Schloss Helsingborg erhalten, vor dem die Handelsschiffe Anker warfen, um der dänischen Krone Tribut zu zahlen.

Für die Brahes war Tychos Passion für die Naturwissenschaften – oder die »Naturphilosophie«, wie man damals sagte – nicht bloß absonderlich und unverständlich, sie bedeutete obendrein eine Ablehnung ihrer altüberkommenen Standesprivilegien und -würde. Die meisten Adelssöhne wurden durch die Ausbildung in Kriegs- und Staatskunst auf höhere Ämter bei Hof vorbereitet, und so hatte sich Brahes Vater zunächst gegen Onkel Jørgens Entscheidung gewandt, Tycho Rechtswissenschaft studieren zu lassen, weil er darin lediglich eine Ablenkung von seiner eigentlichen Berufung sah. Doch die Jurisprudenz mochte sich immerhin bei den fortwährenden Intrigen am Hof und im Reichsrat als nützlich erweisen. In der strengen Standesordnung des spätfeudalistischen Dänemarks stand das Studium der Naturphilosophie dagegen in weit geringerem Ansehen und war dem wachsenden, niederen Gelehrtenstand vorbehalten.

In mancher Hinsicht führte Brahe dennoch die Traditionen seines Standes fort. Er konnte zechen, was das Zeug hält, und bei einer Weihnachtsfeier geriet er mit seinem Vetter dritten

Grades, Manderup Parsberg, so heftig aneinander, dass er diesen schließlich aufforderte, mit vor die Tür zu kommen, um den Zwist mit Schwertern zu bereinigen. Duelle zwischen Adligen, denen das Kriegshandwerk zur zweiten Natur geworden war, waren gang und gäbe. Da es sich für Vornehme nicht geziemte, gegen rangniedrigere Personen zu kämpfen, und die Zahl der Adelsfamilien recht überschaubar war – insgesamt etwa zweitausend –, lief es oft darauf hinaus, dass sich nähere oder fernere Verwandte duellierten. Vier von Brahes Vettern starben bei solchen Zweikämpfen, einer wurde von dem eigenen Onkel getötet, ein anderer von einem weiteren Cousin. Es kam zu solchen Auswüchsen, dass etwa zehn Jahre nach Brahes Duell ein Gesetz erlassen wurde, das einen Adligen, der einen Bruder tötete, von dessen Erbe ausschloss.[4]

Da das beidhändige Schwert noch immer die bevorzugte Waffe war, verliefen diese Zweikämpfe oft tödlich. Als Brahe sich mit einem Vetter duellierte, brachte ihm dieser mit dem Schwert eine schräge Schnittwunde auf der Stirn bei und hieb ihm den Nasenrücken ab. Ein paar Zentimeter tiefer und die Astronomie hätte vor der Zeit eines ihrer größten Genies verloren. Doch Brahe überlebte eine schwere Infektion, und nach seiner Genesung ließ er sich eine prächtige Prothese aus einer Gold-Silber-Legierung anfertigen, die er bei bedeutenden Anlässen trug. Im Alltag begnügte er sich mit einem leichteren Nasenersatz auf Kupferbasis.[5] Wenn er den Wunsch gehegt hätte, die Verstümmelung besser zu verbergen, dann hätte er sich eine lebensechtere, fleischfarbene Epithese aus Wachs anfertigen lassen können. Es war bezeichnend für seine Ablehnung aller Hofart und Eitelkeit, dass er dies nicht tat.

Ebenso typisch für Brahe war es, dass der zornige Affekt des Duellanten schnell verflog, und Brahe und Parsberg sollten später lebenslange Freunde werden. Parsberg, der es bis zum dänischen Reichskanzler brachte, wurde zu Brahes loyalem Fürsprecher bei Hof.[6] Einige Brahe-Biografen haben mit einer gewissen Berechtigung Brahes Jähzorn hervorgehoben. Unterschlagen haben sie jedoch allzu oft Brahes Nachsicht und seine

Bereitschaft, prompt zu verzeihen, sowie seine Begabung, tiefe, langjährige Freundschaften zu Personen aller Stände zu unterhalten – insbesondere aber zu Gleichgesinnten, die wie er selbst darauf brannten, die Geheimnisse der Welt zu enträtseln.

Mit zunehmendem Alter loderte in dem Heranwachsenden die Flamme der Wissbegier immer heftiger. Der Student Brahe, der zum Schein fleißig Jurisprudenz büffelte, ließ den kleinen Himmelsglobus bald liegen, um sich in dem Bestreben, den Himmel zu vermessen, anderer Instrumente zu bedienen. So lesen wir in seiner *Astronomiae instauratae Mechanica*, in der er die zahlreichen Beobachtungsinstrumente beschreibt, die er später erfand: »Da mir jedoch keine Instrumente zur Verfügung standen, weil mein Erzieher sie mir missgönnte, benutzte ich zunächst einen recht großen Zirkel, so gut ich eben konnte, indem ich den Scheitel [des Zirkels] vor ein Auge hielt und einen Schenkel auf den Planeten ausrichtete, den ich beobachten wollte, und den anderen [Schenkel] auf einen Fixstern in dessen Nähe. Manchmal maß ich in gleicher Weise die wechselseitigen Abstände zweier Planeten und bestimmte (mit einer einfachen Berechnung) das Verhältnis ihres Winkelabstandes zum gesamten Kreisumfang. Obgleich diese Beobachtungsmethode keine besonders exakten Ergebnisse lieferte, machte ich mit ihrer Hilfe gleichwohl so große Fortschritte, dass ich erkannte, dass beide Tafeln [die Alfonsinischen und die Prutenischen Tafeln] an unerträglichen Fehlern litten.«[7]

Die Tafeln, die Brahe für so mangelhaft befand, waren Verzeichnisse der so genannten Ephemeriden, die in astronomischen Jahrbüchern veröffentlicht wurden; dabei werden auf der Grundlage von Beobachtungsdaten aus der Vergangenheit und theoretischen Annahmen über die Planetenbewegungen die Positionen (Örter) der Planeten bis weit in die Zukunft hinein für jeden beliebigen Tag vorausberechnet. Besonders wichtig waren diese Tafeln für Seefahrer, die sie als Navigationshilfen benutzten, für Bauern, weil man damals glaubte, die Bewegung der Himmelskörper beeinflusse das Wetter, und für all diejenigen, die Horoskope erstellen wollten. Zu Letzteren gehörten nicht nur einfache Bürger wie Kepler, die ihren Charakter und ihr Schicksal erkennen wollten, sondern auch Könige, Herzöge und andere Notabeln, die wissen wollten, wann der günstigste Zeitpunkt war, um Kriege zu führen, Frieden zu schließen oder anderweitige Staatsgeschäfte zu erledigen.

Beide Tafeln wiesen gravierende Fehler auf. Die Alfonsinischen Tafeln, die im 13. Jahrhundert im Auftrag von König Alfons X. von Kastilien in Spanien erstellt wurden, basierten weitgehend auf den Beobachtungen des alexandrinischen Astronomen Claudius Ptolemäus aus dem 2. Jahrhundert n. Chr. Obgleich die Alfonsinischen Tafeln im 16. Jahrhundert noch immer das Standardwerk für astronomische Berechnungen waren, wuchs die Unzufriedenheit über die zunehmende Diskrepanz zwischen berechneten und tatsächlichen Planetenpositionen besonders bei denjenigen, die aus praktischen Gründen auf präzise Daten angewiesen waren. So soll einer der Kapitäne, die Heinrich den Seefahrer (1394–1460) auf seinen Entdeckungsfahrten begleiteten, gesagt haben: »Bei allem gebotenen Respekt vor dem berühmten Ptolemäus traf doch in allem das genaue Gegenteil dessen zu, was er gesagt hatte.«[8]

Auch wenn nur wenige Astronomen im 16. Jahrhundert Kopernikus' heliozentrisches System als eine wirklichkeitsgetreue Abbildung des Weltalls gelten ließen, glaubten doch viele – einschließlich Brahe –, dass sich mit diesem Modell die Bewegungen der Planeten zuverlässiger vorausberechnen ließen. Ironischerweise haben jüngste Computeranalysen der kopernikanischen Tafeln, die Owen Gingerich von der Harvard-Universität durchführte, gezeigt, dass die Preußischen Tafeln des Kopernikus – so genannt, weil sie dem Herzog von Preußen gewidmet waren – kaum präziser waren. Dies hängt zum Teil damit zusammen, dass sich Kopernikus, der selbst nur einige, relativ ungenaue Messungen vornahm, bei der Aufstellung seiner Tabellen ebenfalls weitgehend auf die antiken Beobachtungen des Ptolemäus stützte.[9]

Brahes Ärger über die »unerträglichen Fehler«, die er in den

Tafeln fand, sollte zu einem der Angelpunkte der gesamten Wissenschaftsgeschichte werden, denn er gab letztlich den Anstoß dazu, dass die antike Naturphilosophie verabschiedet und die moderne naturwissenschaftliche Methode entwickelt wurde. All dies keimte im Geist eines sechzehnjährigen Jungen, der so berückt von den Gestirnen war, dass er, während sein Erzieher nebenan schlief, nächtelang wach blieb, um durch die Dachluke seiner Kammer einen Blick auf die Planeten zu erheischen.

Dies war sein »Ausgangspunkt«, schrieb Brahe später, denn als er die Große Konjunktion von Saturn und Jupiter beobachtete – die annähernde Deckungsgleichheit der beiden Planeten, die alle zwanzig Jahre stattfindet –, betrug die Abweichung einen vollen Monat im Vergleich zu den alfonsinischen Zahlen und noch einige Tage, wenn auch wenige, im Vergleich zu den kopernikanischen Zahlen.[10] Weil die Großen Konjunktionen von Saturn und Jupiter so selten sind, maß man ihnen in der Astrologie eine besondere Bedeutung bei, aber sämtliche Vorhersagen, die auf Grundlage der damals in beiden Tafeln enthaltenen fehlerhaften Zahlen erfolgten, mussten natürlich höchst fragwürdig sein. Tatsächlich erkannte Brahe, dass solche eklatanten Ungenauigkeiten den wissenschaftlichen Status der Astronomie und Astrologie, die seines Erachtens eng zusammengehörten, gefährdeten. Er erkannte, was nur wenige vor ihm gesehen hatten: Man konnte sich ein x-beliebiges Weltmodell ausdenken, aber ohne gesicherte, zuverlässige Daten, die dieses Modell untermauerten, blieb es nur fruchtlose Spekulation. Jede Theorie musste auf ein festes Fundament von Tatsachen gegründet werden – in diesem Fall auf sorgfältige und präzise Beobachtungen.

Brahe erstand schon bald ein neues Triangulationsinstrument (einen Halbmesser) – ein Gerät, das einem großen Zirkel ähnelt, mit dem man die Winkelabstände zwischen den Sternen und Planeten messen kann – und verbrachte die Nächte damit, seine Beobachtungen in ein kleines Buch einzutragen. Dies war der Beginn eines lebenslangen Projekts, in dessen Verlauf er die Bewegung der Gestirne mit bis dahin unerreichter Präzision vermessen sollte.

Wir erachten es heute als derart selbstverständlich, dass eine wissenschaftliche Theorie auf einer soliden empirischen Datenbasis beruhen sollte, dass wir kaum ermessen können, wie revolutionär dieser Gedanke damals war. Gewiss, auch die antiken Naturphilosophen hatten die Natur studiert und ihre Beobachtungen in ihre philosophischen Werke einfließen lassen. Auch Ärzte hatten schon damals das Innere des menschlichen Körpers eingehend in Augenschein genommen und sogar Experimente durchgeführt. Heute wird allgemein anerkannt, dass das jahrhundertelange alchemistische Experimentieren von grundlegender Bedeutung für die Entstehung der neuzeitlichen Chemie war. Aber in den Welterklärungen der Philosophen rückten die empirischen Tatsachen gegenüber dem intuitiven Erkennen oder der jeweils herrschenden Lehrmeinung oft weit in den Hintergrund.

Wenn, wie oft gesagt wird, die neuzeitliche Naturwissenschaft auf zwei Beinen geht – zum einen auf Theorie und Intuition und zum anderen auf empirischer Beobachtung –, dann ist sie, bis Tycho Brahe die Bühne betrat, auf einem Bein herumgestrauchelt. Niemand vor ihm hat mit derart akribischer Sorgfalt systematisch Daten gesammelt und protokolliert.

Es ist bezeichnend für die außerordentliche intellektuelle Eigenständigkeit Brahes, dass er im Alter von sechzehn Jahren bereit und in der Lage war, die höchsten wissenschaftlichen Autoritäten seiner Zeit in Frage zu stellen. In seiner wissenschaftlichen Laufbahn räumte er mit zweitausend Jahren verstaubter kosmologischer Spekulationen auf, zertrümmerte die Kristallsphären, die angeblich die Planeten auf ihren Umlaufbahnen hielten, und begann, wie er später schrieb, »die Grundlagen für die Erneuerung der Astronomie zu legen«.[11]

Als Onkel Jørgen im Sommer 1565 starb, kehrte Brahe zu seiner Familie nach Dänemark zurück. Dort geriet er nur noch heftiger mit seinem leiblichen Vater aneinander, der dem achtzehnjährigen Studenten Vorhaltungen wegen seiner unstandesgemäßen Studien machte, die dieser jetzt mit noch größerer Begeisterung betrieb. Der Krieg mit Schweden spitzte sich zu, und obgleich Tycho Brahe keine militärische Ausbildung durchlaufen hatte, war ihm aufgrund der raschen politischen Karriere von Peter Oxe, dem Bruder seiner Ziehmutter, ein angesehenes Amt bei Hofe so gut wie sicher. Doch Brahe setzte sich über die eindringlichen Bitten seiner Familie hinweg und kehrte bald ins Ausland zurück, um sein Studium fortzusetzen. Nach einem zweiten kurzen Besuch zu Hause schrieb er seinem Freund Hans Aalborg, er habe beschlossen, den Winter in der deutschen Küstenstadt Rostock zu verbringen. Er gemahnte Aalborg eindringlich, »nichts über die Gründe meiner Abreise verlauten zu lassen, die ich Ihnen im Vertrauen mitteilte, damit niemand auf die Idee kommt, ich würde über irgendetwas Klage führen ... Denn meine Verwandten und Freunde haben mich in meinem Heimatland besser empfangen, als ich es verdiente. Ich hätte mir nur gewünscht, dass alle mit der Wahl meines Studiums zufrieden gewesen wären, aber das ist gewiss verzeihlich.«[12]

Es muss als ein seltsamer, eigensinniger Zug an dem jungen Mann erschienen sein, dass er ein standesgemäßes höfisches Amt und damit einhergehend die Ehre, das Ansehen, den Reichtum ausschlug und sich stattdessen für eine wissenschaftliche Laufbahn entschied, die weit unter seiner Standeswürde war. Aber Brahe scheint seine Entscheidung nie bereut zu haben oder ins Wanken gekommen zu sein. Er rundete seine Ausbildung an den Universitäten Wittenberg und Basel (eine Stadt, die ihm besonders gut gefiel) ab, während er seine sternkundlichen Beobachtungen fortsetzte und sein Beobachtungsjournal stetig erweiterte.

Der Dreiundzwanzigjährige ließ in Augsburg das erste der von ihm selbst entworfenen größeren Beobachtungsinstrumente bauen, mit dem er die Astronomie von Grund auf verändern sollte. Es handelte sich um einen riesigen Quadranten (Viertelkreis) aus Eichenholz mit einem Radius von 5,5 Metern. Vierzig Mann waren nötig, um ihn aufzustellen. Brahe nannte ihn *quadrans maximus* oder Riesenquadrant (vgl. den Bildteil). Das gesamte Instrument konnte mit Hilfe der Querstangen an seiner Basis horizontal gedreht werden, während der Quadrant selbst, der die Form eines viertel Kuchens hatte und an seiner Spitze an einem beweglichen Gelenk aufgehängt war, nach oben und unten geschwenkt werden konnte. Der Beobachter fixierte einen Himmelskörper durch die Visiere in den Punkten D und E an der rechten Außenkante des Geräts und konnte dann seine Höhe ablesen, indem er die Ziffer aufschrieb, die von der Lotschnur (die von der Spitze bis zum Lotblei in H herabhing) auf der gebogenen Gradskala aus Messing angezeigt wurde.

Brahes Unzufriedenheit mit den damals verfügbaren Instrumenten wurde immer größer, da selbst die von den geschicktesten Handwerkern hergestellten Geräte äußerst fehleranfällig waren. In der Zeit vor Brahe, als die empirische Beobachtung gegenüber der Theorie zweitrangig war, hatten solche eklatanten Unregelmäßigkeiten die Astronomen nicht weiter gestört. Michael Mästlin, Keplers Lehrer in Tübingen, versuchte bekanntlich mit einem bloßen Faden, den er auf Armeslänge gegen den Himmel hielt, die Bewegung von Himmelskörpern zu bestimmen.

Brahe erkannte schnell, dass es bei den für astronomische Beobachtungen mit bloßem Auge benötigten Instrumenten (Galileis Fernrohr sollte erst zu Beginn des 17. Jahrhunderts zur Verfügung stehen) entscheidend auf die Größe ankam, und zwar aus dem gleichen Grund, aus dem man ein Ziel mit dem Lauf eines Gewehrs exakter anvisieren kann als mit einer Pistole. Genauso wichtig war die Tatsache, dass man mit zunehmender Größe eines Instruments feinere Gradskalen verwenden konnte (in diesem Fall auf dem gebogenen Balken zwischen B und C), was die Messungen genauer machte.

Laut der Darstellung Brahes in seiner *Mechanica* betrug die Messgenauigkeit des Großquadranten nur »eine sechstel Bogenminute«[13], sofern der Beobachter die notwendige Sorgfalt walten ließ. Möglicherweise überschätzte er die Messgenauigkeit, aber selbst eine Messung auf eine Bogenminute genau war damals schon eine außerordentliche Leistung. Stellen wir uns den Nachthimmel als eine riesige feste Hohlkugel vor, die mit den die Erde umgebenden Sternen übersät ist. Wenn man sich in einer klaren Nacht in ländlichem Gebiet, fern der »künstlichen Lichtdurchflutung« einer Großstadt, ins Freie begibt und den Himmel betrachtet, dann erhält man genau diesen Eindruck, und zu Brahes Zeiten glaubten praktisch alle Astronomen an die Existenz dieser Kristallsphäre. Stellen wir uns weiter vor, wir zögen um diese Kugel einen Kreis, dessen Mittelpunkt der Erdmittelpunkt ist (man kann dabei in einem beliebigen Winkel beginnen). Kreise werden nach alter mathematischer Konvention in 360 Grad unterteilt. Jeder Grad wird seinerseits in sechzig Bogenminuten unterteilt (wobei ein Bogen einfach ein Kreisabschnitt ist), und jede Minute wird in sechzig Sekunden unterteilt. Das bedeutet, dass sich ein Kreis aus 21 000 Minuten (360 Grad x 60 Minuten) oder 1 296 000 Sekunden (21 000 Minuten x 60 Sekunden) zusammensetzt. Brahe behauptete, mit dem Großquadranten sei es möglich, die Position eines Himmelskörpers bis zu zehn Bogensekunden genau zu erkennen.[14]

Auch wenn dieses gigantische Instrument dem Beobachter erlaubte, Objekte mit größerer Genauigkeit anzuvisieren, und den physikalischen Raum bereitstellte, um die äußerst präzisen Messungen durchzuführen, die Brahe anstrebte, so schuf es doch zugleich neue Probleme. Derart große Instrumente sind unhandlich, und die Materialien, aus denen sie hergestellt wurden, waren unzuverlässig: Holz verzieht sich, und Metall dehnt sich aus oder zieht sich zusammen, wenn sich die Temperatur verändert. Für den Großquadranten verwendete Brahe schwere Eichenbalken, »die viele Jahre getrocknet worden waren«, damit sie sich nicht verzogen, und man kann die vielen Kreuzbalken sehen, die das Instrument »fest zusammenhalten und in der geeigneten Form und Ebene halten sollen«.[15]

Brahe war offenbar mit dem Großquadranten nicht vollends zufrieden, da er keinen weiteren mehr bauen ließ. Doch wir sehen hier zum ersten Mal, wie die von Brahe geforderte Präzision die Handwerkskunst des 16. Jahrhunderts an und über die Grenzen ihrer damaligen Leistungsfähigkeit hinaus drängte. Im Verlauf der nächsten dreißig Jahre entwickelte Brahe eine Vielzahl ausgetüftelter technischer Lösungen, um die Möglichkeiten der astronomischen Beobachtung mit bloßem Auge zu erweitern, und auf seine Leistungen in diesem Bereich war er besonders stolz. Tatsächlich kann man den Beobachter Brahe nicht von dem Erfinder Brahe trennen, denn sein Ehrgeiz, das erste astronomische Modell auf streng empirischer Grundlage zu erarbeiten, zwang ihn dazu, als Erster die im Dienst der Naturwissenschaft stehende Technik zielstrebig weiterzuentwickeln.

Auch dies stellt einen Wendepunkt dar. Zwar hatte es schon in der Vergangenheit bedeutende Erfinder und Techniker gegeben. Archimedes nutzte seine Kenntnisse auf dem Gebiet der Hebelphysik, um Schrecken erregende Kriegsmaschinen zu bauen, etwa Riesenkräne, die mit ihren Greifarmen Schiffe von Belagerern packten und zermalmten. Die Erfordernisse der Kriegführung stachelten den Erfindergeist mächtig an, und die Renaissance kennt viele Beispiele von Erfindern, die ihre Fähigkeiten darauf verwandten, Waffensysteme zu vervollkommnen. Man denkt unwillkürlich an Leonardo da Vincis manchmal skurrile Erfindungen. Dabei handelte es sich aber im Allgemeinen um Beispiele der angewandten Naturwissenschaft, bei denen physikalische Erkenntnisse in praktische Nutzanwendungen umgesetzt wurden. Brahe drehte diesen Sachverhalt um, indem er die Technik zum Werkzeug der naturwissenschaftlichen Erkenntnisgewinnung machte.

Heute erachten wir es als selbstverständlich, dass der Fortschritt in Naturwissenschaft und Technik Hand in Hand geht. Mit immer schnelleren Computern entschlüsseln wir das unglaublich komplexe menschliche Erbgut, und immer leistungsfähigere Teilchenbeschleuniger erlauben den Physikern, Atome in immer kleinere Konstituenten zu zerlegen (ein Unternehmen, das verblüffende Parallelen zu Brahes Projekt aufweist). Am Anfang dieser Entwicklung aber steht ein Mann, der sich vor vierhundert Jahren nicht mehr mit Näherungslösungen zufrieden geben wollte, ein junger Mann, der mit gespanntem Verstand buchstäblich nach den Sternen griff und sich weigerte, Daten so hinzubiegen, dass sie mit einer vorgefertigten Theorie in Einklang standen. Brahe war fest davon überzeugt, dass es entscheidend auf die empirischen Daten ankam – auf gesicherte, konkrete, reproduzierbare Fakten, die nur durch wiederholte Beobachtungen in Erfahrung gebracht werden konnten.

Kurz nach der Fertigstellung des Großquadranten kehrte Brahe nach Dänemark zu seinem inzwischen schwer kranken Vater zurück. Otto Brahe starb im Frühjahr des folgenden Jahres; er hinterließ ein ansehnliches Vermögen, aber auch eine stattliche Zahl Erben, darunter seine Frau, Tycho Brahe und dessen sechs Geschwister sowie ein Enkelkind. Da es 1572 in Dänemark kein Erstgeburtsrecht gab, musste ein Großteil des Nachlasses versilbert und der Erlös unter den Kindern aufgeteilt werden (wobei die Söhne doppelt so viel bekamen wie die Töchter). Auch waren viele Liegenschaften Ottos Gemeinschaftseigentum mit anderen Verwandten, und das Vermögen und die Einnahmen seiner Ehefrau wurden von dem Nachlass getrennt gehalten, was die Erbauseinandersetzung zu einem langwierigen und komplizierten Vorgang machte, der ganze dreieinhalb Jahre dauerte. Brahe musste seinen Wunsch, sich im Ausland niederzulassen, vorerst zurückstellen.

KAPITEL 5

DER ALCHEMIST

Bald nach seiner Rückkehr nach Dänemark lernte Brahe die Frau kennen, die er schließlich heiratete. Ihr Name war Kirsten Jørgensdatter, und sie war vermutlich die Tochter des Pfarrers einer Pfarrgemeinde unweit des Brahe'schen Familiensitzes Knutstorp. Nach manchen Quellen war Brahes Familie empört über diese unstandesgemäße Verbindung, aber so wie Brahe schon bei seiner Berufswahl seinen Neigungen gefolgt war, so gehorchte er auch hier einzig dem Diktat seines Herzens.

Es war für adlige Männer nicht ungewöhnlich, sich Mätressen zuzulegen, und Brahe hätte es ebenso halten können, wäre ihm daran gelegen gewesen. Doch trotz der damit verbundenen eindeutigen Nachteile, eine Nichtadlige zur Ehefrau zu nehmen, statt sie bloß als Konkubine zu halten, scheint er diese Möglichkeit für sich nie in Betracht gezogen zu haben. Nach altem jütländischen Gewohnheitsrecht, das noch auf die Zeiten der Wikinger zurückging, wurden solche eheähnlichen Formen des Zusammenlebens rechtlich anerkannt, wenn die beiden Partner drei Jahre lang offen als Mann und Frau zusammenlebten. Allerdings blieb dem Paar die kirchliche Trauung verwehrt, und die mit dem Adelstitel verbundenen Vorrechte gingen nicht auf die Ehefrau und die Kinder des Paares über, die, obgleich als legitim anerkannt, in den Augen des Gesetzes Nichtadlige blieben.

Selbstverständlich wusste Brahe dies alles, und seine späteren Bemühungen um die rechtliche Anerkennung seiner Ehe und die Sicherung der Erbansprüche seiner Frau und seiner Kinder belegen zweifelsfrei, dass er sich durchaus bewusst war, wie prekär ihre Situation nach seinem Ableben wäre. Als Brahes Onkel Jørgen starb, bevor er Brahes Erbanspruch geregelt hatte, ging Brahe leer aus. Und auch das bescheidene Erbe, das Brahe von seinem Vater erhielt, genügte zwar, um seine unabhängige Existenz als Wissenschaftler zu sichern, aber der größte Teil davon durfte nur an andere Standespersonen weitervererbt werden, weshalb seine Frau und seine Nachkommen als Nichtadlige von der Erbfolge ausgeschlossen waren.[1]

Einige Biografen haben behauptet, Brahes Ehe mit einer Bürgerlichen sei Ausdruck einer Auflehnung gegen den Adel gewesen, diese Auffassung verkennt aber seine Einstellung zu dem Stand, dem er angehörte, und seine Position darin. Brahe stellte die gesellschaftliche Ordnung seiner Zeit nicht in Frage und blieb sein Leben lang stolz auf seine vornehme Herkunft. Für den müßiggängerischen, oberflächlichen Lebenswandel der meisten Adligen jedoch hatte Brahe einfach nur Verachtung übrig – die er immer wieder in unverblümter Weise zum Ausdruck brachte –, er wollte ein Leben führen, das im Zeichen höherer Ideale stehen sollte. Es ist schwer vorstellbar, dass ein Mann, der wegen seiner Passion für die Himmelskunde auf Reichtum und Macht verzichtete, sich bei der Wahl seiner Frau von einem anderen Motiv leiten ließ als Liebe.

Wenngleich Brahes Familie mit wichtigen Entscheidungen in seinem Leben nicht einverstanden war, gab es doch außerhalb seines engsten Kreises Menschen, die ihm verständnisvoller begegneten. Die stärkste innere Verbundenheit dürfte Brahe wohl zum Bruder seiner Mutter, Steen Bille, empfunden haben. Wie viele seiner Vorfahren hatte sich auch Steen auf ein Staatsamt vorbereitet. Nach fünfjährigem Dienst in der dänischen Reichskanzlei nahm er seinen Abschied, um in der Abtei Herrevad, einem alten Zisterzienserkloster, das ihm der König (zusammen mit den hohen Pachteinnahmen und dem Kirchenzehnten) als Lehen zuwandte, das Leben eines humanistischen Gelehrten zu führen. Eine der angenehmen Nebenfolgen, die für einen bestimmten Personenkreis mit der Reformation verbunden waren – manch einer würde sagen: ein großer Anreiz zum Übertritt zur Augsburger Konfession –, bestand darin, dass die großen Güter, die bis dahin der katholischen Kirche gehört hatten, dem König und dem Hochadel zufielen.

Die hübschen Gartenanlagen der Abtei Herrevad waren nur drei Reitstunden von Knutstorp entfernt, und im Verlauf der nächsten beiden Jahre verbrachte Brahe immer mehr Zeit dort. Er diskutierte mit seinem Onkel über Philosophie und begann sich für ein Thema zu interessieren, das ihn nach den eigenen Worten bis an sein Lebensende ebenso sehr in den Bann ziehen sollte wie die Astronomie. Denn Steen beschäftigte sich in Herrevad ernsthaft mit alchemistischen Experimenten, und Brahe vertiefte sich mit so ungestümem Enthusiasmus in dieses geheimnisumwobene Gebiet, dass er zum ersten Mal seit seinen Jugendtagen in Leipzig die Gestirne fast völlig vergaß.

Mochten ihre Methoden und Werkzeuge auch verschieden sein – Öfen und Destillierkolben statt exakt kalibrierter Instrumente –, so galten Alchemie und Astronomie doch Brahe und den meisten seiner Zeitgenossen nicht als verschiedene Wissenschaften. Sie waren lediglich getrennte Zweige ein und desselben Unterfangens: der Erkundung der Einheit und Allverbundenheit der von Gott erschaffenen Welt. Tatsächlich nannte er seine alchemistischen Untersuchungen »irdische Astronomie«[2], und er zitierte gern den lateinischen Aphorismus *Despiciendo suspicio, suspiciendo despicio* – wörtlich: »Herabblickend [sc. zur Erde] schaue ich hinauf, hinaufschauend [sc. zum Firmament], blicke ich herab.«

Die enge Beziehung zwischen den Gestirnen und der Erde beschrieb Basilius Valentinus[3], der etwa zur gleichen Zeit wirkte, in hehren Worten:

> Und verstehe also, dass der Himmel würcket in die Erde, und die Erde giebt Correspondentz [Entsprechung] den Himmlischen; Dann es hat die Erde auch sieben Planeten in sich, welche von den sieben himmlischen Planeten gewürcket und gebohren werden, allein durch seine spiritualistische oder geistliche Impression und Eingiessung, wie dann die Astra [Sterne] alle Mineralia würcken [...] weil die kleine Welt aus der grossen genommen ist; und wann die Erde durch Begierde ihrer unsichtbaren Imagination solche Liebe des Himmels an sich zeucht, so geschiehet dadurch eine Vereinigung des Obern in das Untere ... und nach solcher Vereinigung wird die Erde durch solche Eingiessung des obern Himmels schwanger, und fähet an eine Gebuhrt zu gebähren. [...] Und zu gleicher Weise wie der Männliche Saamen einfällt in die Mutter, und das Menstruum berühret, welches seine Erden ist, der Saame aber, so aus dem Manne gehet in das Weib, ist von dem Siderischen und Elementischen in beyden gewürcket worden, dass sie vereiniget und durch die Erde gespeiset werden zu der Gebuhrt. Also verstehe nun auch, dass die Seele der Metallen [in ähnlicher Weise empfangen wird].[4]

So poetisch diese Ausführungen in unseren Ohren auch klingen mögen, wäre es doch verfehlt, darin eine bloße Allegorie zu sehen. Der Mechanismus, durch den der Himmel die Erde befruchtet, mochte, wie Valentinus schreibt, »unempfindlich, unsichtbar, unbegreiflich, verborgen und übernatürlich«[5] sein, trotzdem war er wirklich und konkret. Das war keine Spintisiererei. Vielmehr beschrieb er die physikalische Wirklichkeit so, wie sie seinem Verständnis nach beschaffen war, und benutzte dabei Begriffe, von denen er annahm, dass sie die einhellige Zustimmung seiner Zeitgenossen fänden.

Wenn wir heute das Wort »Alchemie« hören, denken die meisten von uns spontan an »den Stein der Weisen« (*lapis philosophorum*), jenen heiß begehrten Stoff, der angeblich unedle Metalle in Gold verwandeln konnte. Wie ein roter Faden zieht sich die Suche nach dieser Substanz durch die alchemistische Überlieferung. Sobald die Metalle in der Erde von astralen oder planetarischen »Ausflüssen« befruchtet würden, so glaubte man, reiften sie wie eine Leibesfrucht in der Gebärmutter heran und wandelten sich mit der Zeit von ihren minderwertigen, unedlen Manifestationen, wie etwa Blei, in ihre höchste, vollkommene Form um. Die alchemistische Suche nach dem Stein der Weisen war der Versuch, durch mehr oder minder unsystematische chemische Experimente und oftmals eine gehörige Portion Hokuspokus diese »Transmutation« zu beschleunigen.

Man maß diesem Vorhaben eine so große Bedeutung bei, dass der Chemiker und Philosoph Roger Bacon im 13. Jahrhundert die Hoffnung ausdrückte, die Umwandlung unedler Metalle in Gold würde das Problem der Armut in der Welt mit einem Schlag beseitigen. Sowohl Papst Johannes XXII. im 14. Jahrhundert als auch König Heinrich IV. von England im 15. Jahrhundert erließen Edikte, welche die alchemistischen Praktiken verboten. Sie taten dies aus Sorge, große Mengen Gold könnten ihre Münzwährungen drastisch entwerten beziehungsweise die Alchemisten könnten so große Reichtümer anhäufen, dass sie zu einer Bedrohung für die politische Macht würden.

Wenn die Alchemisten auf die weitgehende Erfolglosigkeit ihrer »Transmutationsversuche« angesprochen wurden, beriefen sie sich gern auf die Sentenz »Die Kunst ist lang! Und kurz ist unser Leben« (*Vita brevis, ars longa*). Dennoch kursierten genügend Gerüchte, um die Hoffnungen am Leben zu halten, und die bloße Möglichkeit war derart verlockend, dass nicht wenige, die diese Kunst betrieben, schließlich regelrecht besessen davon waren. Zu ihnen gehörte Brahes Freund und künftiger Schwager Erik Lange. Nachdem er für seine Passion das beachtliche Vermögen seiner Familie durchgebracht und sich bis aufs Hemd verschuldet hatte, musste er ins Exil fliehen. Zu Brahes Bestürzung und trotz seiner eindringlichen Ermahnungen verfolgte Lange seine fixen »fleischlichen« Ideen, wie Brahe sie nannte, in der Fremde weiter, und staubte alles Geld ab, was er irgendwie auftreiben konnte. So geriet er immer tiefer ins Elend.

Brahe war diese Besessenheit fremd, auch hielt er das alchemistische Unterfangen, unedle Metalle in Gold umzuwandeln, wohl für aussichtslos. Es ist fraglich, ob er den Stein der Weisen für ein Hirngespinst hielt – die hypothetische Möglichkeit, Blei in Gold zu verwandeln, war zu sehr im zeitgenössischen Denken verwurzelt und stand durchaus im Einklang mit Brahes eigener Weltsicht. Doch wie schon seine Ablehnung der Prutenischen und Alfonsinischen Tafeln zeigte, legte Brahe großen Wert auf überprüfbare, präzise Resultate. So wie manche Kosmologen unserer Zeit es für möglich halten, dass neben unserer Welt noch andere Welten existieren, aber gleichzeitig der Ansicht sind, dass man diese Hypothese nicht überprüfen könne, so gelangte Brahe vermutlich frühzeitig zu dem Schluss, dass nach dem damaligen Stand von Wissenschaft und Technik die Umwandlung unedler Metalle in Gold unrealistisch sei.

Die meisten Alchemisten befassten sich in ihren Labors nicht mit der Herstellung von Gold. Eigentlich sollte man sie eher »Iatrochemiker« nennen (die Vorsilbe leitet sich von griechisch *iatrós* ab, was »Arzt, Heilkundiger« bedeutet), denn sie beschäftigten sich hauptsächlich mit der pharmazeutischen Anwendung chemischer Kenntnisse. Brahe stand in dieser Überlieferung. Seine chemischen Untersuchungen dienten dem praktischen Zweck, Arzneien zu erfinden und Krankheiten zu heilen. Darin war er ein Anhänger einer der außergewöhnlichsten und umstrittensten Gestalten des frühen 16. Jahrhunderts, Philippus Theophrastus Aureolus Bombastus von Hohenheim, bekannter als Paracelsus.

Paracelsus war aus mehreren Gründen umstritten, unter anderem wegen seines Stils, dem wir nach Darstellung mancher Etymologen das Wort *bombastisch* verdanken, nach dem »Bombastus« in seinem sehr langen Namen. In einer für ihn typischen Invektive gegen die Ärzte seiner Zeit schrieb er: »Ich bin Theophrastus und mer als die, den ir mich vergleichent; ich bin derselbig und bin monarcha medicorum darzu und darf euch beweisen, das ir nit beweisen mögent ... ich werd mein monarchei nit mit maultaschen beschirmen sonder mit arcanis [Heilmitteln], nicht die ich aus der apoteken nim, sie bleiben nur suppenwüst [faule Suppe] und wird nichts anderst dan suppenwust daraus. Ir aber beschirmet euch mit euerm dellerschlecken und zukaufen. Wie lang meinet ir das bestehen werde? ... wolt ihr mich uberdisputieren und wisset der simplicia nicht? ... ich sage euch, mein gauchhar im genick [kleine Nackenhaare] weiß mer dan ir und alle eure scribenten und meine schuchrinken [Schuhschnallen] seind gelerter dan euer Galenus und Avicenna und mein bart hat mer erfaren dan alle euer hohe schulen.«[6]

Einmal abgesehen von seinem beißend-sarkastischen Tonfall, rührte der heftige Widerstand gegen Paracelsus' Lehre vor allem daher, dass er weitgehend im Alleingang ein für alle Mal mit der seit etwa 1 400 Jahren als verbindlich geltenden medizinischen Doktrin des griechisch-römischen Arztes Galen aufräumen wollte. Dieses Lehrgebäude fußte seinerseits weitgehend auf den philosophischen Schemata, die Aristoteles fünfhundert Jahre vor Galen, im 4. Jahrhundert v. Chr., aufgestellt hatte. Laut der aristotelisch-galenischen Philosophie lag jeder Krankheit ein gestörtes Gleichgewicht der vier *humores* (Körpersäfte) zugrunde: Blut, gelbe Galle, schwarze Galle und Schleim. Die Flüssigkeiten setzten angeblich Dämpfe frei, die ins Gehirn aufstiegen und die körperlichen, geistig-seelischen und charakterlichen Eigenschaften eines Menschen festlegten. Der erste Körpersaft, Blut (lat. *sanguis*), sollte ein warmherziges, liebenswürdiges und fröhliches Naturell verleihen. Gelbe Galle (gr. *chole*) sollte ein jähzorniges und gewalttätiges Temperament hervorbringen; schwarze Galle (gr. *melagcholia)* – Melancholie – sollte den Menschen gierig, faul und empfindsam machen; und Schleim (gr. *phlegma*) sollte einen teilnahmslosen, trägen und feigen Charakter erzeugen. Diese Klassifikation der Temperamente ist noch heute gebräuchlich, und ihre Bedeutung hat sich im Lauf der Zeit kaum verändert: so sprechen wir von einem lebhaften »Sanguiniker«, von einem leicht aufbrausenden »Choleriker«, einem schwermütigen »Melancholiker« oder einem »Phlegmatiker«, der so behäbig ist, dass ihn nichts aus der Ruhe bringt.

Für den Galenisten waren die Körpersäfte wiederum mit den vier Qualitäten heiß, trocken, kalt und feucht verbunden, und da man annahm, dass allen Krankheiten ein gestörtes Gleichgewicht der Körpersäfte zugrunde lag, bestand die Therapie darin, dieses Ungleichgewicht durch Aderlässe, harntreibende Mittel, Klistiere oder die Verabreichung des »Gegenteils« wie etwa kalte und warme Umschläge sowie durch eine Vielzahl von Kräuterheilmitteln zu beheben. Man kann sich vorstellen, dass diese »Heilmittel«, sofern sie überhaupt wirkten, ihren therapeutischen Effekt vor allem den Selbstheilungskräften des Körpers verdankten.

Die galenische Lehre hätte sich jedoch möglicherweise noch weit länger behauptet, wären da nicht die neuen, verheerenden Seuchen gewesen, die im Spätmittelalter und in der Renaissance in Europa wüteten. Besonders gefürchtet war die Syphilis. Die Herkunft dieser Krankheit ist bis heute umstritten; einige glauben, die Seeleute des Kolumbus hätten sie aus der Neuen Welt nach Europa eingeschleppt, andere meinen, die Kreuzritter hätten sie aus dem Nahen Osten mitgebracht. Die Europäer wiederum gaben sich damals gegenseitig die Schuld an der Einschleppung und nannten die Syphilis wahlweise die Franzosenkrankheit (»Mal gallico«, in Deutschland auch bündig: »die Franzosen«), Spanische Krankheit oder Neapolitanische Krankheit (»Mal de Naples«).[7]

Vielleicht war die Syphilis auch schon immer in mehr oder minder latentem Zustand in Europa verbreitet gewesen, bis Faktoren, deren Bedeutung wir bis heute nur unzureichend verstehen – das Wachstum der Städte, die zunehmende Reisetätigkeit, der Sittenwandel –, zu einer seuchenartigen Ausbreitung der Krankheit in Europa führten. Nach der Pest war die Syphilis das gravierendste Problem für das öffentliche Gesundheitswesen in der damaligen Zeit, und anders als die Pest war die Syphilis eine neue Krankheit. Die Vorstellung, eine derart verheerende Seuche ungekannten Ausmaßes sei auf ein gestörtes Gleichgewicht der Körpersäfte zurückzuführen, wollte immer weniger einleuchten. Eine neue Krankheitslehre war überfällig, und Paracelsus lieferte sie.

Die Schriften des Paracelsus wurden als eine Mischung aus Quacksalberei und Genialität beschrieben, und selbst seine treuesten Anhänger wussten sich mitunter keinen Reim darauf zu machen. Doch zwischen den mystischen Konfabulationen, inneren Widersprüchen und dem bramarbasierenden Wortgeklapper fanden sich wahrhaft revolutionäre Gedanken. Dazu gehörte etwa der Rat an die Ärzte, sich durch eigenständige, unmittelbare Beobachtung neue Erkenntnisse anzueignen, statt sich auf Galens vermeintlich unfehlbare Schriften zu verlassen (die in so hohem Ansehen standen, dass es offenbar 1 400 Jahre lang niemandem aufgefallen war, dass Galen die Form und Lage vieler lebenswichtiger Organe falsch dargestellt hatte, weil er sich bei seinen anatomischen Beschreibungen auf die Beobachtungen verließ, die er bei der Sektion von Tieren gemacht hatte.) Außerdem betonte Paracelsus die Bedeutung der Chemie für die Herstellung neuer Arzneimittel. Wie sagten die Anhänger des Paracelsus doch: »Neue Krankheiten erfordern neue Heilmittel«, und er warf Aristoteles und Galen vor allem vor, ihre Unkenntnis der Chemie beweise die Dürftigkeit ihrer Philosophie.

Paracelsus griff in seiner Philosophie auf die platonische Ideenlehre zurück, wonach die Welt nur ein unvollkommenes Abbild der überzeitlichen Ideen sei. Für Paracelsus war der Mensch – und die Erde, aus deren Staub er geformt wurde – ein Mikrokosmos, der sämtliche Elemente des himmlischen Makrokosmos in sich barg. »Auf das so wissen das im leib dise astra und element auch seind, nit anders dan wie im himel. Nun ist der mensch ein himel«, schrieb er. »... nichts ist im himel noch auf erden, das nicht sei im menschen. So er [der Arzt] nur die welt nicht kent noch die elementen, die firmament, was wolt er dan im menschen erkennen, der dis alles ist was im himel und auf erden ist, und himel und erden selbs ist und luft und wasser«.[8]

Eine Generation später erklärte Brahe diese Entsprechung zwischen dem himmlischen Makrokosmos und dem irdischen, menschlichen Mikrokosmos auf seine Weise: »Im Himmel gibt es sieben Planeten und darum sieben Metalle auf der Erde, und weil die sieben hauptsächlichen Körperglieder [die sechs wichtigsten Organe und das Blut] im Menschen jeweils nach beider Urbild (Planet/Metall) geformt sind, werden sie zu Recht Mikrokosmos genannt. Und all diese sind so vortrefflich und so durch gefällige Ähnlichkeit miteinander verbunden, dass es fast den Anschein hat, als hätten sie gleiche Funktionen, gleiche Eigenschaften und gleiche Natur.«[9]

Da ist es nicht weiter verwunderlich, dass das Gold der Erde und das Herz des Menschen als die Gegenstücke der Sonne galten. Der Mond wiederum stand in enger Verbindung zu dem Metall Silber und zum menschlichen Gehirn. Die sieben Korrespondenzen lauten demnach:

Sonne – Gold – Herz
Mond – Silber – Gehirn
Jupiter – Zinn – Blut
Venus – Kupfer – Nieren
Saturn – Blei – Milz
Mars – Eisen – Gallenblase
Merkur – Quecksilber – Lunge

Brahe behauptete, dass nicht nur die Metalle, sondern auch andere irdische Minerale und sogar Kräuter und Pflanzen »die Kräfte der Planeten« und der Fixsterne in sich bergen, welche »der Natur derselben [Himmelskörper], so weit sie können, nacheifern«.[10]

Anders als die Galenisten, die Krankheiten »durch das Gegenteil« heilen wollten, wollten die Paracelsisten »Gleiches mit Gleichem« kurieren. Sie glaubten, mit den »Kräften der

Planeten« – die sich durch astrale Ausströmungen oder auch durch die von Valentinus beschriebene kosmische Befruchtung in ihren irdischen Verkörperungen niedergeschlagen haben – Krankheiten in den entsprechenden Körperteilen heilen zu können.

Der moderne Mensch vermag in dieser neuplatonischen, paracelsischen Korrespondenzlehre vielleicht keinen großen Fortschritt gegenüber dem aristotelisch-galenischen Modell zu erkennen. Dennoch hat sie die Chemie und deren pharmazeutische Anwendung nachhaltig befruchtet. Der Gegenvorwurf der Galenisten, viele der chemischen Stoffe, die von den Paracelsisten als Heilmittel angepriesen würden – darunter Quecksilber, Blei und Antimon –, seien giftig, stimmte zwar, aber die Paracelsisten führten die Giftigkeit dieser Metalle auf die gefallen-sündige Natur alles Irdischen zurück. Für einen Anhänger des Paracelsus waren alle Dinge lebendig, denn schließlich reiften die Metalle im Schoß der Erde heran, und sie waren damit ebenfalls von der allgemeinen Verderbnis betroffen, die durch den Sündenfall in die Welt gekommen war. Aufgabe des Iatrochemikers war es, die reine, unverfälschte Form des Metalls, seine »Quinta essentia«, wie Paracelsus sie nannte, herauszulösen. »Quinta essentia ist ein materien, die da corporalischen wird ausgezogen aus allen gewechsen und aus allem dem in dem das leben ist [Die Quintessenz ist ein Stoff, der allen körperhaften Gewächsen und allem, das Leben hat, ausgezogen wird], gescheiden von aller unreinikeit und tötlikeit, gesubtilt auf das aller reinigeste, gesondert von allen elementen.« Ihre Wirksamkeit als Arznei erklärt Paracelsus folgendermaßen: »und wiewol das ist, das die quinta essentia all krankheiten heilet, geschicht [dies] ... aus ursachen der großen proprietet [Wesentlichkeit, Eigenhaftigkeit], die in ir ist, und der großen reinigkeit, so in ir erfunden wird, durch die sie dem leib mer dan wunderbarlich ist, eine verenderung macht, und eine leuterung.«[11]

Gegen die anhaltende Skepsis der Galenisten wandte sich Paracelsus mit seinem berühmten Diktum: »Alle Dinge sind

Gift und nichts ohne Gift, allein die Dosis macht, dass ein Ding kein Gift ist.«[12] Doch waren mit Sicherheit nicht alle Paracelsisten so gewissenhaft wie der Meister selbst, und ihre »Arzneien« dürften nicht eben selten auf den Versuch hinausgelaufen sein, den Teufel mit Beelzebub auszutreiben, was die derart Traktierten dann mit ihrem Leben bezahlten.

Zu Brahes Zeiten hatte die Iatrochemie bereits große Fortschritte gemacht, und durch zahlreiche Experimente war es ihr gelungen, einige der potenziell gefährlichsten Stoffe in ihrem Arzneibuch zu »entgiften«. Natürlich hatte man im 16. Jahrhundert keine Ahnung von der Atomtheorie, aber die genaue Naturbeobachtung, für die Paracelsus eintrat, hat, auch wenn sie nicht annähernd so systematisch und unbeeinflusst von theoretischen Vorüberlegungen war wie Brahes astronomische Beobachtungen, die Entwicklung der angewandten Chemie des ausgehenden 16. und 17. Jahrhunderts doch erheblich beschleunigt.

Brahe sagte über seine chemischen Untersuchungen, dass ihn »dieses Gebiet von seinem 23. Lebensjahr an nicht minder beschäftigte wie seine Himmelsstudien«.[13] Die Elixiere, die er in seinen Labors herstellte, machten ihn weithin berühmt; sie waren begehrt bei Königen und Kaisern, und Brahe verteilte sie gratis an viele schwer kranke Bittsteller aller Stände, die aus ganz Europa zu ihm pilgerten.

Mehrere Monate lang nahmen irdische Studien den Astronomen nun mehr in Beschlag als die Bewegungen der Gestirne. Doch als er am Abend des 11. November 1572 von seinem Alchemielaboratorium nach Hause ritt, wurde er Zeuge eines spektakulären Ereignisses am Nachthimmel, das ihn völlig überwältigte und seinen weiteren Lebensweg ein für alle Mal in eine bestimmte Richtung lenkte.

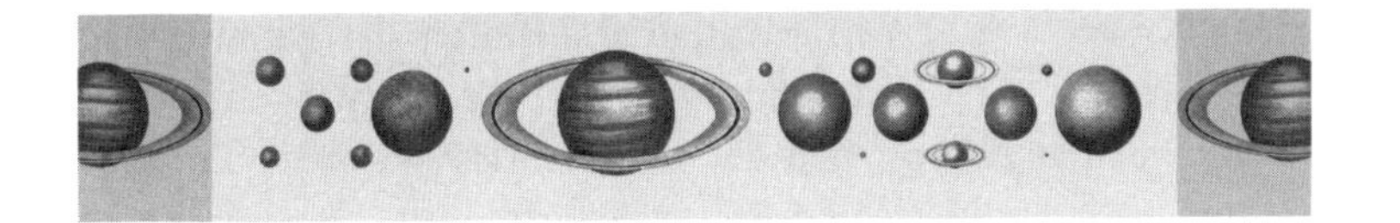

KAPITEL 6

EIN EXPLODIERENDER STERN

»Überrascht und wie gebannt und gelähmt, stand ich da und staunte«, schrieb Brahe über den Augenblick, der seine Aufmerksamkeit wieder auf die Gestirne richtete. »Nachdem ich mich davon überzeugt hatte, dass kein derartiger Stern je zuvor aufgeleuchtet war, verstörte mich diese unglaubliche Tatsache derart, dass ich das Zeugnis meiner eigenen Augen anzuzweifeln begann.«[1] Es war eine Sternexplosion, eine Supernova, nahe dem Sternbild Kassiopeia. Bei seinem ersten, urplötzlichen Aufscheinen leuchtete dieser neue Stern so hell wie der Planet Venus, und bei wolkenlosem Himmel war er sogar am hellen Mittag zu sehen. Damals wusste man natürlich noch nicht, was eine Supernova ist. Die Beobachter sahen lediglich, wie unvermittelt ein neuer Stern scheinbar aus dem Nichts entstanden war, und nach allem, was man damals wusste, war so etwas unmöglich.

Nach Darstellung des römischen Historikers Plinius des Älteren soll der griechische Astronom Hipparchos von Nikaia die Entstehung eines neuen Sterns beobachtet haben. Da es sich hierbei jedoch um einen sehr alten, unverbürgten Bericht aus zweiter Hand handelte, taten nachfolgende Astronomen diese Darstellung als reine Erfindung oder als Irrtum ab: Vermutlich habe Hipparchos einen hell leuchtenden Kometen mit einem

Stern verwechselt. Ihr Misstrauen und Brahes Erstaunen gehen einmal mehr auf Aristoteles und den unbestrittenen Wahrheitsanspruch zurück, den die bedeutendsten Geister Europas seinen philosophisch-naturwissenschaftlichen Spekulationen auch fast zweitausend Jahre nach seinem Tod noch immer zuerkannten.

Aristoteles unterschied insgesamt fünf Elemente: die vier irdischen Elemente – Erde, Wasser, Luft und Feuer – und das fünfte Element, den so genannten Äther, der angeblich den Himmel ausfüllte. Die schweren Elemente Erde und Wasser folgten laut Aristoteles ihrer natürlichen Bewegungstendenz und fielen nach unten zum Erdmittelpunkt (der zugleich der Mittelpunkt des Weltalls war), während die leichteren Elemente Luft und Feuer nach oben stiegen. Aus diesem dynamischen Prozess, der durch die Kraft der Sonne in ständiger Bewegung gehalten wurde, gingen alle Erscheinungen auf der Erde hervor, einer Welt fortwährenden Wandels, des Werdens und Vergehens, von Leben und Tod. Der Himmelsäther hingegen sollte steril und beständig sein, dauerhaft und unwandelbar. So etwas wie einen neuen Stern konnte es per Definition – Aristoteles' Definition – nicht geben.

Die Grenze zwischen den beiden Welten sollte dort verlaufen, wo die Atmosphäre endete, also an der kristallenen Mondsphäre, die den Mond auf seiner Umlaufbahn hielt. Darunter gab es alle möglichen Erscheinungsformen heftiger Bewegung: Stürme, Wolken, Blitze und alle Arten von Wetter. Selbst Kometen galten als atmosphärische Erscheinungen, die durch die Ausdünstungen der Erde hervorgerufen wurden. (Auch Meteore, so glaubte man, entstünden in der Atmosphäre, daher nennen wir die Wetterkunde auch Meteorologie.) Aus diesem Grund gingen die meisten Zeitgenossen Brahes im Einklang mit der streng zweigeteilten aristotelischen Kosmologie davon aus, dass diese neue Himmelserscheinung ein Komet sei, der sich in der Atmosphärenschicht unterhalb des Mondes befinde.

Das Problem war, dass diese Erscheinung nicht wie ein Komet aussah. Zum einen fehlte der Schweif. Zum anderen – und das fiel stärker ins Gewicht – schien das Objekt am Himmel stillzustehen. Brahe, der das Gestirn mit einem neuen, verbesserten Sextanten, den er selbst konstruiert hatte, mehrfach sehr präzise anvisierte, stellte fest, dass es tatsächlich vollkommen ortsfest war. Andere Astronomen stellten verschiedene Hypothesen auf, um diese Anomalien zu erklären: Der »Komet« habe in Wirklichkeit einen Schweif, der jedoch direkt von der Erde wegzeige und daher unsichtbar sei, und die scheinbare Bewegungslosigkeit sei darauf zurückzuführen, dass er sich in dieselbe Richtung bewege wie sein Schweif, nämlich in gerader Linie von seinen erdgebundenen Beobachtern weg. Brahe fiel es leicht, beide Hypothesen zu widerlegen: Es war allgemein bekannt, dass Kometenschweife von der Sonne, nicht von der Erde wegzeigten, und ein Komet würde nicht unvermittelt mit maximaler Helligkeit aufleuchten.

Revolutionärer war da schon Brahes Feststellung, dass die neue Erscheinung weit jenseits der Mondsphäre angesiedelt sei. Er fand dies mit Hilfe eines Konzepts heraus, das man damals theoretisch zwar gut beherrschte, mit dessen praktischer Umsetzung es jedoch vielfach noch haperte. Er maß die »parallaktische Verschiebung« des Himmelskörpers, die in diesem Fall allerdings gleich null war.

Die parallaktische Verschiebung eines Objekts ist seine scheinbare Ortsveränderung vor dem Himmelshintergrund, wenn das Objekt von zwei verschiedenen Standorten aus beobachtet wird. Sie können sich das Prinzip selbst mit einer einfachen Übung veranschaulichen: Halten Sie den ausgestreckten Zeigefinger in geringem Abstand von Ihrer Nase senkrecht nach oben. Schließen Sie nun nacheinander jeweils ein Auge, so dass Sie den Finger zunächst mit dem linken und dann mit dem rechten Auge betrachten. Bei jedem Augenwechsel scheint der Finger seine Position zu verändern. Augenärzte nennen dies eine »binokuläre Parallaxe«. Bewegen Sie nun den Finger langsam von Ihrem Gesicht weg. Je weiter der Finger weg ist, umso geringer ist seine scheinbare Ortsveränderung. Wenn Sie den Telefonmast direkt auf der anderen Straßenseite Ihrer Wohnung abwechselnd mit dem linken und dem rechten Auge betrachten, bemerken Sie wahrscheinlich gar keine Veränderung. Es kommt zwar zu einer Verschiebung, aber diese ist unmerklich klein. Wenn Sie jedoch etwa zehn Meter die Straße entlang gehen, bemerken Sie die Verschiebung.[2]

Der Mond ist so erdnah, dass zwei Astronomen, die den Trabanten gleichzeitig von zwei verschiedenen Standorten aus beobachten, eindeutig eine Verschiebung gegenüber den Sternen des Himmelshintergrunds wahrnehmen. Um herauszufinden, ob das neu aufgetauchte leuchtende Objekt am Himmel näher oder weiter weg als der Mond war, begann Brahe, dessen parallaktische Verschiebung zu messen. Eine größere Verschiebung hätte bedeutet, dass es näher als der Mond war, eine kleinere Verschiebung, dass es weiter weg war. Durch sorgfältige Beobachtungen und Berechnungen gelangte Brahe zu dem Schluss, dass die Verschiebung nicht nur kleiner war als die des Mondes, sondern dass sich überhaupt keine Verschiebung feststellen ließ. Das Objekt befand sich somit zweifelsfrei weit hinter der Mondsphäre. (Auch bei den Sternen lässt sich eine parallaktische Verschiebung feststellen, aber aufgrund ihrer großen Entfernung ist die Verschiebung so gering, dass diese »Sternparallaxe« erst 1837 entdeckt wurde, etwa 250 Jahre später.)[3]

Da das Objekt wie ein Stern funkelte und auch Bewegungen der Planetensphären (deren Existenz Brahe erst später in Frage stellte) nicht mitmachte, folgerte er, dass die »Stella Nova«, wie er die Himmelserscheinung nannte, »in der achten Sphäre, unter den anderen Fixsternen«, angesiedelt sei.[4] Im Lauf der nächsten Monate nahm die Leuchtkraft des Sterns ab, und mit abnehmender Helligkeit veränderte er auch seine Farbe: von Weiß über Gelb und Rötlich bis Saturngrau. Schließlich verschwand er völlig. Ein neuer Stern war entstanden und langsam wieder vergangen. Der Himmel war nicht länger gefeit gegen die Kräfte, die hienieden am Werke waren.

Brahe wollte seine Erkenntnisse zunächst nicht veröffentlichen. Seine Zurückhaltung mochte mit einem Rest von Standesdünkel zusammenhängen, da Hochwohlgeborene ihre wissenschaftlichen Aktivitäten nicht so plakativ in die Öffentlichkeit trugen. Doch dürfte sie wohl eher seiner Anerkennung des feudalistischen Sittenkodex geschuldet sein, der zwar der Aristokratie großen Reichtum und große Macht zuerkannte, doch zugleich die Grenzen zwischen den einzelnen Ständen innerhalb der gesellschaftlichen Rangordnung peinlich genau respektierte. Hätte Brahe seine Befunde veröffentlicht, hätte dies durchaus als ein unbefugtes Eindringen in eine Disziplin verstanden werden können, die von Rechts wegen dem Gelehrtenstand vorbehalten war. Zu guter Letzt gelang es seinen engen Freunden in der akademischen Welt, unter anderem Johannes Pratensis, Professor für Medizin an der Universität Kopenhagen, und seinem ehemaligen Erzieher Anders Sørensen Vedel, ihn umzustimmen.

In dem 1573 veröffentlichten Werk *De Stella Nova* legte Brahe ausführlich seine astronomischen Berechnungen und seine astrologische Deutung des neuen Sterns dar. Das, was dieser Stern an unheilvollen Ereignissen prophezeien mochte, wie etwa Kriege, Seuchen, Aufruhr oder den Untergang von Königreichen, versah er mit einigen Fragezeichen, da sich nicht bestimmen ließ, wann genau der Stern zum ersten Mal erschienen war. Der sechsundzwanzigjährige Brahe, der mittlerweile fest entschlossen war, Dänemark zu verlassen und sich in der schweizerischen Stadt Basel anzusiedeln, deren gesellschaftliches und intellektuelles Umfeld ihm weit mehr zusagte, scheint das Buch auch als eine Gelegenheit betrachtet zu haben, sich öffentlich von dem Adelsstand, zu dem er ein so gespanntes Verhältnis hatte, zu verabschieden. In einem poetischen Epilog mit dem Titel »Elegie an Urania« fällt er genüsslich über seine hochwohlgeborenen Landsleute her. »Weder das Lachen des Faulen noch die Arbeit sollen mich von den himmlischen Betrachtungen abschrecken«, so hebt er an. »Lass einige Belieben darin finden, sich ihrer Siege zu rühmen und hohe und stolze Worte zu sprechen oder ihre Herkunft von dem allerersten Ursprunge aufzurechnen, und ihren

Rum in den Taten ihrer Voreltern suchen ... Lass diejenigen, so Lust haben, die Zeit und ihr Geld wegzuspielen, mit Karten und Würfeln; andere sich mit der Jagd und Hasenwelt vergnügen. ... Ich missgönne es ihnen wahrhaftig nicht. ... Und ob ich gleichfalls den Namen von einem vornehmen adeligen Stamme führe und von denen Brahen, wie auch von mütterlicher Seite von den uralten Billen entsprossen bin, so rühret mich solches doch nicht; denn was wir nicht selber getan haben, sondern von unserer Herkunft und Urvätern herleiten sollen, das nenne ich nicht das Unsrige. Mein Sinn aber hat ganz höhere Dinge vor, worin man eine ganz besondere Arbeit erkennen und wahrnehmen sollte. Glücklich ist dahero derjenige auf Erden, und mehr als glücklich, der den Himmel höher als die Erde schätzet. Wer aber, wie das Vieh, das Himmlische verachtet, der lebet und weiß nicht selber davon, dass er lebet; denn er versteht sich nur auf das Irdische, nur auf das, was so sterblich ist, und sieht nur das, was auch der blinde Maulwurf sehen kann. Aber wenige, ja allzu wenige, sind derer, welchen Gott dasjenige hat sehen lassen, was hier oben über uns ist.«[5]

Zweifellos hatten diese Empfindungen schon seit geraumer Zeit in Brahe gegärt, doch solange sein Onkel und sein Vater noch am Leben gewesen waren, hatte er sich aus Respekt und Ergebenheit des Sohnes dazu genötigt gesehen, seine Gefühle für sich zu behalten. Jetzt brauchte er keine Rücksicht mehr zu nehmen und genoss es zweifellos, seinen vornehmen Landsleuten kurz vor seiner Abreise noch einmal tüchtig die Meinung zu sagen.

Doch die Abreise fand nicht statt. Wie auch immer dieser Epilog angekommen sein mag, fest steht jedenfalls, dass *De Stella Nova* Brahes Ruf als einer der führenden Astronomen seiner Zeit begründet hatte. Einige derselben Freunde, die ihn gedrängt hatten, das Buch zu veröffentlichen, sorgten jetzt dafür, dass er zu einer Vorlesungsreihe über Astronomie an der Universität Kopenhagen eingeladen wurde. Nachdem der König in einem Schreiben Brahes Bedenken, ob dies mit seiner

Standeswürde vereinbar sei, zerstreut hatte, begann er im Herbst 1574 mit seinen Vorlesungen.

Brahe, der noch immer daran glaubte, dass die Astrologie tiefere Wahrheiten erschließen könne – ungeachtet dessen die astrologische Praxis, wie er einräumte, diesem Anspruch oft in keiner Weise gerecht wurde –, widmete seine Einführungsvorlesung hauptsächlich der Verteidigung dieser Kunst. Der Wunsch nach einer verlässlicheren Grundlage für astrologische Vorhersagen hatte ihn ursprünglich dazu bewogen, den Sternenhimmel exakter zu vermessen. Dieses Vorhaben skizzierte er in seiner *Mechanica*: »Auch auf dem Gebiet der Astrologie führten wir Arbeiten durch, auf welche diejenigen, die die Einflüsse der Sterne erforschen, nicht herabblicken sollten. Wir wollten dieses Gebiet von Irrtümern und abergläubischen Vorstellungen bereinigen und die bestmögliche Übereinstimmung mit den Erfahrungen erreichen, die seine Grundlage bilden. Denn ich halte es für möglich, auf diesem Gebiet eine äußerst exakte Theorie zu finden, die der mathematischen und astronomischen Wahrheit entspricht. ... Ich gelangte zu der Schlussfolgerung, dass diese Wissenschaft ... tatsächlich zuverlässigere Erkenntnisse liefert, als man meinen sollte; und dies gilt nicht nur für meteorologische Einflüsse und Wettervorhersagen, sondern auch für die Prognosen in Nativitäten.«[6]

Die Astrologie erfreute sich bei allen Ständen großen Zuspruchs, und sie war, zusammen mit der Astronomie, an den meisten Universitäten als Studienfach fest etabliert, aber sie war auch heftig umstritten. Die Zweifel am Wahrheitsgehalt astrologischer Aussagen rührten nicht zuletzt von ihrer unverkennbar niedrigen Trefferquote bei der Vorhersage künftiger Ereignisse her. Insbesondere an der Universität Kopenhagen überwogen jedoch gravierende theologische Einwände, wonach der Determinismus der Sterne der christlichen Doktrin von der menschlichen Willensfreiheit zuwiderlief. Brahe, der vor keiner Auseinandersetzung zurückschreckte, ging dieses Problem in seiner Vorlesung direkt an.

Zuerst zählte Brahe Phänomene auf, die ganz offenkundig

dem Einfluss der Gestirne unterlagen, etwa der Zyklus der Jahreszeiten, welcher der jährlichen Bewegung der Sonne am Himmel folgt, sowie die Gezeiten, die mit der Umlaufbewegung des Mondes zu- und abnehmen und die am stärksten sind, wenn Sonne und Mond bei Voll- und Neumond in einer geraden Linie stehen. Solange man nichts von der Existenz der Massenanziehungskraft weiß (wie es damals der Fall war), ist es durchaus nachvollziehbar, dass man in derartigen Wechselwirkungen einen schlagenden Beweis für astrologische Einflüsse sah, und daher lag es nahe, gemäß dem im vorangehenden Kapitel beschriebenen paracelsischen Postulat von der Einheitlichkeit der göttlichen Schöpfung ein harmonisches Schwingen zwischen dem Mikrokosmos der menschlichen Erfahrungswelt und dem Makrokosmos des Himmels anzunehmen. Doch abschließend versicherte Brahe seinen Zuhörern, dass die Planeten nicht das Geschick der Menschen bestimmten, sie setzten lediglich die Rahmenbedingungen, innerhalb derselben jeder Mensch sein Dasein frei gestalten könne. »Der freie Wille des Menschen ist keineswegs den Gestirnen untertan«, erklärte er. »Kraft seines vernunftgeleiteten Willens vermag der Mensch vieles, was dem Einfluss der Sterne entzogen ist, sofern er dies nur ernstlich will ... Die Astrologen fesseln nicht den Willen des Menschen, der über die Gestirne erhöht ward. Wenn der Mensch daher ein reines, den irdischen Verstrickungen enthobenes Dasein führen möchte, dann vermag er alle üblen Einflüsse der Sterne zu überwinden. Wenn ein Mensch jedoch wie Vieh leben möchte, beherrscht von blinden Begierden und mit Bestien Unzucht treibend, dann darf man Gott nicht als den Urheber dieser Verirrung ansehen. Gott schuf den Menschen so, dass er alle üblen Einflüsse der Gestirne überwinden kann, sofern er dies nur will.«[7]

Mit dem Aufstieg des Rationalismus der Aufklärung im 18. Jahrhundert wurde der prägende Einfluss der Astrologie und Alchemie auf die Entwicklung der neuzeitlichen Naturwissenschaft in den Geschichtsbüchern zunehmend totgeschwiegen. Die »okkulten Wissenschaften« wurden, wie die verrückte

Tante, die man auf dem Dachboden wegsperrt, damit sie der Familie keine Schande macht, von den Wissenschaftshistorikern geflissentlich ignoriert. Sie bagatellisierten deren Einfluss und das Ausmaß, in dem einige der bedeutendsten Denker Europas vor der Aufklärung – nicht nur Kepler und Brahe, sondern auch davor Roger Bacon und danach Sir Isaac Newton – dadurch, dass sie die in unseren Augen mystischen Zusammenhänge zwischen Materie und Geist zu erkennen suchten, nach ihrer persönlichen »Erleuchtung« strebten.

In der Romantik, der Reaktion wider die Aufklärung, kamen die verdrängten okkulten Wurzeln der Naturwissenschaft wieder zum Vorschein, auch wenn sich die meisten Wissenschaftshistoriker mit aller Kraft gegen die Speichertür stemmten, um die verrückte Tante auf keinen Fall entwischen zu lassen. Erst in den letzten Jahrzehnten hat man damit begonnen, die Entstehungsgeschichte der neuzeitlichen Naturwissenschaft unter Einbeziehung sämtlicher Einflussfaktoren systematisch und objektiv zu rekonstruieren.

Tycho Brahe war einer der »Geburtshelfer« der neuzeitlichen Naturwissenschaft, und sein Ringen mit der Frage nach dem Stellenwert und dem praktischen Nutzen der okkulten Wissenschaften verdeutlicht, wie sich ein allgemeiner historischer Prozess auf individueller Ebene manifestierte. Andererseits war sein Interesse an den Beziehungen zwischen Makro- und Mikrokosmos in der von Gott erschaffenen Welt die treibende Kraft hinter seinen wissenschaftlichen Studien. Wie konnte die Astrologie Anspruch auf Plausibilität erheben oder einen praktischen Nutzen abwerfen, wenn die Rohdaten, auf denen ihre Prognostika basierten – insbesondere die Daten über die Planetenbewegungen –, um Tage und manchmal sogar Wochen von den wahren Werten abwichen? Mit der Zeit allerdings erlahmte Brahes Interesse an dem Thema, oder er wollte sich einfach nicht länger damit abmühen, da astrologische Untersuchungen ohne solide empirische Grundlage letztlich nichts fruchteten. »In meiner Jugend interessierte ich mich mehr für jenen Teil der Astronomie, der die Zukunft zu erkennen sucht und sich mit Wahrsagerei und Spekulation befasst«, schrieb er. »Als ich dann später herausfand, dass die Bewegungen der Sterne, auf denen diese Vorausschau gründet, nur unzureichend bekannt sind, legte ich es [dieses Teilgebiet] beiseite, bis diesem Mangel abgeholfen wäre.«[8] Brahe wollte der Weissagung anhand der Gestirne erst dann mehr »Aussagekraft« zubilligen, wenn »die Zeiten auf rechte Weise feststehen und man die Bewegungen der Sterne und ihren Eintritt in genau definierte Himmelsabschnitte in Einklang mit den tatsächlichen Vorgängen am Himmel nachvollziehen und die Bewegungsrichtungen und Umläufe [der Sterne] richtig herausarbeiten kann«.[9]

Zu Brahes Pflichten gehörte auch die Erstellung von Horoskopen für seine königlichen Schutzherren, aber im Lauf der Jahre empfand er diese Arbeit zunehmend als lästige Ablenkung von seiner wahren Berufung, der Erneuerung der Astronomie. Die »Oratio«, wie Brahes Einführungsvorlesung an der Universität Kopenhagen auch genannt wird, war allem Anschein nach seine letzte große öffentliche Rede über dieses Thema. Seine chemischen Experimente setzte er fort, doch sie dienten nur noch dem praktischen Zweck, Arzneien zu entwickeln. Brahe war zweifellos ein Kind seiner Zeit, da er aber die Himmelserscheinungen gründlicher beobachtete als irgendjemand vor ihm, sah er weiter und wies so den Weg in die Zukunft.

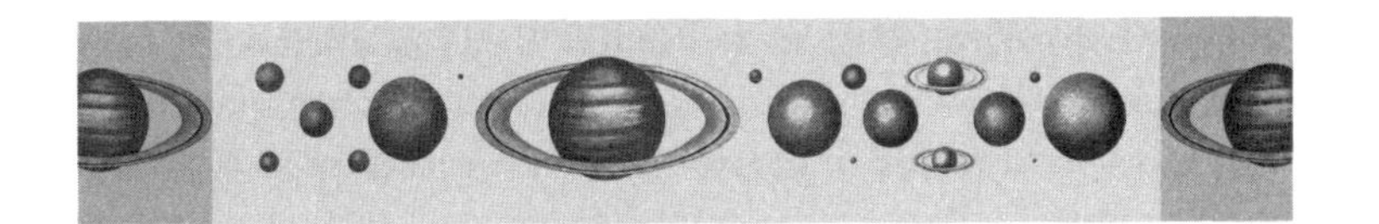

KAPITEL 7

EINE EIGENE INSEL

An Brahes Vorsatz, Dänemark zu verlassen, hatte sich nichts geändert. Bald nach Abschluss seiner Vorlesungen unternahm er eine Reise durch Deutschland, die ihn schließlich über Basel nach Venedig führen sollte. Er wollte erkunden, welche Stadt als künftiger Wohnort in Frage käme. Seine Wahl fiel auf Basel, doch kurz bevor er mit Frau und Kindern abreisen wollte, schickte König Frederick II., dem Brahes Pläne zu Ohren gekommen waren, nach ihm. Er habe ihm, wie Brahe schreibt, alles versprochen, was er sich wünsche, wenn er nur in Dänemark bliebe und seine Studien dort fortsetzte: »Als ich mich umgehend bei ihm einfand, bot mir dieser vortreffliche König, der nicht genug gepriesen werden kann, aus eigenem Antrieb und aus gütigem Willensentschluss jene Insel in dem weithin berühmten dänischen Sund an, die unsere Landsleute Ven nennen ... Er bat mich dort ein Gebäude zu errichten und Instrumente für astronomische Beobachtungen und für chemische Experimente zu konstruieren, und er versprach mir gnädigerweise, meine Auslagen großzügig zu erstatten.«[1]

Zweifellos war die Entscheidung des Königs auch Ausdruck dänischen Nationalstolzes, den der Bruder von Brahes Ziehmutter, Reichshofmeister Peter Oxe, bei seinem Herrn geflissentlich beförderte. Oxe hatte Frederick davon überzeugt, dass Nordeuropas stärkste Militärmacht ihren deutschen Nachbarn im Süden geistig und kulturell ebenbürtig sein müsse. Brahe war bereits eine Berühmtheit, und es wäre schlechterdings unannehmbar, wenn sich ein anderes, vergleichsweise unbedeutendes Fürstentum in seinem Ruhm sonnen könnte. Weshalb er nach Deutschland zurückkehren wolle, fragte Frederick Brahe bei ihrer Unterredung. »Wir sollten dafür sorgen, dass Deutsche und andere Völker, die sich in diesen Dingen kundig machen möchten, zu uns kommen.«[2]

Daneben spielten auch handfeste politische Erwägungen eine Rolle, die uns heute fremd anmuten. Schon 1572 hatte Frederick Brahe an den Hof gerufen, um mit ihm darüber zu beratschlagen, welche politischen Folgen sich aus dem Erscheinen des neuen Sterns ergeben könnten. Verständlicherweise wollte der König einen so fähigen Astronomen und vertrauenswürdigen Astrologen in seiner Nähe behalten, um ihn in wichtigen Staatsangelegenheiten zu Rate zu ziehen. Wenn man überdies in Rechnung stellt, dass der König tief in der Schuld von Brahes Onkel stand, weil der ihn vor dem Ertrinken gerettet hatte, dass Brahes Ziehmutter, Inger Oxe, als Hofmeisterin der Haushaltung von Königin Sophie vorstand (ein Amt, das nach Ingers Tod auf Brahes leibliche Mutter, Beate, überging) und dass die Königin sich selbst sehr für Alchemie interessierte, dann wird deutlich, dass diese Konstellation von Einflüssen sehr zu Brahes Gunsten war.

Dennoch war der Entschluss des Königs – nämlich Brahe mit dem Aufbau und der Leitung der ersten »Großforschungseinrichtung« Europas zu betrauen – beispiellos, und Brahe hätte sich keinen großzügigeren Förderer wünschen können. Der König gewährte Brahe im Voraus ein Jahressalär von fünfhundert Talern, die zu den sechshundertfünfzig Talern kamen, die ihm nach der Auseinandersetzung des väterlichen Nachlasses alljährlich zuflossen. Bald darauf übertrug der König die Insel Ven »Unserem teuren Tyge Brahe, Ottos Sohn, aus Knutstorp, unserem Untertanen und Diener ... mit allen

Unseren und der Krone Pächtern und Dienern, die darauf leben, samt allen damit verbundenen Pachteinnahmen und Abgaben, die Uns und der Krone zustehen, zu freiem, ledigem Besitz, Genuss und Nießbrauch, pachtfrei, für Zeit seines Lebens, solange er hienieden weilt und seine mathematischen Studien fortführen will.«[3]

Obendrein erhielt Brahe weitere vierhundert Taler für den Bau eines standesgemäßen Herrenhauses, und im Verlauf der nächsten drei Jahre belehnte Frederick Brahe mit weiteren einträglichen Besitzungen, unter anderem Lehnsgütern in Schonen und Norwegen und der überaus lukrativen Präbende von Roskilde mit ihren dreiundfünfzig Lehnshöfen und Kircheneinnahmen.[4] Einer Aufstellung zufolge beliefen sich Brahes jährliche Einnahmen aus seinen diversen Benefizien auf etwa zweitausendvierhundert Taler, was ungefähr einem Prozent der Gesamteinnahmen der dänischen Krone entsprach.[5]

Ven hat sich seit der Zeit, als Brahe die Insel als Lehen empfing, kaum verändert: Die weißen Steilufer, die etwa dreißig Meter aus dem Meer herausragen, begrenzen eine sanft ansteigende, von Äckern und Weiden bedeckte Hochebene. Von ihrer höchsten Erhebung, auf der Brahe seinen Herrensitz, die Uranienburg, errichtete, konnte er die Burg Helsingborg sehen, auf der sein Vater einst als Kommandant amtiert hatte. Die dazwischen liegende Meerenge war gesprenkelt von den geblähten Segeln der Schiffe, die sich anschickten, vor Anker zu gehen und der dänischen Krone Zoll zu entrichten.

Die knapp fünf Kilometer lange und zweieinhalb Kilometer breite Insel Ven umfasst eine Fläche von etwa achthundert Hektar. Sie ernährte fünfundfünfzig Haushalte, die sich in dem Dorf Tuna konzentrierten, ihr Wasser aus einem Gemeindebrunnen schöpften und den Ackerboden gemeinsam bestellten. Die höchsten Gebäude, die Brahe auf seiner ersten, zweistündigen Bootsfahrt zur Insel gesehen haben dürfte, waren der Turm der Kirche St. Ibbs und die Windmühle am Ortsrand. Im Vergleich zu den prächtigen Gütern und Schlössern, mit denen andere Mitglieder der Familie Brahe belehnt wurden, nahm sich Ven an sich bescheiden aus, aber Brahe fand dort ebenjene »annehmlichen und sicheren Verhältnisse«[6] vor, die ihn in die Fremde gezogen hatten.

Uranienburg, das Schloss, das Brahe nach der griechischen Himmelsgöttin Urania benannte, war, gemessen an den Ausmaßen anderer Adelspaläste, ebenfalls nicht besonders imposant. So hätten gleich mehrere Uranienburgen in Schloss Eriksholm Platz gefunden, wo Brahes Schwester Sophie nach ihrer Heirat mit Otto Thott lebte, dessen Familie auf der gleichen gesellschaftlichen Stufe wie die Brahes und Oxes stand. Aber Brahe ging es nicht um Größe, sondern um vollendete Kunstfertigkeit, und er gestaltete seine Uranienburg nach den symmetrischen und harmonischen Proportionen, die ihn auf seinen Reisen durch Italien an den Bauwerken des Renaissancearchitekten Andrea Palladio so tief beeindruckt hatten.

Das viereckige Schlossgelände war von einer fünfeinhalb Meter hohen Mauer umfriedet, deren einzelne Seiten jeweils achtundsiebzig Meter lang waren (vgl. Bildteil). Das Gebäude selbst stand mitten in einer kreisförmig offenen Fläche; den Raum zwischen dieser Fläche und den Außenmauern nahm ein Park ein, den Brahe selbst entworfen hatte. Der innere, geometrisch gestaltete Garten war mit Blumen und jenen Heilkräutern bepflanzt, die Brahe für die Zubereitung seiner Elixiere benötigte. Der äußere Garten bestand aus etwa dreihundert Obst-, Nuss- und Zierbäumen. Die gesamte Anlage war astronomisch ausgerichtet; der Hauptzugang verlief von Ost nach West, ein weiterer Zugangsweg auf einer Nord-Süd-Achse. Der (geometrische) Schnittpunkt beider Zugangswege lag in der Haupthalle des Schlosses, in der ein von einer unterirdischen Quelle gespeister Springbrunnen plätscherte.

Die Fassade der Uranienburg bestand aus roten Ziegelsteinen und Gesimsen aus Kalkstein. Das Schloss war mit Statuen, einem zentralen Uhrturm und einer Kuppel geschmückt, die eine Wetterfahne in Gestalt eines Pegasus krönte. Kegelförmige Pyramidentürme an der Nord- und Südseite dienten als Sternwarten, in denen Brahe viele seiner Instrumente aufstellte. Jeder Turm war mit einem Holzdach versehen, dessen dreieckige Teile einzeln beziehungsweise zusammen abgenommen werden konnten, um den Nachthimmel aus unterschiedlichen Perspektiven zu betrachten.

Im Kellergeschoss unter dem Südflügel des Gebäudes richtete Brahe sein alchemistisches Labor ein; dort standen sechzehn verschiedene Schmelzöfen, und die Souterrainfenster waren so hoch angebracht, dass sie für eine gute Beleuchtung und Belüftung sorgten. Über dem Labor errichtete Brahe einen kreisrunden Bibliotheksbau, dessen Wände Regale voller Bücher bedeckten. In der Mitte der Bibliothek stellte er einen Globus aus Messing von etwa 1,8 Meter Durchmesser auf, auf dem er im Laufe der Zeit die Positionen von tausend Sternen eingravierte. Auf der gegenüberliegenden Seite des Gebäudes stand ein Brunnen, der von einer Quelle gespeist wurde und der offenbar auch die oberen Stockwerke des Gebäudes und die Küche mit fließendem Wasser versorgte – obgleich man nicht genau weiß, wie dies bewerkstelligt wurde.[7]

In den kälteren Monaten (und so weit nördlich ist das die längste Zeit des Jahres) spielte sich das Leben überwiegend im Wintersaal ab, in dem Brahe entsprechend den Gepflogenheiten dieser spätfeudalistischen Epoche abends seine Studenten und Gäste bewirtete; dort stand auch das Himmelbett, in dem er und Kirsten schliefen. Andere Räume waren Besuchern vorbehalten, ein eigenes Gemach im zweiten Stock königlichen Gästen; hier befand sich zudem ein Speisesaal für die Sommermonate, von wo aus sich den Gästen ein unverstellter Ausblick auf den Sund darbot. Im dritten Stock waren die vielen Studenten und Assistenten untergebracht, die herbeiströmten, um von jenem Mann zu lernen, der im Begriff stand, zum berühmtesten Astronomen Europas zu werden.

Edelleute, Fürsten und Könige aus ganz Europa – darunter Jakob IV. von Schottland, der später als Jakob I. den englischen Thron bestieg – reisten nach Ven, um das Wunder der Uranienburg zu bestaunen und den Mann kennen zu lernen, dessen Ruhm mittlerweile so groß war, dass die Dänen eine neue Redensart prägten: »Er ist so klug wie Tycho Brahe.« Damals hieß es, nach Dänemark oder auch nur in die Nähe seiner Grenzen zu kommen und Brahe nicht zu besuchen, sei so, als wenn man in Rom gewesen wäre und den Papst nicht gesehen hätte.[8] Doch trotz seiner vielfältigen gesellschaftlichen Verpflichtungen widmete sich Brahe weiterhin geflissentlich seinen Studien.

Für präzisere Beobachtungsdaten bedurfte es neuer und feinerer Instrumente, und die revolutionären Entwürfe, die Brahe in seiner Werkstätte auf der Insel Ven in praxistaugliche Geräte umsetzte, gehörten zu den Leistungen, die ihn mit besonderem Stolz erfüllten. An einigen Instrumenten bauten fünf bis sechs Handwerker bis zu drei Jahre lang, und Brahe nahm ständig Änderungen und Verbesserungen vor. Regelmäßig führte er Inspektionen an seinen Instrumenten durch, die er gegebenenfalls nachstellte oder gründlich überholte. Nach einiger Zeit wollte er die Präzision seiner Messungen noch weiter steigern, doch dazu reichten seine Beobachtungsplattformen nicht aus: Starker Wind verschob sie mitunter aus ihrer Position, und die Holzbalken, aus denen sie bestanden, verzogen sich je nach jahreszeitlicher Witterung, so dass sich unerwünschte Messfehler einschlichen. Da seine Instrumente immer größer wurden, brauchte er zudem ein stabileres Fundament, auf dem er sie befestigen konnte.

So baute er ein neues Observatorium außerhalb des Schlossgeländes und nannte es »Stjerneborg« (Sternenburg). Das Fundament wurde, ähnlich wie bei einem Amphitheater, so tief ins Erdreich gelegt, dass sich die Visiereinrichtungen an den großen Instrumenten in Augenhöhe des Beobachters befanden, wenn dieser auf den oberen Stufen stand. Wie die Beobachtungsplattformen war auch die »Sternenburg« überdacht, ihr Dach aber war mit Flaschenzügen und Hebeln versehen, mit denen sich jeder beliebige Teil des Daches wegheben ließ, so dass Brahe freie Sicht auf den Himmelsausschnitt hatte, den er gerade beobachten wollte. Über dem Eingang ließ Brahe folgende Inschrift auf Lateinisch eingravieren: »Weder Reichtum noch Macht, allein Wissen überdauert.«

Das größte astronomische Instrument, das er bauen ließ, ermöglichte zwar genauere Messungen, doch wurde dieser Vorzug mit einer geringeren Flexibilität erkauft. Es war der berühmte Mauerquadrant, den er in die von Nord nach Süd verlaufende Mauer der Uranienburg einließ. Der Nachteil des Mauerquadranten lag darin, dass er vollkommen ortsfest war und man warten musste, bis sich die Gestirne am Himmel so weit verschoben hatten, dass der gewünschte Stern in der Maueröffnung sichtbar wurde. Der Vorteil waren seine Standfestigkeit und enorme Größe, die exaktere Messungen an den sichtbar werdenden Himmelskörpern erlaubten (der Quadrant wurde hauptsächlich für Messungen an der Sonne und den Sternen benutzt) als alle anderen Instrumente, die er besaß.

Der Bogen des Quadranten, schreibt Brahe in der *Mechanica,* »war aus gediegenem Messing gegossen und auf Hochglanz poliert ... und der Umfang ist so groß, dass er einem Radius von fast fünf Ellen [194 cm] entspricht. Daher sind seine Grade sehr groß, und jede Minute kann ihrerseits in sechs Untereinheiten unterteilt werden. So lassen sich mühelos zehn Bogensekunden unterscheiden, und sogar die Hälfte davon, also fünf Bogensekunden, kann man noch ohne weiteres ablesen.«[9]

Diese Ablesegenauigkeit wurde durch eine raffinierte Erfindung, die so genannten »Transversalen«, ermöglicht. Obgleich dieses mathematische Hilfsmittel schon längere Zeit bekannt war, nutzte Brahe es als Erster in dieser systematischen und umfassenden Weise. Die Transversalen bestanden aus Punkten, die von einer Bogenminute zur nächsten in einem Zickzackmuster abwechselnd hinauf- und hinunterliefen, so dass jede Bogenminute in sehr viel mehr Maßeinheiten unterteilt werden konnte, als mit den damals verfügbaren Werkzeugen in den Messingbogen hätten eingeschrieben werden können. Wie Brahe wusste, waren die Transversalen nicht vollkommen, da die Krümmung des Bogens eine geringfügige Verzerrung hervorrief, aber die stark erhöhte Zahl von Bezugspunkten machte dieses Manko mehr als wett. (Vgl. die Transversalen des Mauerquadranten im Bildteil.)

So revolutionär wie Brahes neue Technik war auch seine radikal neue Herangehensweise an empirische Daten, bei der es ihm vor allem darum ging, durch wiederholte Beobachtungen derselben Erscheinung, oftmals mit unterschiedlichen Instrumenten, und gründlichen Vergleich der Messergebnisse einen gesicherten Wert zu erhalten. Auf diese Weise konnte er grobe Messfehler ausmerzen – fielen die auf einem Instrument abgelesenen Werte ständig aus dem Rahmen, war es an der Zeit, das Instrument in die Werkstatt zu schaffen und neu zu justieren – und erhielt außerdem einen »Haufen« von Datenpunkten, aus denen er den Mittelwert errechnen konnte.

Diese Methode der Aufbereitung empirischer oder experimenteller Daten ist heute wissenschaftliches Gemeingut. Durch die Mittelwertbildung lassen sich Messfehler »ausbügeln«, und man erhält zusehends bessere Näherungen des »wahren« Wertes. Vor Brahe begnügten sich die Astronomen im Allgemeinen mit einer, allenfalls zwei Messungen, die sie überdies oftmals mit demselben Instrument vornahmen (so dass immer wieder der gleiche systematische Fehler auftrat). Brahe führte manchmal Hunderte von Messungen durch und verglich die Messwerte fortwährend miteinander, bis er seine Daten so weit ausgefeilt hatte, wie es eine einzelne Messung selbst mit den besten Instrumenten nie erreichen konnte.

Eine Analyse von Brahes Messungen im Jahr 1900 ergab, dass er sein Ziel, eine Messungenauigkeit von höchstens einem Grad, erreicht hatte. Die von Brahe angegebenen Positionen der Fundamentalsterne waren auf +/– 25 Sekunden genau. Seine Meridianbeobachtungen der Sonne wurden umso präziser, je mehr Brahe seine Instrumente und seine Experimentaltechnik vervollkommnete; wiesen sie im Jahr 1582 noch einen mittleren Fehler von 47 Sekunden auf, so verringerte sich dieser Wert bis 1587 auf 21 Sekunden (weniger als eine drittel Minute).[10] Die außerordentliche Leistung, die sich hinter diesen Zahlen verbirgt, wird deutlich, wenn man sich vor Augen führt, dass es weitere hundertfünfzig Jahre dauern sollte, bis das Fernrohr, das Galilei kurz nach Brahes Tod als Erster auf Himmelsbeobachtungen anwandte, noch einmal deutlich genauere Werte lieferte.

Als Brahe am Abend des 13. November 1577 Fische fürs Abendessen fing, fiel ihm ein neuer, hell leuchtender Himmelskörper in der Nähe der untergehenden Sonne ins Auge. Mit fortschreitender Dunkelheit strahlte der Kopf des Kometen so hell wie die Venus, und sein prächtiger, wenn auch vielen Zeitgenossen Furcht einflößender Schweif erstreckte sich am Nachthimmel über eine Entfernung von zwanzig Grad. Für Brahe ging damit ein lang gehegter Wunsch in Erfüllung, war es doch der erste Komet, den er zu Gesicht bekam. Denselben Kometen beobachtete der fünfjährige Kepler mit seiner Mutter auf einer Anhöhe im weit entfernten Weil der Stadt. Während der zweieinhalb Monate, in denen der Komet zu sehen war, führte Brahe umfangreiche Messungen über seine Bewegungen und seine Parallaxe durch. Eine parallaktische Verschiebung fand er dabei nicht. Als er im Lauf der Jahre seine Beobachtungen mit denen anderer Astronomen verglich, die sich an unterschiedlichen Standorten befunden hatten, stellte er fest, dass der Komet, unabhängig davon, unter welchem Blickwinkel und von welchem Standort aus er betrachtet worden war, im Verhältnis zu den Hintergrundsternen stets zur gleichen Zeit am selben Ort zu sehen war. Dies war ein schlüssiger Beweis dafür, dass er in der Tat keine wahrnehmbare Parallaxe besaß und somit hinter dem Mond liegen musste.

Brahe hatte mit *De Stella Nova* dem »umwandelbaren« Firmament des Aristoteles einen schweren Schlag versetzt, aber eine einmalige Himmelserscheinung konnte man immer als eine unerhörte Begebenheit hinstellen, vergleichbar einem wunderbaren Omen wie dem Stern von Bethlehem. Die Daten über den Kometen zeigten nun, dass dies nicht mehr möglich war. Brahe veröffentlichte seine Befunde ein Jahr später in der

Abhandlung »Über die allerneuesten Himmelserscheinungen«, die zwei bemerkenswerte Schaubilder enthielt. Eines zeigt die zwischen Venus und Mond verlaufende Umlaufbahn des Kometen. Auf dem anderen Schaubild ist zum ersten Mal das »tychonische« Planetensystem dargestellt. Das erste Schaubild beendete die auf Aristoteles zurückgehende kosmologische Sonderstellung der Erde und vereinigte die Erde wieder mit den übrigen Himmelskörpern. Das zweite demontierte den Mechanismus der Kristallsphären, der das Weltall nach damaliger Anschauung zusammenhielt, und ebnete den Weg zu einem völlig neuen Verständnis des Kosmos und der Kräfte, die ihn in Bewegung halten.

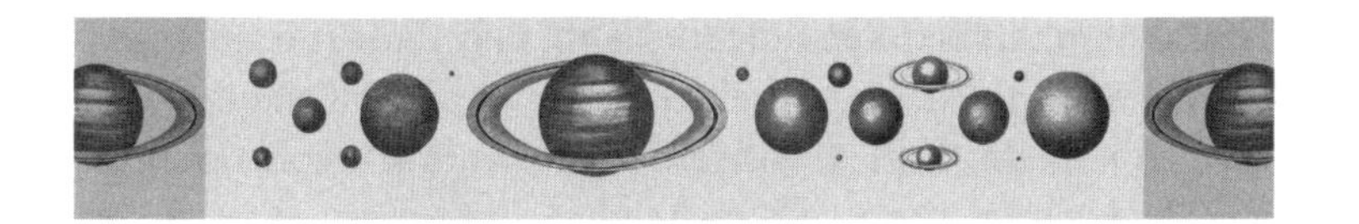

KAPITEL 8

DAS TYCHONISCHE WELTSYSTEM

Kopernikus war nicht der Erste, der glaubte, dass sich die Erde bewegt. Schon im 6. Jahrhundert v. Chr. vertraten die Pythagoreer die Auffassung, die Erde und andere Himmelskörper umliefen ein Feuer im Zentrum des Kosmos. Im 3. Jahrhundert v. Chr. stellte Aristarchos die Hypothese auf, die Erde bewege sich auf einer kreisförmigen Umlaufbahn um die ruhende Sonne (leider wissen wir nicht, welche Überlegungen ihn zu dieser Schlussfolgerung veranlassten, da keine Schriften von ihm überliefert sind). Selbst der große Ptolemäus, der ein geozentrisches Weltbild aufstellte, schrieb, wenn man lediglich die Bewegungen der Himmelskörper betrachte, läge es näher anzunehmen, dass sich die Erde jeden Tag einmal vollständig um ihre eigene Achse drehe, als davon auszugehen, dass sich der gesamte Himmel um die Erde drehe.[1]

Das Problem bestand in der für die Vor-Newton'sche Physik offenkundig absurden, unfassbaren Vorstellung, die Erde bewege sich mit riesiger Geschwindigkeit auf Kreisbahnen durch den Himmel, wobei sie sich auch noch wie ein Kreisel um die eigene Achse drehe. Wenn sich die Erde von Ort zu Ort bewege, so folgerte Ptolemäus, »dann würden Tiere und andere Körper in der Luft hängen und alsbald aus den

Himmelssphären fallen«. Und wenn sich die Erde unter unseren Füßen tatsächlich drehte, dann würden Wolken, Vögel oder ein in die Luft geworfener Gegenstand »von der Erde zurückgelassen und sich scheinbar Richtung Westen bewegen«.[2]

Diese Logik galt so lange als selbstverständlich, bis Newton in der zweiten Hälfte des 17. Jahrhunderts seine Theorie der Massenanziehung und Trägheit formulierte. Die überkommene Betrachtungsweise basierte nicht allein auf dem »gesunden Menschenverstand«, sondern auch auf der aristotelischen Physik, wonach sich alle irdischen Körper »spontan zu dem ihnen von Natur aus bestimmten Ort bewegen«. Man nahm an, dass sie sich geradlinig bewegen, es sei denn, sie würden durch störende Kräfte abgelenkt. Die schwereren Teile sollten sich auf dem kürzesten Weg zum Mittelpunkt des Weltalls bewegen, der von der irdischen Sphäre unserer Welt umschlossen würde. »Denn jeder ihrer Teile hat seine Schwere bis zum Mittelpunkte hin und das Kleinere wird vom Größeren gestoßen und kann nicht aufwogen, sondern wird nur mehr und mehr zusammengedrückt und eines macht dem andern Platz, bis es zum Mittelpunkte kommt. ... Klar ist auch, dass die Masse überall gleichmäßig werden wird, wenn sich die Teile überall von den Enden her gleichmäßig zur Mitte hin bewegen. Denn wenn überall gleich viel zugefügt wird, so muss der Abstand der Grenze zur Mitte immer derselbe sein. Und dies ist eben die Gestalt der Kugel.«[3]

Anders gesagt, die Erde hatte keinen Ehrenplatz, weil sie sich im Mittelpunkt der Welt befand; sie umschloss diesen Mittelpunkt lediglich deshalb, weil sich alle Klumpen irdischer Materie von Natur aus dorthin bewegten. Der Unterschied war bedeutsam, weil aus der aristotelischen »Wirkkraft des Ortes«, welche die schwereren Elemente von Natur aus anzog, notwendigerweise folgte, dass sich weder die Erde noch ein Teil von ihr vom Mittelpunkt weg bewegen konnte, es sei denn, sie (oder er) wurde gewaltsam oder auf andere Weise »gegen ihre Natur« aus ihrer Position geworfen.

Kopernikus versuchte in seinem 1543 erschienenen Werk *De Revolutionibus* diese Schwierigkeit durch Rückgriff auf die aristotelische Lehre von der »natürlichen Bewegung« der Himmelskörper zu umgehen, die sich danach weder »nach oben« noch »nach unten«, sondern gleichförmig im Kreis bewegten (da der Kreis die vollkommene geometrische Figur war). Indem Kopernikus die Erde eine Umlaufbahn um die Sonne beschreiben ließ, versetzte er sie faktisch in den Himmel, wo sie an der »natürlichen Bewegung« der Himmelskörper teilhatte. Daher sollte sowohl ihre Umlaufbewegung als auch ihre Drehung als »natürlich« und gleichförmig angesehen werden. Es ist nicht weiter verwunderlich, dass diese sehr eigentümliche Lesart der aristotelischen Physik offenbar nur wenige seiner Zeitgenossen überzeugte.

Brahe war durchaus bereit, die aristotelischen Annahmen fallen zu lassen, sofern sie im Widerspruch zu empirischen Befunden standen, aber Brahes Beobachtungen schienen die kopernikanische Theorie schlüssig zu widerlegen. Wenn Kopernikus Recht hatte und die Erde sich um die Sonne drehte, dann eigneten sich zwei beliebige, einander gegenüberliegende Punkte auf ihrer Umlaufbahn (das heißt, zwei Punkte, die einen halben Umlauf um die Sonne markierten) hervorragend dazu, eine Sternparallaxe zu bestimmen. Der Abstand zwischen den beiden Punkten würde ein Vielfaches des Erddurchmessers betragen, so dass die Parallaxe deutlich wahrnehmbar sein sollte. Doch, wie wir sahen, konnte Brahe keine Parallaxe feststellen.

Auch Kopernikus war sich dieser Schwierigkeit bewusst. Um sie auszuräumen, stellte er die Behauptung auf, die achte Sphäre mit den Fixsternen sei so weit von der Erde entfernt, dass keine Parallaxe festgestellt werden könne.[4] Diese Lösung schuf nun ein weiteres, genauso unüberwindliches Problem: Man nahm an, dass die heller leuchtenden Sterne einen scheinbaren Durchmesser von ein bis zwei Bogenminuten besitzen. Wenn sie so weit entfernt waren, wie Kopernikus behauptete, dann hätten sie unverhältnismäßig groß sein müssen, etwa zweihundertmal größer als die Sonne. Diese Vorstellung schien damals schlicht unhaltbar zu sein.

Kopernikus' Idee war richtig – als Galilei viele Jahre später die Sterne durch sein Fernrohr betrachtete, stellte er fest, dass ihr scheinbarer, mit bloßem Auge wahrgenommener Durchmesser lediglich eine optische Täuschung war. Damals sah man jedoch in der Tatsache, dass die Sterne keine wahrnehmbare Parallaxe hatten, eine eindeutige empirische Widerlegung des kopernikanischen Weltsystems, wonach die Erde die im Weltmittelpunkt ruhende Sonne umkreist. So kommentierte Brahe das kopernikanische System mit den Worten: »Diese Neuerung umgeht geschickt und vollständig all das, was am ptolemäischen System überflüssig oder unstimmig ist. In keinem Punkt widerspricht sie den Grundsätzen der Mathematik. Zugleich aber schreibt sie der Erde, diesem ungeschlachten, trägen, bewegungsfaulen Körper, eine Bewegung zu, die genauso schnell sein soll wie die der Himmelsfackeln [der Sterne], und eine dreifache Bewegung obendrein.«[5] Dieses Urteil Brahes führte jedoch nicht dazu, dass die kopernikanische Theorie in Bausch und Bogen verdammt wurde. Wie schon gesagt, waren sich die Astronomen seit Ptolemäus unsicher, inwieweit ihre Modelle die physikalische Wirklichkeit des Weltalls getreulich widerspiegelten. Da diese in ihren Augen womöglich sowieso mehr oder minder unerkennbar war, wollten sie wenigstens »den Anschein wahren«, sprich: Sie wollten ein mathematisches Beschreibungsmodell erstellen, das die Bewegungen der Himmelskörper zutreffend vorhersagte. Obgleich Brahe und die meisten anderen Astronomen des 16. Jahrhunderts das heliozentrische Weltsystem des Kopernikus ablehnten, zollten sie ihm zugleich große Bewunderung, weil sie glaubten, es erlaube deutlich exaktere Vorhersagen als das ptolemäische System, auch wenn neuere Vergleichsstudien kaum Unterschiede zwischen den beiden gefunden haben.

Einen großen Vorteil aber hatte die kopernikanische Theorie: Sie erklärte die rückläufige Bewegung der Planeten. Wenn man am Himmel die Bewegung der Planeten in östlicher Richtung verfolgt, stellt man fest, dass sie irgendwann auf ihrer Bahn gegenüber den Sternen des Hintergrunds scheinbar langsamer werden, zum Stillstand kommen und umkehren oder »zurücklaufen«. Nachdem sie sich eine Zeit lang nach Westen bewegt haben, scheinen sie abermals innezuhalten, kehrtzumachen und ihre Bahnbewegung nach Osten fortzusetzen.

Vor Kopernikus erklärte man dieses seltsame Verhalten der Planeten hauptsächlich mit dem Hilfsmittel des Epizykels. Ein Epizykel (Nebenkreis) ist eine kleinere Kreisbahn, deren Mittelpunkt auf der Kreislinie des Hauptkreises liegt. Ein Vergleich mit einem Karussell veranschaulicht, was damit gemeint ist.[6] Stellen wir uns die große, sich drehende Plattform des Karussells als die primäre Umlaufbahn vor. Am Rand der Plattform sitzt ein Kind rittlings auf einem Holzpferd und schwingt über seinem Kopf eine an einem Seil befestigte Kugel in weit ausholenden Kreisbewegungen. Die Kreisbewegung der Kugel und der Schnur ist der Epizykel, und die Kugel am Ende der Schnur ist der Planet. Stellen wir uns weiter vor, dies geschehe nachts und das Karussell habe selbst keine Lichter. Nur die – mit phosphoreszierender Farbe bemalte – Kugel ist vor dem Hintergrund der fernen Lichter des Volksfests (die hier an die Stelle der Hintergrundsterne treten) zu erkennen. Vom Mittelpunkt des Karussells aus gesehen (der im ptolemäischen Weltsystem der Position der Erde entspricht), hat es den Anschein, als würde sich die Kugel (= Planet) beim Kreisen gelegentlich in die entgegengesetzte Richtung bewegen.

Obgleich das Epizykelmodell so weit modifiziert werden konnte, dass es die beobachteten Planetenbewegungen in mehr oder minder guter Näherung darstellte, war es nie vollkommen, und man kann verstehen, warum viele Astronomen keineswegs überzeugt davon waren, dass ein solches Doppelkreismodell die Planetenbewegung wirklichkeitsgetreu abbildet. Das kopernikanische System – das Kopernikus selbst für ein wahres Modell des Kosmos hielt – löste dieses Problem auf die einfachste und eleganteste Weise, indem es nämlich die rückläufige Bewegung der Planeten in einen umfassenderen Zusammenhang stellte.

Im kopernikanischen Modell kann man sich die rückläufige Bewegung als zwei Züge vorstellen, die auf zwei konzentrischen, kreisförmigen Schienensträngen fahren. In dem Maße, wie sich der Zug auf dem inneren Gleis (Erde) dem Zug auf dem äußeren Gleis (z. B. Mars) nähert, scheint sich der Mars-Zug zu verlangsamen und, wenn der Erde-Zug an ihm vorbeifährt, in die entgegengesetzte Richtung zu bewegen. Es bedarf keiner Epizyklen und keiner Doppelbewegung. Dies meinte Brahe auf jeden Fall auch, als er sagte, Kopernikus habe geschickt die »überflüssigen und unstimmigen«[7] Aspekte des ptolemäischen Systems umgangen.

In diesem Zusammenhang sollte man sich klar machen, dass es, visuell und mathematisch gesehen, aufs Gleiche hinausläuft, ob die Erde eine ortsfeste Sonne umläuft oder ob sich die Sonne um eine ortsfeste Erde dreht. Dies mag unserem intuitiven Verständnis widersprechen, aber wir können uns dies wiederum anhand der Karussell-Analogie klar machen. Stellen wir uns vor, es ist Nacht und alle Lichter sind erloschen. Doch diesmal befindet sich im Mittelpunkt der Plattform eine gelb phosphoreszierende Kugel – die Sonne. Sie stehen außerhalb der Plattform auf einer kleinen Drehscheibe, die Sie in der gleichen Richtung hält, in die sich die Plattform dreht. In der Ausgangsstellung blicken Sie die »Sonne« frontal an. Wenn Sie sich langsam zu drehen beginnen, scheint sich die leuchtende Kugel in Ihrem Gesichtsfeld zunächst seitlich zu bewegen, dann hinter Ihrem Rücken zu verschwinden, auf der anderen Seite wieder aufzutauchen und schließlich wieder direkt vor Ihnen zu stehen, wenn Sie sich um 360 Grad gedreht haben. Sie haben sich bewegt, aber da Sie keinen weiteren Bezugspunkt haben (die Jahrmarktslichter sind zu weit weg, als dass Sie Ihre Bewegung bezüglich dieser Lichter wahrnehmen könnten), haben Sie den Eindruck, als würde die hell leuchtende Kugel um Sie kreisen.

Die batteriebetriebenen Modelle des Sonnensystems, die in

Planetarien und vielen Spielzeuggeschäften verkauft werden, veranschaulichen dies vielleicht auf noch einfachere Weise. Heben Sie das Modell an der Sonne hoch, und halten Sie diese fest; alle Planeten führen jetzt genau die erwarteten Drehbewegungen aus. Wenn Sie den Mechanismus an der Erde hoch- und diese festhalten, drehen sich sämtliche Planeten und die Sonne in genau der gleichen Beziehung zueinander wie zuvor.

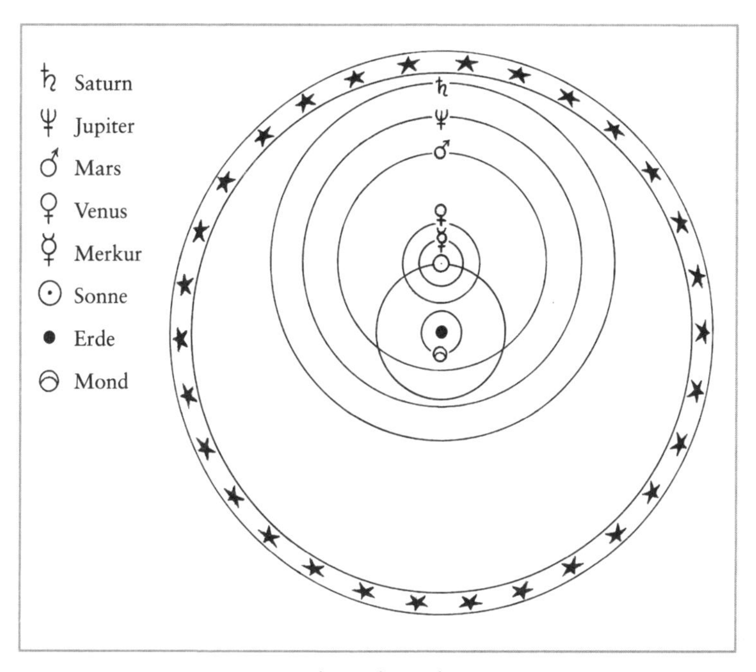

Das tychonische Weltsystem

Für Brahe lag daher, wie schon für Kopernikus, die Herausforderung darin, die rückläufigen Bewegungen der Planeten als miteinander zusammenhängende Phänomene zu erklären, ohne jedoch die Ortsfestigkeit der Erde preiszugeben, die seiner Auffassung nach sowohl mit dem gesunden Menschenverstand als auch mit seinen empirischen Beobachtungen in Einklang stand. So stellte er das später nach ihm benannte »tychonische Weltsystem« auf.[8]

In obigem Schaubild steht der schwarze Punkt im Zentrum für die Erde, die vom Mond umlaufen wird. Alle anderen Planeten drehen sich um die Sonne, die ihrerseits die Erde umläuft. (Der äußere Kreis steht für die achte Sphäre der Fixsterne.) Brahe hatte damit das geometrische Gegenstück zum kopernikanischen Modell geschaffen, aber – um zu unserem Vergleich mit dem batteriebetriebenen Sonnensystem zurückzukommen – er hielt es nach wie vor an der Erde fest. Die Umlaufbahn der Sonne ersetzt faktisch die einzelnen – und scheinbar willkürlichen – Epizyklen der Planeten und erklärt ihre rückläufige Bewegung im Rahmen eines einheitlichen Gesamtmodells.

Das System stellte einen theoretischen Durchbruch dar, auf den Brahe zu Recht stolz war. Aber es gab eine Unstimmigkeit. Als Brahe die Umlaufbahnen der Planeten vollkommen auf die Umlaufbahn der Sonne (so wie er sie verstand) abgestimmt hatte, stellte er fest, dass die Marsbahn die Sonnenbahn schnitt. Das Problem waren die Kristallsphären, die die Himmelskörper nach damaliger Auffassung auf ihren Bahnen hielten. Nach der im 16. Jahrhundert gängigen Anschauung bestanden die Sphären aus dem vollkommenen Urstoff des Himmels, dem Äther, der zwar völlig durchsichtig und für das menschliche Auge unsichtbar, aber von fester Beschaffenheit sein sollte. Um uns dieses Modell zu veranschaulichen, stellen wir uns eine gläserne (kristallene) Hohlkugel vor. Diese wird ihrerseits von einer zweiten, größeren Hohlkugel umschlossen, wobei zwischen den beiden Schalen gerade genug Raum ist, um eine gläserne Murmel festzuhalten. Auf dieser Murmel befindet sich ein farbiger Punkt, der für einen Planeten steht. Die Murmel wird durch die Hohlkugeln auf beiden Seiten in ihrer Position gehalten, während sie ihre Umlaufbahn durchläuft; durch die Kreisbewegung des Punktes auf der Murmeloberfläche entsteht dabei der Epizykeleffekt. Die Murmel kann je nach der Größe des Epizykels größer oder kleiner sein, aber das Prinzip ist immer das gleiche.

Da die Astronomen des 16. Jahrhunderts davon ausgingen,

dass die Sphären beziehungsweise Hohlkugeln von fester Beschaffenheit waren, hätten sich schneidende Bahnen einen gewaltigen himmlischen Scherbenhaufen hinterlassen. Brahe schrieb, er habe sich zunächst nicht dazu durchringen können, »diese absurde Durchdringung der Sphären anzuerkennen, so dass ich eine Zeit lang Zweifel an meiner eigenen Entdeckung hegte«.[9]

Spätestens seit Aristoteles, der die Anzahl der Kristallsphären auf genau fünfundfünfzig festgesetzt hatte, glaubten die Astronomen, der Himmel gleiche einem mechanischen Apparat – einem Gefüge sich drehender Sphären, die sich gegenseitig durch direkte physikalische Krafteinwirkung in Bewegung hielten, ähnlich wie ineinander geschachtelte Zahnräder, die ursprünglich durch eine göttliche Kraft – nach christlicher Anschauung: Gott – in Schwung versetzt wurden. Diese göttliche Kraft sollte jenseits der achten Kristallsphäre, welche die Fixsterne trug und den gesamten mechanischen Apparat umschloss, angesiedelt sein. Kopernikus glaubte, die Sphären seien massiv. Eine Auffassung, die Michael Mästlin und Giovanni Antonio Magini – ebenfalls ein führender Astronom des 16. Jahrhunderts – teilten. Beide hatten die Idee sich schneidender Sphären erwogen und verworfen. Brahe tat dies zunächst auch, doch seine empirischen Beobachtungen schienen es notwendig zu machen, die Sphären zu zertrümmern.

Brahes System entzog nicht nur den Sphären ihre theoretische Grundlage, es zerlegte und entsorgte den gesamten Mechanismus gleich mit. Eine neue Frage stellte sich, deren Beantwortung eine Revolution in der Astronomie und der Physik herbeiführen und die Menschen zwingen sollte, ein neues dynamisches Weltverständnis zu entwickeln: Wenn es keine Sphären gab, was hielt die Planeten dann auf ihren Umlaufbahnen und welche Kraft versetzte sie in fortwährende Bewegung?

KAPITEL 9

VERBANNUNG

Einundzwanzig Jahre lang konnte Brahe unter seinem Schutzherrn und Gönner Frederick II. auf der Uranienburg nach Lust und Laune seinen astronomischen Beobachtungen nachgehen. Brahes platonisches Idyll auf der Insel Ven sollte indes nicht von Dauer sein. Noch bevor das Jahrhundert zu Ende ging, musste Brahe sein Heimatland verlassen, während eines der prächtigsten Bauwerke Dänemarks politischen Ränken, religiöser Intoleranz und offener Korruption bei Hofe zum Opfer fiel.

Die ersten Vorboten des Unheils, das sich über der Insel Ven zusammenbraute, zeigten sich schon 1580, als ein königlicher Erlass all jene Personen rügte, die, wie Brahe, in eheähnlicher Lebensgemeinschaft lebten, weil sie »ein gottloses, Anstoß erregendes Leben mit Mätressen und leichten Mädchen führen ... mit denen sie keck und ohne die geringste Scham ganz offen verkehren, als wären es ihre rechtmäßig angetrauten Gattinnen«.[1] Die Geistlichen wurden angewiesen, all jene Paare in Acht und Bann zu tun, die der Aufforderung, sich zu trennen, nicht nachkamen. Dies hatte zur Folge, dass sie von den kirchlichen Sakramenten einschließlich des Abendmahls ausgeschlossen wurden, wodurch ihre Seelen – zumindest in den Augen der Kirche – der ewigen Verdammnis anheim fielen.

Um die Entstehungsgeschichte dieses Erlasses zu verstehen, müssen wir uns etwas eingehender mit dem religiösen Parteienzwist der damaligen Zeit beschäftigen. Der Calvinismus war nicht die einzige große Abspaltung innerhalb des Protestantismus. Auch durch das Luthertum lief ein immer tieferer Riss. In Dänemark und in den norddeutschen Universitätsstädten war das Luthertum stark »philippistisch« geprägt, so genannt nach Philipp Melanchthon, Luthers tüchtigem Stellvertreter, der in Wittenberg und Tübingen bedeutende Zentren protestantischer Gottesgelehrsamkeit aufbaute. Johannes Kepler studierte bekanntlich am Tübinger Stift Theologie und wurde dort von Michael Mästlin in die kopernikanische Astronomie eingeführt. Die philippistische Glaubenslehre stand der katholischen Lehre am nächsten, da sie die persönliche Willensfreiheit (man denke nur daran, dass Brahe in seinen Kopenhagener Vorlesungen die Astrologie mit dem Argument verteidigte, sie stehe in Einklang mit der Willensfreiheit) betonte und der menschlichen Vernunft einen hohen Stellenwert einräumte, in der sie einen, wiewohl unvollkommenen, Abglanz des göttlichen Ebenbildes sah, nach dem der Mensch erschaffen worden war. Durch eingehendes Studium des Buches der Natur, so glaubten die Philippisten, könne der Mensch sich geistlich und geistig seinem Schöpfer annähern.[2]

So führte Melanchthon nicht nur den Griechisch- und Lateinunterricht ein, damit die Schüler und Studenten die antiken Texte selbst lesen konnten, er legte auch großen Wert auf Mathematik und Astronomie sowie Medizin und die übrigen Wissenschaften. Brahe war gleichermaßen ein Produkt und ein Musterbeispiel dieser Tradition, wie man sowohl an seiner Bereitschaft, die philosophischen Dogmen seiner Zeit neu zu interpretieren, als auch an seiner Verachtung für die erbitterten theologischen Auseinandersetzungen des Klerus ersehen kann. Er warf den Geistlichen Heuchelei, Spitzfindigkeit und Falschheit vor und erklärte öffentlich, sie begingen genau jene Sünden, die sie den Mitgliedern ihrer Kirchengemeinden tadelnd vorhielten.

Brahe meinte damit auch die größer werdende theologische Bewegung der so genannten Gnesiolutheraner, die die Willensfreiheit leugneten, den Glauben über die Vernunft stellten und sich gegen die Einmischung philippistischer Naturphilosophen in Religionsfragen wehrten, die ihres Erachtens bei den Theologen, also bei ihnen selbst, besser aufgehoben waren. Der harte Kurs der Gnesiolutheraner, der zweifellos aus tiefer religiöser Überzeugung erwuchs, war zugleich ein politischer Angriff auf die tonangebende Aristokratie, die der philippistischen Doktrin zuneigte. Die Gnesiolutheraner verbündeten sich gegen den Adel mit denjenigen, die aus eigenen Gründen die Vorrechte des Adels einschränken wollten und das Gottesgnadentum des Königs propagierten.

Zwei Jahre später erreichten die Gnesiolutheraner einen zweiten Erlass, der Eheschließungen zwischen Standespersonen und Bürgerlichen scharf missbilligte und anordnete, dass Kinder aus solchen eheähnlichen Gemeinschaften »weder Kinder von Stand noch Gemeinfreie sein sollen, ... kein Wappen und keinen adligen Familiennamen tragen dürfen ... [und] weder Grund- noch sonstiges Vermögen von ihrem Vater oder den Verwandten ihres Vaters erben dürfen«.[3] Der neue Erlass versetzte Brahes Hoffnungen, die Erbansprüche seiner mittlerweile fünf Kinder zu sichern, einen weiteren Schlag. Er war sich schmerzlich bewusst, dass der König ihm die Lehen und Pfründen nur auf Lebenszeit zugewendet hatte und sie daher nicht vererbbar waren. Und jetzt verbot ihm noch ein Gesetz, seinen Kindern auch nur ein Jota von seinem Anteil an dem Familiensitz Knutstorp zu vermachen. Bald darauf begann er, seine Anteile an den Besitzungen zu versilbern. Dies war ein komplizierter Vorgang, da seine Ansprüche und die Ansprüche anderer Familienmitglieder eng miteinander verflochten waren. Auf diese Weise wollte er Frau und Kindern wenigstens eine bescheidene Summe Bargeld hinterlassen können. Auch setzte er alle Hebel in Bewegung, um seinen Kindern die Insel Ven über seinen Tod hinaus als Benefizium zu sichern.

Das gelang ihm zunächst. Der ihm gewogene Frederick erklärte sich 1584 bereit, Brahes Kinder mit der Insel Ven zu belehnen, solange sie diese weiterhin für wissenschaftliche Studien nutzten. Leider segnete Frederick vier Jahre später das Zeitliche, ohne die Abmachung schriftlich niedergelegt zu haben. Da Fredericks Sohn und Nachfolger Christian noch minderjährig war, wurde ein Regentschaftsrat ernannt, der die Staatsgeschäfte so lange führen sollte, bis Christian mit neunzehn Jahren volljährig wurde. Dieser Rat, der sich hauptsächlich aus Brahes Verwandtschaft und Verbündeten im Rigsraad zusammensetzte, bestätigte Fredericks Zusicherung schriftlich und fügte hinzu, zur Deckung der Kosten solle eine großzügige Zuwendung erfolgen. Brahe hatte allen Grund, sich in Sicherheit zu wiegen. Er konnte nicht ahnen, wie schnell sich das politische Machtgleichgewicht in Dänemark gegen seine Interessen verschieben sollte.

Bei der Krönung von Christian IV. im Jahr 1596 hielt Bischof Peter Winstrup eine Krönungsrede, in die er die nicht sonderlich originelle Formulierung »Könige sind Götter« einfließen ließ. Christoffer Walkendorf, ein getreuer Verfechter des Gottesgnadentums und ein politischer Gegenspieler von Brahes aristokratischen Verbündeten im Rigsraad, wurde zum Reichshofmeister bestellt. Dieses Amt war seit dem Tod von Brahes Stiefonkel, Peter Oxe, einige Jahre vakant gewesen. Christian Friis, der Kanzler der Universität Kopenhagen, wurde zum Reichskanzler befördert. Friis war eine Zeit lang mit Brahe befreundet gewesen, aber die Geschichte sollte zeigen, dass er auch ein skrupelloser Opportunist war, der den politischen Umbruch ausnutzte, um eigene gesellschaftliche und ökonomische Interessen zu befördern.

Der junge König und seine Berater starteten eine Kampagne mit dem Ziel, die Machtbefugnisse der adligen Mitglieder des Rigsraads zu beschneiden. Sie drängten sie aus Regierungsämtern und unterminierten ihre ökonomische Machtbasis, indem sie ihnen die einst vom König zugewandten Lehen wegnahmen. Doch von all seinen Verwandten war Brahes Position am exponiertesten. Sein bewusster Entschluss, sich den höfischen Zerstreuungen so weit wie möglich zu entziehen, bedeutete, dass er kaum Gelegenheit hatte, jene Art von enger persönlicher Beziehung zu Christian aufzubauen, die es ihm vielleicht erlaubt hätte, den gehässigen Einflüsterungen der königlichen Berater entgegenzutreten und ihre Intrigen zu hintertreiben. Solange Brahe unter Fredericks persönlichem Schutz gestanden hatte, konnte er es sich erlauben, das Verbot eheähnlicher Lebensgemeinschaften zu ignorieren (auch wenn er vermutlich aufgrund dieses Verbots darauf verzichtete, am Abendmahl teilzunehmen). Jetzt aber setzte ihn sein »gottloser und Anstoß erregender« Lebenswandel Angriffen der Gnesiolutheraner aus, die nur allzu bereitwillig das theologische Deckmäntelchen für die politischen Schachzüge des Königs lieferten. Hinzu kamen die Ländereien und Sinekuren, mit denen Frederick Brahe so freigebig belehnt hatte, damit er aus ihren Einnahmen (die, wie wir sahen, volle ein Prozent der Gesamteinnahmen der Krone ausmachten) die laufenden Betriebskosten der Uranienburg decke. Diese einträglichen Zuwendungen riefen jetzt die Neider auf den Plan, zumal der König sie nach freiem Ermessen gewährt hatte und sie folglich jederzeit widerrufen werden konnten. Davon ausgenommen war Ven, dessen Zuwendung als »lebenslanges Benefizium« durch kodifiziertes Recht verbürgt war – vorausgesetzt, der neue König und sein Hof fühlten sich an das Gesetz gebunden. Das war nicht der Fall.

Im September 1596 wurde Brahe davon in Kenntnis gesetzt, dass das Lehen Nordfjord im Rahmen einer »allgemeinen Neuordnung« anderweitig zugewiesen worden sei. Im Januar unterrichtete Reichskanzler Friis Brahe, der neue König werde die von seinem Vater versprochene dauerhafte Belehnung der Uranienburg an Brahe widerrufen. Zwei Monate später wurde Brahe die Jahresrente von fünfhundert Talern entzogen. Dann ging man gegen Brahe persönlich vor.

Brahe erfuhr, dass eine königliche Untersuchungskommission auf die Insel Ven entsandt würde. Man bezichtigte ihn vor allem, die lehnspflichtigen Bauern der Insel ausgebeutet zu haben. Das Verhältnis zwischen Brahe und den Bauern war gespannt; sie beklagten sich vornehmlich darüber, dass Brahe sie zu unentgeltlichen »Hand- und Spanndiensten« nötige. Die Bauern wurden damals regelmäßig von der Pflicht, Abgaben an die Krone zu leisten, entbunden, wenn sie dem Grundherrn jede Woche ein bis zwei Tage lang unentgeltlich Arbeitsdienste leisteten. Da Brahe der erste Lehnsherr war, der sich auf der Insel niederließ, empfanden die Bauern verständlicherweise Brahes Forderungen nach Hand- und Spanndiensten als eine ungerechtfertigte Zwangsverpflichtung. Sie waren sogar so weit gegangen, bei König Frederick eine offizielle Beschwerde einzulegen, doch der hatte sich erwartungsgemäß hinter Brahe gestellt. Die Tatsache, dass jetzt im Wesentlichen wieder die gleichen Anschuldigungen ausgegraben wurden, deutet darauf hin, dass die »Untersuchung« ein abgekartetes Spiel war.

Verhängnisvoller für Brahe sollte der Vorwurf sein, er habe dem Pastor auf Ven gestattet, auf die »Teufelsaustreibung« vor Taufen zu verzichten – ein uraltes und oft vernachlässigtes Ritual. (Dass die Exorzismusfrage aus politischem Kalkül und weniger aus echter theologischer Sorge hochgespielt wurde, belegt die Tatsache, dass derselbe Bischof Winstrup, der bei Christians Krönung verkündet hatte, »Könige« seien »Götter«, ein paar Jahre später bei der Taufe von Christians Sohn ebenfalls auf das exorzistische Ritual verzichtete.)

Am 15. März 1597 machte Brahe seine letzte astronomische Beobachtung auf der Insel Ven. Dann packte er seine Fahrnis zusammen – kleinere Instrumente, Laborgeräte, Bücher und Hausrat – und ließ sie nach Kopenhagen schaffen, wo er beim König Gehör zu finden hoffte. Die Mitglieder der Untersuchungskommission trafen am 9. April ein und reisten schon am nächsten Tag wieder ab. Brahe verließ die Insel mit seiner Familie am 11. April. Er sollte sie nie wieder betreten.

In Kopenhagen wurde Brahe an den Hof bestellt und musste über sich ergehen lassen, wie Reichskanzler Friis in Gegenwart des Königs die Vorwürfe der Bauern gegen ihn prüfte. Wie nicht anders zu erwarten, wurde das Verfahren aus Mangel an

Beweisen eingestellt. Dies hielt Friis indessen nicht davon ab, Brahes Pastor auf Ven, Jens Wensøsil, in aller Form anzuklagen, weil er es pflichtwidrig unterlassen habe, die exorzistischen Rituale vorzunehmen und Brahe, »der achtzehn Jahre lang nicht zum heiligen Abendmahl ging und ein gottloses Leben mit einer Konkubine führte«,[4] zu ermahnen oder anzuzeigen. Wensøsil wurde schuldig gesprochen, in den Kerker geworfen und mit dem Schafott bedroht.

Bis auf den heutigen Tag scheint es in der Politik weithin üblich zu sein, dass, wer einen Gegner besiegt, ihn auch noch erniedrigt. Brahe war jetzt öffentlich als »gottlos« gebrandmarkt und seine Frau, die Mutter seiner Kinder, als »Konkubine« in Verruf. Ungeachtet dessen, dass Brahe das höfische Leben verachtet haben mag, war er politisch nicht unbedarft. Die Anklage gegen Pastor Wensøsil deutete zweifelsfrei darauf hin, dass er als Nächster an der Reihe wäre. Am 2. Juni verließ er mit Frau und Kindern Kopenhagen und begab sich nach Deutschland. Er sollte sein Heimatland nicht wieder sehen. Friis verlor keine Zeit und sorgte dafür, dass der Sprengel Roskilde schon neun Tage später in andere Hände überging. Mit dem Sprengel und seinen einträglichen Pfründen wurde einer der getreuesten königlichen Untertanen belehnt: Christian Friis selbst.

Vom sicheren Ausland aus bemühte sich Brahe entschlossen darum, den Bruch mit Christian zu heilen. In einem Brief, in dem er es einerseits nicht an der gebührenden Ehrerbietung fehlen ließ, andererseits keine unterwürfige Demutshaltung einnahm, legte Brahe seinen Rechtsanspruch auf dauerhafte Belehnung mit der Insel Ven dar. Christian (oder wohl eher seine Berater Walkendorf und Friis) antwortete mit unverhohlener Entrüstung auf Brahes Schreiben, das »... nicht ohne großen Unverstand und Dreistigkeit stylisiret ist, als wenn wir dir Gleichsam Rechenschaft thun sollten, warum und was Ursachen, wir mit unsern und der Krone Gütern, eine Veränderung gemacht haben«[5]. Christians Brief endete mit einer Drohung: »... so wollen wir dir mit diesem unserm Briefe verbothen haben, dass du deinen Brief, welchen du Uns zugeschrieben, nicht sollt drucken lassen; Wenn du nicht, so solches geschieht, von Uns, wie es sich gebührt, zugesprochen und gestrafet seyn willst.«[6] Christian und seine Berater wussten, dass ihr Vorgehen rechtswidrig war, und wollten nicht, dass Brahe dies publik machte. Ein zweiter Brief, in dem sich Christians Großeltern, der Herzog und die Herzogin von Mecklenburg, für Brahe verwendeten, wurde von Walkendorf und Friis abgefangen und löste ein ähnliches Echo aus.

Brahe, der sich nicht einschüchtern ließ, auch nicht von Königen, schilderte in Briefen an befreundete Adlige und Gelehrte in Deutschland die Umstände seiner Verbannung und fügte diesen seine »Elegie auf Dänemark« bei. In dieser Elegie bekundet er seine Gefühle noch einmal in poetischer Form: »Ich wurde vertrieben ... doch mein Wille ist frei, und ich verlor die Heimat, um eine größere Welt zu gewinnen ... So lebe denn wohl! Mein Vaterland ist nun überall, wo Menschen demütig die Gestirne betrachten.«[7] In der *Mechanica*, an der er zu dieser Zeit schrieb und die er wenig später veröffentlichte, finden sich recht unverhohlene Andeutungen auf seine Zwistigkeiten mit Christian. In dem gleichen Passus, in dem er betont, wie wichtig es sei, dass Instrumente zerlegt und transportiert werden können, erklärt er, ein Astronom müsse »Weltbürger sein«, der nicht »an ein Land gebunden« sein dürfe und das Recht haben müsse, »sich freizügig zu bewegen«, da Staatsmänner nur selten wissenschaftliche Vorhaben unterstützten und sie »weitaus häufiger aufgrund ihrer Unwissenheit ablehnen«.[8]

Christians Kamarilla hätte sich wohl gegen den Vorwurf des Banausentums verwahrt, der indessen vielen europäischen Gelehrten auf der Zunge lag, als sie von Brahes Verbannung erfuhren. Gleich den Wandalen, die Rom in Schutt und Asche gelegt hatten, zerstörte die neue dänische Regierung das, was ihren Horizont überstieg. Ein dänischer Edelmann beklagte, andere Europäer würden »den Dänen Unwissenheit und Borniertheit vorwerfen ... Wenn man ihnen doch nur schwarz auf weiß zeigen könnte, wie unbedeutend Tycho war und wie wenig er taugte«.[9]

In der Uranienburg blieb unterdessen kein Stein auf dem andern, und innerhalb weniger Jahre ließ Christian aus den Ziegeln und Kalksteinen der oberirdischen Gebäude ein prächtiges Domizil für seine Konkubine Karen Andersdatter Wincke, erbauen, die er mit der Insel Ven belehnte. Die Skulpturen und Ornamente der Uranienburg endeten vermutlich als Zierrat in den prunkvollen Bauten, für die Christian noch heute berühmt ist.

Brahe ging der Verlust der Uranienburg zwar kurzzeitig sehr zu Herzen, aber er hing der Vergangenheit nicht nach. Einstweilen logierte er komfortabel im Herrenhaus seines Freundes Heinrich Rantzau vor den Toren Hamburgs. Dort überlegte er, wie er einen neuen königlichen Schutzherrn gewinnen könne, der gewillt wäre, ihm den Bau einer neuen Sternwarte und die Fortsetzung seines Lebenswerks zu finanzieren. Denn ungeachtet der Launen des Schicksals, so schrieb er in seiner *Mechanica*: »Überall sieht man die Erde unten und den Himmel oben. Und jede beliebige Küste ist die Heimat eines starken Mannes.«[10]

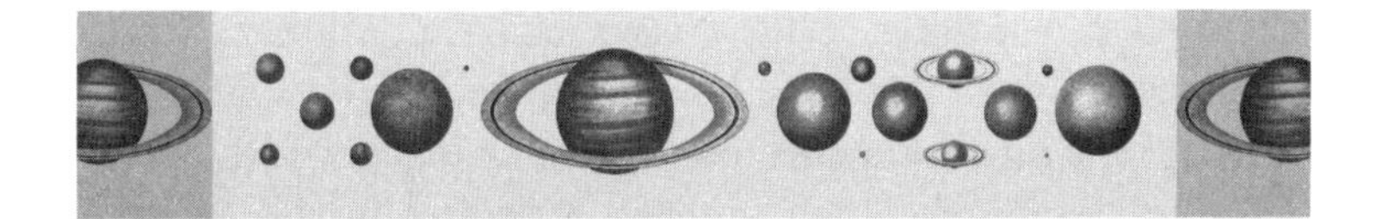

KAPITEL 10

DAS GEHEIMNIS DER WELT

Drei Jahre früher unternahm der einundzwanzigjährige Kepler eine Reise, die ihm ebenfalls wie ein Gang in die Verbannung vorgekommen sein muss: Am 13. März 1594 verließ er Tübingen und zog quer durch Bayern bis in den östlichsten Zipfel der Steiermark, unweit jener Grenze, die ein zersplittertes christliches Europa von seinen türkischen Belagerern trennte. Die Reise in die Stadt Graz, die sich um einen Hügel herum ausbreitet, dauerte zwanzig Tage. Am Ostermontag traf er ein und bezog sogleich die Wohnung, die seit dem Tod seines Vorgängers leer stand. Kaum angekommen, erkrankte er schwer am »ungarischen Fieber«, das mehrere Wochen anhielt.

Anders als das fest im Protestantismus verankerte Herzogtum Württemberg (zu dem auch Tübingen gehörte) war die Steiermark ein geteiltes Land. Der militant katholischen Herrscherdynastie der Habsburger standen die mächtigen Adelsfamilien gegenüber, die wie die städtische Bürgerschaft, zum größten Teil den neuen lutherischen Glauben angenommen hatten. So kam es zu einer gespannten Pattsituation, die indes nicht von Dauer sein sollte.

Die Jesuiten – die intellektuell-pädagogische Vorhut der Gegenreformation –, die sich sehr erfolgreich als katholische

Missionare betätigten, hatten etwa zwanzig Jahre zuvor in Graz zuerst ein Kolleg (eine höhere Schule), wenig später eine Lateinschule und schließlich eine Universität gegründet, an der Philosophie und Theologie unterrichtet wurden. Im Gegenzug hatten die Protestanten die *Stiftsschule* eröffnet, an die Kepler jetzt berufen wurde. Sie wurde zum geistigen und politischen Zentrum der protestantischen Partei der Stadt. Die prekären Beziehungen zwischen den beiden religiösen Lagern spiegelten sich in den nicht eben seltenen Handgreiflichkeiten zwischen Jesuiten- und Stiftsschülern wider.

Während Erzherzog Karl die Jesuitenschulen großzügig finanzierte, litt die Stiftsschule unter notorischem Geldmangel, was auch die gering besoldeten Lehrkräfte zu spüren bekamen. So versuchten die Lehrer ihr schmales Gehalt dadurch aufzubessern, dass sie möblierte Zimmer an Schüler vermieteten, die sie dann im Unterricht bevorzugten, oder sie ließen gegen Bestechungsgelder Fehlverhalten der Schüler durchgehen. Es ist kein Wunder, dass sich die grassierende Bestechlichkeit an der Stiftsschule verheerend auf die Disziplin, die Motivation und das Leistungsniveau der Schüler auswirkte. Die protestantischen Kirchenoberen in Graz waren über die Missstände zwar äußerst ungehalten, unternahmen aber offenbar nichts, um durch eine Gehaltsaufbesserung das Übel an seiner Wurzel zu packen.

Kepler befand sich, was seine Einkünfte anlangte, in einer glücklicheren Lage, denn obgleich sein Salär genauso dürftig war wie das seiner Kollegen, hatte man ihn obendrein in das Amt des Mathematikus der »Ehrsamen Landschaft« in Graz berufen. In dieser Eigenschaft oblag es ihm, einen Jahreskalender (Horoskop) anzufertigen, der alle möglichen »Prognostica« enthielt: Wettervorhersagen, die günstigsten Zeitpunkte für Aussaat und Ernte, politische Prophezeiungen und die geeignetsten Tage für Aderlässe. Für diese Tätigkeit erhielt er zusätzlich zu seinen hundertfünfzig Gulden Jahressalär weitere zwanzig Gulden. Seine ersten »Prognostica« waren echte Volltreffer. Kepler sagte die strenge Kälte der Wintermonate ebenso zutreffend vorher wie einen Einfall der Türken. Später schrieb er an Mästlin, die Sennen in den Alpen stürben an der Kälte: »Manche schneuzen, wie als sicher erzählt wird, wenn sie zu Hause angelangt sind, ihre Nase mit dem Schleim weg.«[1] Und die Türken hätten »dieser Tage … die ganze Gegend unterhalb Wiens [nur knapp hundertzwanzig Kilometer nördlich von Graz gelegen] bis Neustadt durch Brandschatzung verwüstet, Menschen und Beute fortgeschleppt«.[2]

Weit weniger erfolgreich war Keplers Berufseinstieg als Lehrer: Im ersten Jahr besuchten nur eine Hand voll Schüler seinen Mathematikunterricht, im zweiten Jahr hatte er gar keine Hörer mehr. Keplers unzureichende Ausbildung als Mathematiklehrer mag hier eine Rolle gespielt haben. Doch sein Selbstporträt in der dritten Person, das er kurz darauf in seiner *Selbstcharakteristik* abfasste, macht hinreichend verständlich, weshalb seine Vorlesungen nicht sonderlich beliebt waren. »Und tausend Dinge fallen ihm zugleich ein«, schreibt er über sich selbst.[3]

> … ihm fällt schneller etwas zu sagen ein, als er genau überlegen kann, als gut ist. Daher redet er andauernd unbedacht, daher schreibt er nicht einmal einen Brief gut aus dem Stegreif … Er redet gut und schreibt gut, solange er nichts überstürzt, es sei denn, er hat es vorher lange genug erwogen. Aber während er redet oder schreibt, muss er fortwährend an Neues denken, neue Wörter, neue Gegenstände, neue Ausdrucks- oder Argumentationsweisen oder an einen neuen Plan oder ob er nicht gerade das verschweigen sollte, was er sagt … Dies ist der Grund für die große Zahl von Einschiebseln in der Rede, insofern er alles, was ihm zu gleicher Zeit einfällt wegen des starken Zusammenwirkens aller damit verbundenen Vorstellungsbilder in seinem Gedächtnis, auch im Sprechen so ausdrücken möchte. Von daher wird seine Rede abstoßend oder jedenfalls verwickelt und schwer verständlich.[4]

Man spürt sehr deutlich, wie sehr Kepler selbst unter diesem rasanten, ungezügelten Gedankenablauf leidet, der ihn verwirrt und oftmals sprachlos macht. Aber dieser hyperaktive Intellekt hatte, wie Kepler sehr wohl wusste, auch eine positive Seite: Schlaglichtartige Erkenntnisse, die sich wie Perlen einer Kette aneinander reihten, erlaubten es ihm, zwischen scheinbar völlig disparaten Ideen verblüffende neue Zusammenhänge herzustellen und sie wie Puzzleteile ineinander zu fügen. Einer jener Heureka-Momente, in dem Kepler das Gefühl hatte, dass alles zusammenpasste, ereignete sich während einer Unterrichtsstunde, an der jene wenigen Schüler teilnahmen, die sich nicht von der spröden Materie abschrecken ließen. Keplers verstreute Gedanken verdichteten sich urplötzlich zu einer Einsicht, welche die Grundlage seines ersten astronomischen Werks, des *Mysterium Cosmographicum* (»Weltgeheimnis«), bilden sollte. Diese Eingebung war, wie Kepler glaubte, der Schlüssel, mit dem er das Geheimnis der Welt enträtseln und den Schöpfungsplan Gottes enthüllen könne. Aus heutiger Sicht führt die Kernthese des *Mysterium Cosmographicum*, in dem Kepler seine ebenso faszinierenden wie abwegigen mystischen Gedanken über das Weltall darlegte, in eine wissenschaftliche Sackgasse. Für Kepler aber war es das Leitkonzept, das ihn bis ans Ende seines Lebens umtreiben sollte. Das Buch enthielt überdies den Keim einer revolutionären Idee, die die Astronomie letztlich von Grund auf verändern und Kepler zur Formulierung seiner drei Gesetze der Planetenbewegung veranlassen sollte.

Kepler veranschaulichte seinen Schülern die Sprünge der »Großen Konjunktionen« von Saturn und Jupiter. Diese Konjunktionen – die Annäherung und das Vorbeiziehen von Jupiter an Saturn am Himmel – ereignen sich alle zwanzig Jahre. Die Große Konjunktion im Jahr 1563 hatte dem sechzehnjährigen Brahe gezeigt, wie ungenau die Ptolemäischen und die Kopernikanischen Tafeln waren. Seither hatte sich eine weitere Große Konjunktion ereignet, und zwar im Jahr 1583.

Weil diese Konjunktionen so selten und daher von großer

astrologischer Bedeutung waren, wurden sie im Verlauf der Jahrhunderte genauestens beobachtet, und so stellte man fest, dass jedes Mal, wenn Jupiter an Saturn vorbeizog, die Planeten in der Konjunktion den Himmelskreis um fast genau ein Drittel weiter umwandert hatten. Stellt man sich den Himmel als einen Kreis vor und trägt man drei Punkte (die für die Konjunktionen stehen) so ab, dass sie den Kreisumfang in genau drei gleich große Abschnitte teilen, erhält man die Eckpunkte eines Dreiecks. Da die Abstände nicht hundertprozentig stimmten – die Konjunktionen bewegen sich jeweils um etwas weniger als ein Drittel des Kreisumfangs weiter –, erscheint die vierte Konjunktion knapp neben der ersten. Als Kepler die Punkte miteinander verband, erhielt er ein leicht geöffnetes Dreieck oder »Quasi-Dreieck«, wie er es nannte. Als er dann die Verschiebung der Konjunktionen bis weit in die Zukunft hinein fortführte, erhielt er eine Schar scheinbar rotierender Dreiecke, die in der Mitte einen kleineren Kreis bildeten. Der Radius dieses kleineren Kreises entsprach fast exakt der Hälfte des Radius des größeren Kreises.

Die geometrische Darstellung als solche war nicht weiter bemerkenswert. Kepler wusste genau, wenn man ein Dreieck in einen Kreis einzeichnet und anschließend diesem Dreieck einen zweiten Kreis einbeschreibt, ist der Radius des inneren Kreises halb so groß wie der des äußeren. Was ihn jedoch mit der Wucht eines Offenbarungserlebnisses traf, war die Tatsache, dass das Verhältnis zwischen den beiden Kreisen »für den Augenschein ganz ähnlich jenem war, das zwischen [den Umlaufbahnen von] Saturn und Jupiter besteht«.[5] Dies konnte kein bloßer Zufall sein: Offenbar hatte Gott selbst im Rahmen seines ursprünglichen Schöpfungsplans dem Himmel die Geometrie eingeschrieben.

Kepler, der das neuplatonische Denken, das in Tübingen tonangebend war, gründlich in sich aufgenommen hatte, war fest davon überzeugt, dass der Welt letztlich ein mathematischer Bauplan zugrunde lag: »In der Tat sind und waren die Ideen der Quantitäten ewig in Gott, sie sind Gott selber«[6], schrieb er im *Weltgeheimnis*, und mit diesem Schaubild hatte er einen ersten Hinweis darauf, dass Gott »gleich einem menschlichen Baumeister, der Ordnung und Regel gemäß, an die Grundlegung der Welt herangetreten ist«.[7] Der ursprüngliche Weltplan schien sich vor seinen Augen zu entfalten.

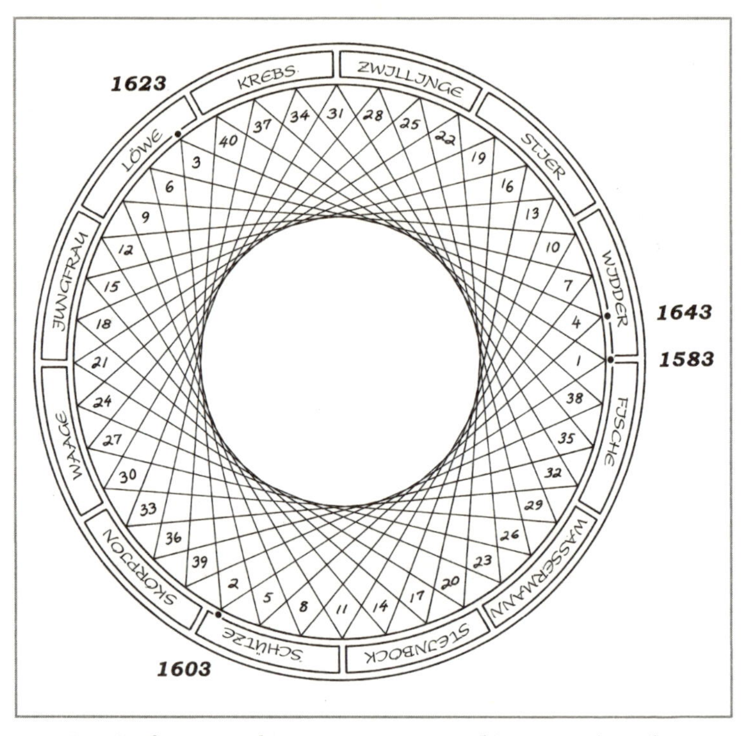

Die Großen Konjunktionen von Jupiter und Saturn nach Keplers Mysterium Cosmographicum

Die beiden Kreise schienen nicht nur die relative Größe der Umlaufbahnen abzubilden, sondern es gab noch einen weiteren wichtigen Zusammenhang. Nach Kopernikus' Theorie, die Kepler übernommen hatte, wurde die Sonne von sechs Planeten umlaufen: Merkur, Venus, Erde, Mars, Jupiter und Saturn. (Die drei äußersten Planeten unseres Sonnensystems – Neptun, Uranus und Pluto – sind mit bloßem Auge nicht zu erkennen und waren daher im 16. Jahrhundert noch unbekannt.) Kepler hielt Jupiter und Saturn als die beiden äußersten Himmelskörper, die Umlaufbahnen beschreiben, für die »ersten Planeten«.[8] Zugleich war das Dreieck, das den Abstand ihrer Umlaufbahnen voneinander festzulegen schien, seines Erachtens »die erste der geometrischen Figuren«.[9]

Damit meinte Kepler, dass das dreiseitige Dreieck die einfachste aller geschlossenen gleichseitigen geometrischen Formen ist. (Die zweiteinfachste ist das Quadrat mit seinen vier Seiten, gefolgt von dem Fünfeck mit fünf Seiten, dem Sechseck mit sechs Seiten und so weiter.) Wie passend, dass es die erste und einfachste Figur war, die der göttliche Baumeister auswählte, als er das Verhältnis der äußersten Planeten zueinander entwarf. Kepler entwickelte diesen Gedankengang weiter und probierte nun aus, ob die übrigen gleichseitigen geometrischen Figuren das Verhältnis der Umlaufbahnen der anderen Planeten zueinander beschreiben könnten. Vielleicht bestimmte ja das Quadrat das Verhältnis der Umlaufbahnen des nächsten Planetenpaares, Jupiter und Mars, und das Fünfeck das Verhältnis der Bahnen von Mars und Erde. Das Experiment scheiterte.

Kepler experimentierte mit verschiedenen Kombinationen gleichseitiger Figuren, die jedoch nicht das gewünschte Ergebnis brachten. Das Problem bestand darin, dass es eine unendliche Zahl gleichseitiger Vielecke gibt, eben nicht nur Quadrate, Fünfecke und Sechsecke, sondern Figuren mit hundert oder auch einer Million Seiten. Durch systematisches Probieren ließe sich vielleicht irgendwann eine Form finden, die zu jeder beliebigen Kombination von Umlaufbahnen passt. Aber eine solche Suche war schlicht zu willkürlich. Zudem wollte Kepler nicht nur die Frage beantworten, weshalb die Abstände zwischen den Planeten just *so* groß und nicht kleiner oder größer waren, sondern auch weshalb der göttliche Baumeister überhaupt nur sechs Planeten geschaffen hatte. Die unendliche Zahl von Möglichkeiten, gleichseitige Vielecke in zwei Dimensionen zu entwerfen, setzte der Anzahl der Planeten keine vorstellbare natürliche Grenze. Die geometrischen Verhältnisse selbst mussten sechs und nur sechs Planeten erfordern.

Dann ging Kepler auf, dass er versuchte, die dreidimensionale Architektur des Weltraums mit zweidimensionalen Figuren zu entschlüsseln. »Was«, so fragte er sich, »sollen ebene [zweidimensionale] Figuren bei den räumlichen [dreidimensionalen] Bahnen? Man muss eher zu festen Körpern greifen.«[10] (Kepler wusste genau, dass Brahes Beobachtungen die Kristallsphären-Theorie widerlegt hatten; aber er dachte nicht an reale Himmelsstrukturen, sondern vielmehr an die Geometrie, nach der Gott den Kosmos entworfen hatte.)

»Siehe«, spricht er den Leser zu Beginn des *Mysterium Cosmographicum* an, »nun hast du meine Entdeckung und den Stoff zum ganzen vorliegenden Büchlein.«[11] Kepler dachte sogleich an die von den Pythagoreern entdeckten fünf »regelmäßigen Körper«, die auch »pythagoreische« oder »platonische Körper« genannt werden. Diese Körper besitzen gewisse einzigartige Merkmale. Sie setzen sich aus jeweils identischen gleichseitigen Formen zusammen. Der einfachste platonische Körper ist der Vierflächner (Tetraeder), der aus vier gleichseitigen Dreiecken besteht, gefolgt vom Würfel (Kubus), der sich aus sechs Quadraten zusammensetzt. (Die übrigen sind der Achtflächner (Oktaeder), der Zwölfflächner (Dodekaeder) und der Zwanzigflächner (Ikosaeder).) Für Kepler standen diese Körper der Sphäre (Hohlkugel oder Kugelschale) am nächsten, weil man all diesen Körpern aufgrund ihrer vollkommenen Symmetrie eine Sphäre einbeschreiben kann, und zwar so, dass die Sphäre alle Seiten des Körpers berührt. In ähnlicher Weise kann man die Körper auf der Außenseite mit einer Kugel so umbeschreiben, dass diese alle ihre Eckpunkte berührt. Entscheidend aber war, dass es, ungeachtet der intensiven Bemühungen der Geometer, weitere platonische Körper zu finden, offenbar fünf und nur fünf Körper gab, die alle charakteristischen Merkmale eines regulären Körpers aufwiesen.

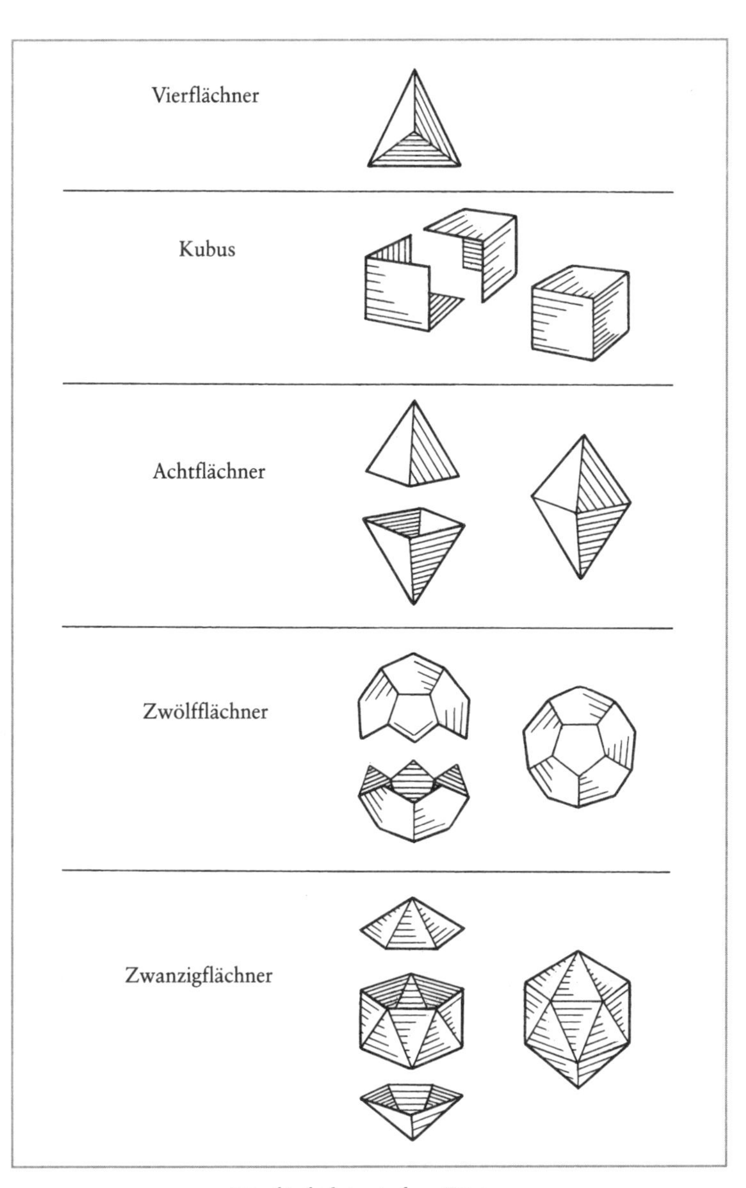

Die fünf platonischen Körper

Einmal mehr fügte sich alles so nahtlos zusammen, dass Kepler nicht an einen bloßen Zufall glauben wollte. Die vollkommenen Körper, so folgerte er daraus, seien das zwischen den Planetensphären aufgespannte mathematische Gerüst, das deren Reihenfolge und Entfernungen bestimme. Die Antwort auf die Frage, wieso es nur sechs Planeten gab, war mit einem Mal offensichtlich: weil es nur fünf vollkommene Körper gab, die zwischen ihre Bahnen passten. Innerhalb weniger Tage hatte Kepler sein Modell der ineinander geschachtelten Sphären und platonischen Körper entworfen.

Man kann dieses Modell mit russischen Holzpuppen vergleichen: Wir machen die erste Puppe auf und finden darin eine weitere Puppe, die wieder eine andere Puppe enthält und so weiter. Allerdings haben wir es hier nicht mit Puppen, sondern mit Hohlkugeln und regelmäßigen Körpern zu tun. Die erste Sphäre ist die von Saturn. Wenn wir sie öffnen, finden wir einen Würfel, der haargenau in die Hohlkugel passt. Machen wir den Würfel auf, gewahren wir im Innern eine weitere Hohlkugel, die für Jupiter steht. Wenn wir diese Kugel öffnen, kommt ein dreieckiger Vierflächner zum Vorschein. In dem Tetraeder findet sich die Marssphäre – und so weiter bis zum innersten Planeten, Merkur.

Kepler war über seine Entdeckung zu Tränen gerührt. Im Oktober 1595 schrieb er an Mästlin: »Ich wollte Theologe werden; lange war ich in Unruhe: Nun aber sehet, wie Gott durch mein Bemühen auch in der Astronomie gefeiert wird.«[12]

Viele der Überlegungen, aus denen Kepler sein kosmologisches Modell herleitete, muteten schon zahlreichen seiner Zeitgenossen als reine Spekulation an. Der angesehene Astronom Johannes Praetorius kritisierte Keplers Fünf-Körper-Hypothese als Sophisterei. Selbst nachdem Kepler die Grundzüge seines kosmologischen Systems dargelegt hatte, mussten noch unzählige Einzelheiten geklärt werden, und viele seiner Urteile – einmal ganz abgesehen von der Fülle astrologischer Begründungen, die er anführt – waren äußerst subjektiv und entsprangen ästhetischen Präferenzen.

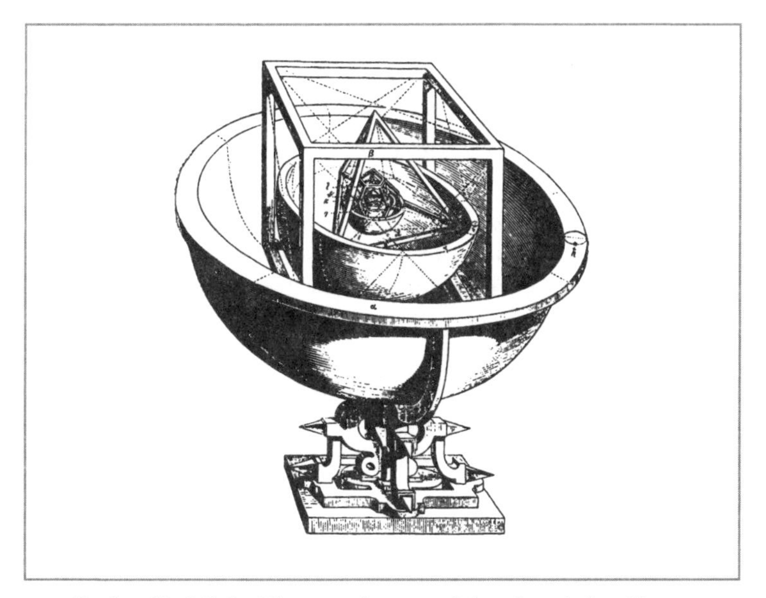

Keplers Modell der Planetensphären und der platonischen Körper aus seinem Mysterium Cosmographicum

So stellte Kepler in seinem Werk beispielsweise eine Rangfolge der platonischen Körper auf, die er nach ihrer relativen »Vortrefflichkeit« in »Körper erster Klasse« und »Körper zweiter Klasse« unterteilte.[13] Die vortrefflicheren Körper erster Klasse, wie etwa der Würfel, können flach auf ihren Seitenflächen liegen und erscheinen symmetrisch. Dies begründet laut Kepler ihre Überlegenheit über die Körper zweiter Klasse, die nur dann einen symmetrischen Eindruck machten, wenn sie auf einem ihrer Eckpunkte in der Schwebe gehalten würden: »Den Körpern erster Klasse ist es eigen zu stehen, denen zweiter Klasse zu schweben. Denn wenn man diese auf eine Grundfläche wälzt, jene dagegen auf eine Ecke stellt, weicht in beiden Fällen das Auge vor der Hässlichkeit des Anblicks zurück.«[14] Kepler folgerte, dass die edleren Körper erster Klasse die Erde und die äußeren Planeten umschreiben, während die Körper zweiter Klasse die Sphären der inneren Planeten, Merkur und Venus, determinieren sollten. Aus heutiger Sicht nicht gerade eine überzeugende Argumentation.

Für Kepler hingegen war diese Beweisführung auf der Grundlage ästhetischer Prinzipien nicht nur eine legitime, sondern auch eine überlegene Weise, um zu erkennen, was die Welt im Innersten zusammenhält. Da der von Gott erschaffenen Welt letztlich ein mathematisches Ordnungsmuster zugrunde lag – erinnern wir uns daran, dass Kepler überzeugt davon war, die Geometrie sei »ewig in Gott und Gott selber« –, lieferten ästhetische Begriffe wie Schönheit, Symmetrie und Proportion Aufschlüsse über die Rechenkünste des Schöpfers, denn, wie Kepler im Anschluss an Platon bemerkte, es wäre undenkbar, dass der vollkommene Baumeister ein Werk schüfe, das nicht von reinster Schönheit wäre.

»Die Geometrie ist einzig und scheint ewig im Geiste Gottes«[15], schrieb Kepler später, und da der Mensch als Ebenbild Gottes erschaffen wurde, ist dessen geometrischer, mathematischer Plan gleichsam unserem Geist eingeprägt und wartet nur darauf, entdeckt zu werden. »Denn der allgütige Schöpfer, der die Natur aus dem Nichts ins Dasein gerufen, hat er nicht jedem Geschöpf das, was notwendig ist, dazu aber noch Schmuck und Lust in überreicher Fülle bereitet? Sollte er den Geist des Menschen, den Herrn der ganzen Schöpfung, sein eigenes Ebenbild, allein ohne beseligende Wonne lassen?«[16]

Die reinsten, erhabensten Erkenntnisse gewinnt man nach Keplers Überzeugung nicht durch induktive Rückschlüsse aus Beobachtungen oder sonstigen empirischen Befunden (also a posteriori), sondern durch deduktive Ableitung aus der Vernunft innewohnenden, primären Ideen (also a priori). Gott wollte, so schrieb Kepler, dass »wir Anteil bekämen an seinen eigenen Gedanken«.[17] Aus diesem Grund führte Kepler in seinem *Mysterium Cosmographicum* voller Stolz aus, dass »alles, was Kopernikus aufgrund von geometrischen Sätzen *a posteriori* erkannt und durch die Beobachtung erwiesen hat«, er, Kepler, »*a priori*« hergeleitet habe.[18]

Dies ist weniger mystisch gemeint, als es klingt. Selbst in der modernen Physik finden sich noch Nachklänge von Keplers Denkweise. So stammt von Einstein das berühmte Diktum: »Das Unverständlichste am Universum ist im Grunde, dass wir es verstehen können.« Und der britische Nobelpreisträger Paul Dirac, dem es gelang, Einsteins Relativitätstheorie mit der Quantenmechanik zu verknüpfen, schrieb, die entsprechende Formel sei ihm beim »Herumspielen« auf der Suche nach »eleganten mathematischen Gleichungen« eingefallen. Heute ist die Symmetrie – das, was Kepler Schönheit und Proportionalität nannte – ein wesentlicher Aspekt der Elementarteilchenphysik, und viele Physiker sehen in der Symmetrie sogar eine grundlegende Struktureigenschaft der Natur.

Der Unterschied ist der, dass zeitgenössische Naturwissenschaftler, die in ihren Gleichungen nach Schönheit und Symmetrie streben, ihre Theorien auf einem gewaltigen Fundament aus zahllosen Experimenten gewonnener empirischer Erkenntnisse errichten. Sie benutzen die Begriffe Schönheit und Symmetrie als Leitkriterien, aber auch als Inspirationsquelle. Doch dann überprüfen sie ihre Theorien durch weitere, beliebig oft wiederholbare Experimente.

Kepler dagegen war von dem göttlichen Bauplan, der sich ihm durch plötzliche Eingebung erschlossen hatte, so überwältigt, dass er nicht im Geringsten an der Wahrheit dieser Erkenntnis zweifelte. Sein Privatleben war von Kummer und Enttäuschungen, dem ständigen Zwist mit zahllosen Feinden, der ihn tief bekümmernden Vertreibung aus Tübingen und dem damit verbundenen endgültigen Aus für eine geistliche Laufbahn überschattet gewesen. Doch als er jetzt die Gestirne vor seinem geistigen Auge betrachtete, fand er dort die Schönheit und Beständigkeit, die er in seinem Alltagsleben so schmerzlich vermisste. Wieder einmal hatte er einen Weg gefunden, Gott zu dienen. Diese eindringliche Vision der kosmischen Harmonie sollte er bis an sein Lebensende festhalten.

Fünfundzwanzig Jahre nach der Erstveröffentlichung des *Mysterium Cosmographicum* schrieb er: »So nahm für mich die Richtung meines ganzen Lebens, meiner Studien und Werke ihren Ausgang von diesem einen Büchlein.«[19] Auch hätten fast alle astronomischen Bücher, die er seitdem herausgebracht habe, sich auf eines der Hauptkapitel des *Mysterium Cosmographicum* bezogen und seine dort dargelegten Ideen verdeutlicht oder abgerundet. Dies ist umso bemerkenswerter, wenn man bedenkt, dass Kepler diese Worte schrieb, nachdem er die drei Gesetze der Planetenbewegung entdeckt hatte, die die Tür zu einer neuen Astronomie aufstoßen sollten. Dabei hatten diese Gesetze so gar nichts von dem wohl gefügten Bauplan, der die Planeten in eine strenge Rangordnung stellte, in der alles seinen vorherbestimmten Platz hatte. Kepler war zu Recht stolz auf seine drei Gesetze, denen er selbst jedoch immer nur eine nachrangige Bedeutung zubilligte. Und er verbrachte einen Großteil seiner späteren Lebensjahre mit dem Versuch, diese Gesetze mit seinem kosmologischen Modell von den nahtlos ineinander geschachtelten platonischen Körpern und Sphären, das er mit Mitte zwanzig aufgestellt hatte, in Einklang zu bringen.

Doch während die im *Mysterium Cosmographicum* dargestellte Fünf-Körper-Theorie in eine wissenschaftliche Sackgasse führte, entwickelte er in diesem Werk eine weitere Idee, die sich als wahrhaft revolutionär erweisen sollte: die Idee einer *anima movens* (»bewegenden Seele«) in der Sonne, welche die Planeten auf ihren Bahnen vorwärts ziehen sollte – mit zunehmender Entfernung von der Sonne umso langsamer, da diese Kraft immer schwächer wurde, und desto schneller, je näher die Planeten der Sonne kamen. Er versuchte ein uraltes astronomisches Problem zu lösen: Seit der Antike nahm man an, dass sich die Planeten als Teil der vollkommenen Himmelssphäre mit gleichförmiger Geschwindigkeit auf Kreisbahnen bewegten. Man glaubte dies deshalb, weil der Kreis, der keinen Anfang und kein Ende hat und überdies mit der geringsten Linienlänge die größte Fläche umschließt, als die vollkommenste geometrische Figur galt. Die Planeten mussten sich deshalb mit gleichförmiger Geschwindigkeit bewegen, weil jede Abweichung davon als ein Verstoß gegen die vollkommene göttliche Schöpfungsordnung und als ein Aufbegehren gegen den göttlichen Willen angesehen worden wäre. Diese Idee der »gleichförmigen Kreisbewegung« war so fest im allgemeinen Bewusstsein verankert, dass es niemandem in den Sinn kam, sie in Frage zu stellen, und dies, obwohl die Beobachtungen ziemlich unmissverständlich das Gegenteil besagten.

Niemand, auch Kepler nicht, war zum damaligen Zeitpunkt bereit, die Idee von Kreisbahnen, die Annahme, dass Planeten vollkommen *runde geschlossene Wege* beschreiben, anzuzweifeln – dies sollte erst viele Jahre später der Fall sein, als Kepler Brahes einzigartigen Fundus an beispiellos exakten Beobachtungen wissenschaftlich auswertete. Aber die Tatsache, dass sich die Planeten nicht mit *gleichförmiger Geschwindigkeit bewegten*, war selbst für die Menschen der Antike derart offensichtlich gewesen, dass sie auf alle erdenklichen Kunstgriffe verfallen waren, um die Unstimmigkeit wegzuerklären. Viele dieser Tricks bestanden darin, die Bahnen exzentrisch – außermittig – anzulegen (also die Planeten um einen Punkt außerhalb des angenommenen Weltzentrums kreisen zu lassen, A. d. Ü.), gleich ob, wie im ptolemäischen Weltsystem, die Erde im Mittelpunkt stand oder, wie im kopernikanischen System, die Sonne. (Es ist eine kaum beachtete Tatsache, dass Kopernikus die Sonne nicht im Mittelpunkt der Planetenbahnen verortete, sondern etwas seitlich verschoben.)*

Nach Keplers Auffassung zog die Sonne die Planeten gleichsam mit magnetischen »Ranken« über ihre Bahnen, wobei die

---

* Es handelte sich dabei um eine perspektivische Sinnestäuschung. Wenn Sie genau in der Mitte einer kreisförmigen Rennbahn stehen, auf der ein Auto mit einer konstanten Geschwindigkeit von, sagen wir, 130 Kilometern pro Stunde fährt, dann erscheint Ihnen dies als gleichförmige Bewegung. Aber wenn Sie nun innerhalb der Rennbahn näher an einen Streckenabschnitt herangehen, dann haben Sie den Eindruck, als würde das Auto, wenn es sich Ihnen nähert, beschleunigen und langsamer werden, wenn es sich in Richtung des anderen Streckenabschnitts entfernt. In gleicher Weise *scheint* ein Planet, der sich mit gleichförmiger Geschwindigkeit bewegt, schneller zu werden, wenn er sich dem – exzentrischen – Beobachter nähert, obgleich seine Geschwindigkeit in Wirklichkeit konstant bleibt.

Kraft der Sonne umso stärker werden sollte, je näher die Planeten der Sonne kamen, und umso schwächer, je weiter sie sich von ihr entfernten. Heute wissen wir, dass diese Vorstellung falsch ist, aber Kepler unternahm als Erster den ernsthaften Versuch, physikalische Bewegungsgesetze auf die Gestirne anzuwenden. Aristoteles hatte in seinem streng zweigeteilten Weltsystem die Physik der Erde vorbehalten und die Auffassung vertreten, dass sich der unwandelbare, ewige Sternenhimmel mit den Abstraktionen der reinen Mathematik besser begreifen lasse.

Tatsächlich war Keplers Ansatz eine *der* umwälzenden Ideen der Wissenschaftsgeschichte. Auch wenn sein Bild eines von physikalischen Gesetzen determinierten Weltalls mystisch inspiriert und in den Einzelheiten falsch sein mochte, so wirkte es sich doch nachhaltig auf die Formulierung seiner drei Gesetze aus und brachte ihn frappierend nahe an eine Theorie der Massenanziehung heran.

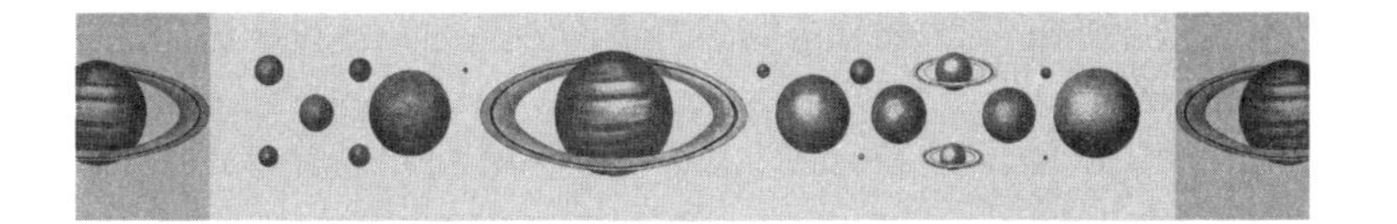

KAPITEL 11

HEIRAT

Die Harmonie, die Kepler im Himmel fand, blieb ihm auf Erden weiterhin versagt. Eine Liste neuer Feinde zieht sich wie ein roter Faden durch die Schilderung seines Lebens in Graz. In seiner *Selbstcharakteristik* schreibt er über seinen Lehrerkollegen Simon Murr: »Den Murr bekam ich als Feind, weil ich, nachdem ich ihm früher Gefälligkeiten erwiesen hatte, mir die Freiheit nahm, ihn zurechtzuweisen, als ob ich das mit Recht könnte.«[1] Ein Verwandter, Hermann Jäger, »täuschte mein Vertrauen, belog mich und vertat viel von meinem Geld ... zwei Jahre lang nährte ich meine Kränkung durch reichlich unwillige Briefe«.[2] Über die Religion kam es zu einem Zerwürfnis mit einem Mann namens Krell, »aber er brach auch die Treue. Seither bin ich zornig auf ihn«.[3] Sein Bruder Heinrich, ein Taugenichts, besuchte ihn einmal in Graz, um bei ihm zu nassauern: »Der Grund für den Streit mit meinem Bruder waren erstens seine liederlichen Sitten, dann meine Tadelsucht, drittens seine maßlosen Forderungen und viertens mein Geiz.«[4]

Mit dem ersten Rektor der Grazer Stiftsschule, Papius, kam Kepler offenbar gut aus, der wurde aber recht bald von einem weiteren Feind, Regius, abgelöst: »Der Grund seines Hasses war, dass ich ihn selbst wie auch sein Amt nicht genug zu ehren und seine Überzeugungen abzulehnen schien. Deshalb plagte er mich auf unglaubliche Weise ... Von einer Vergeltung hielt ich mich zwar zurück, aber die beleidigenden Ungerechtigkeiten habe ich dennoch nicht verschwiegen.«[5]

Doch ungeachtet Keplers schwierigem Einstand als Lehrer zeigten sich die Schulinspektoren mehr als nachsichtig, schrieben sie doch den mangelnden Zuspruch der Schüler der Schwierigkeit des Faches zu, »weil Mathematicum studium nit jedermans thuen ist«.[6] Überdies stellten sie Kepler ein überaus günstiges Zeugnis über seine Lehrtätigkeit aus. Er habe »sich anfangs perorando [im Vortrag], hernach docendo [im Unterricht] vnd dan auch Disputando [bei den Disputationen] dermassen erwisen, das wir anders nit iudicirn [ihn nicht beurteilen] khönnen, dann das Er bey seiner Jugent ein glehrter vnd in moribus [Betragen] ein beschaidner vnd dieser Einer Ersamen Landschafft Schuell alhie ein wolanstehunder Magister vnd professor seie«.[7] In einem Empfehlungsschreiben, das die Schulinspektoren Kepler am Ende seiner Grazer Lehrtätigkeit ausstellten, heißt es, er habe die ihm anbefohlenen Fächer »treuen Fleißes mit stattlicher Dexterität [Gewandtheit] verrichtet«.[8]

Zweifellos waren diese günstigen Beurteilungen und Empfehlungen wohl verdient, denn Keplers überragende Geistesgaben beeindruckten jeden, der ihm begegnete. Es war das Talent, auf das sich der ansonsten von Selbstzweifeln geplagte Kepler sicher verlassen konnte. In der Sphäre des abstrakten Denkens machte ihm der Prozess des Entdeckens und Erkundens, den er mit detektivischem Spürsinn betrieb, stets großen Spaß, und das Vertrauen auf seine Fähigkeiten gab ihm sogar eine gewisse innere Ruhe. Im Umgang mit seinen Mitmenschen dagegen erlebte Johannes Kepler fast nur Hader und herbe Enttäuschung.

Auch die Zeit der Brautwerbung und die Ehe folgten diesem Muster. Am 27. April 1597 heiratete Kepler die reiche Witwe Barbara Müller. Barbara war das älteste von fünf Kindern des Mühlenbesitzers Jobst Müller, der es durch harte Arbeit und eine gute Partie zu einem der reichsten Männer von Graz gebracht hatte. Er besaß ein Gut mit eigenem »Schlösschen«, mehrere Mühlen, einen Weinberg sowie etliche Bauernhöfe. Mit sechzehn Jahren wurde Barbara von ihrem Vater mit einem vermögenden Hoftischler verheiratet, der damals vierzig Jahre alt war und schon zwei Jahre später, nach der Geburt ihres Töchterchens Regina, verstarb. Daraufhin fädelte Jobst eine zweite Ehe mit einem hohen steirischen Beamten namens Marx Müller (offenbar ein Verwandter) ein, der aus einer früheren Ehe mehrere erwachsene Kinder mitbrachte. Auch Marx Müller war bereits in den Vierzigern und starb nach nur dreijähriger Ehe. Mit dem Erbe ihrer beiden verstorbenen Ehemänner und einem reichen Vater war die dreiundzwanzigjährige Barbara eine ausgezeichnete Partie für einen jungen Provinzlehrer, der seinen Lebensunterhalt fast ausschließlich aus seinem kargen Gehalt bestreiten musste.

Wir wissen nicht, wann Kepler den Entschluss fasste, um Barbaras Hand anzuhalten. Der erste Hinweis scheint eine geheimnisvolle Notiz in seinem privaten Tagebuch zu sein, wonach am 17. Dezember 1595 – etwa zwei Monate nach dem Tod von Barbaras zweitem Ehemann – »Vulkan mir erstmals riet, mich mit meiner Venus zu verbinden«.[9] Fünf Tage später findet sich der noch rätselhaftere Eintrag, die Erwähnung seiner Venus habe »erneut sein Herz berührt«.[10]

Nachdem Kepler im Jahr darauf zwei Freunde als Brautwerber zu Barbaras Vater geschickt hatte, damit sie dessen Haltung zu dem Heiratsplan sondierten und sich für ihn verwendeten, ließ er sich für zunächst zwei Monate vom Schuldienst beurlauben, um seinen schwer kranken Großvater zu besuchen und Mästlin bei der Drucklegung des *Mysterium Cosmographicum* unter die Arme zu greifen. Kepler begab sich auch an den Hof des Herzogs von Württemberg, den er für den Plan gewinnen wollte, unter des Landesvaters Schirmherrschaft ein Modell seines Weltsystems aus ineinander geschachtelten Sphären und platonischen Körpern in Form einer großen Kredenzschale zu bauen. (Der Entwurf sah vor, dass jede der sechs hohlen Halbkugeln, welche die Umlaufbahnen der Planeten darstellten, ein anderes Getränk enthalten sollte, wobei Röhren seitlich zu sechs verschiedenen Zapfhähnen führen sollten. Dem Herzog gefiel die Idee so gut, dass er mehrere Versuche, einen Prototyp zu bauen, finanzierte, doch überforderte die Ausführung der Schale seine Handwerker, und das Projekt wurde schließlich eingestellt.)

Vermutlich genoss Kepler den Aufenthalt in der Heimat, fern der provinziellen Enge von Graz. Denn trotz der dringlichen Appelle seiner Freunde, er möge so schnell wie möglich zurückkehren, wenn ihm wirklich etwas an der Heirat mit Barbara liege, blieb Kepler volle sechs Monate abwesend. Als er heimkehrte, erlebte er eine böse Überraschung.

Barbaras Vater widersetzte sich der Heirat entschieden. Dem geschäftstüchtigen und vermögenden sozialen Aufsteiger dürfte der relativ mittellose Kepler wohl kaum als eine gute Partie für seine betuchte und angesehene Tochter erschienen sein. Kepler wurde bei der Kirchenbehörde vorstellig und bat sie, ihren Einfluss in seinem Sinne geltend zu machen. Doch der Vater blieb unnachgiebig, und so zog sich die Angelegenheit monatelang hin.

Angesichts der spöttischen Fama, die in der Stadt immer weitere Kreise zog, beschloss Barbara, sich über den anhaltenden Widerstand ihres Vaters hinwegzusetzen und dem Werben des Freiers nachzugeben, eine Möglichkeit, die ihr das altüberlieferte steirische Gewohnheitsrecht einräumte. In der protestantischen Stiftskirche von Graz besiegelten Barbara Müller und Johannes Kepler den Ehebund. Jobst Müller weigerte sich, die Hochzeit zu bezahlen und die Feierlichkeit in seinem Haus auszurichten. Mit Müllers öffentlicher Missbilligung ihrer Verbindung war der Zwist keineswegs ausgestanden. Denn wie Kepler in seiner *Selbstcharakteristik* notiert, behandelte ihn der Schwiegervater »verächtlich und setzte mich herab ... Er wollte [mir] meine Stieftochter [Regina] entfremden und abspenstig machen. Das sollte mich kränken, wogegen ich in meiner zornigen Erbitterung ihn provozierte, so dass er mir das Äußerste androhte.«[11]

Bernhard Zeiler, der Ehemann von Barbaras Stieftochter aus zweiter Ehe, sollte ihm ebenfalls das Leben schwer machen. Er hatte Hyppolyta am selben Tag geheiratet, an dem sich Kepler mit Barbara vermählte. Als Ehemann der ältesten Stieftochter verwaltete Zeiler treuhänderisch die Erbschaft der Kinder und Barbaras Mitgift, was Anlass zu erbitterten Auseinandersetzungen zwischen ihm und Kepler gab: »Zeiler ist der, gegen den ich mich von allen am meisten erhitzte. Aus vielfältigen Gründen. Ganz am Anfang stand die Beschuldigung, ich brächte in dreister Weise das Vermögen meiner Frau an mich. Da schon dachte er mir Faustschläge zu. Ich hatte gerechten Grund, die Mitgift meiner Frau zu verlangen, aber vielleicht gebärdete ich mich zu unhöflich, so dass ich ihn durch meine Forderungen reizte. Er war fürwahr ungerecht, denn er schlug mir jede Bitte ab ... legte einen einzigartigen Eigennutz an den Tag, ich einen einzigartigen Zorn dagegen.«[12]

Dass es bei den Streitigkeiten vornehmlich um Geld ging, ist nicht weiter verwunderlich, wenn man bedenkt, welche Summen auf dem Spiel standen. Ein Großteil von Barbaras Vermögen bestand aus Liegenschaften, deren Wert entsprechend den wechselnden politischen Verhältnissen extremen Schwankungen unterlag. Man bekommt eine ungefähre Vorstellung von den Beträgen, wenn man hört, dass Regina, Barbaras Tochter aus erster Ehe, ein Erbe von zehntausend Gulden erhielt. Keplers Jahresgehalt betrug zum Zeitpunkt der Eheschließung hundertfünfzig Gulden. So dürfte Barbaras Vermögen Keplers Verarmungsängste, die er in der *Selbstcharakteristik* mehrfach erwähnt, nachhaltig besänftigt haben. Dort beschreibt er sich folgendermaßen: »In Geldsachen allzu zäh, im Wirtschaften hart ... Der Geiz zielt nicht auf Reichtum, sondern darauf, die Angst vor der Armut zu nehmen.«[13] Auch wenn ihn die Aussicht auf die Mitgift hoch erfreut haben mag, diese Freude wurde doch nachhaltig getrübt durch die finanziellen und familiären Bande, die ihn jetzt in Graz festhielten.

So schreibt Kepler zwei Wochen vor der Hochzeit an Mästlin: »... so ist es sicher, dass ich mit dem hiesigen Ort verbunden und verkettet bin, was immer aus unserer Schule werden mag. Denn meine Frau hat hier Güter, Freunde, einen wohlhabenden Vater. ... Ich werde auch das Land nicht verlassen können, außer wenn sich ein öffentliches oder privates Unglück ereignet. Ein öffentliches, wenn für einen Lutheraner das Land nicht mehr sicher ist oder wenn es von den Türken näher bedrängt wird ... Ein privates Unglück wäre es, wenn meine Frau sterben würde.«[14] Und auch die Sterne verhießen nichts Gutes für die Ehe. In seinem Horoskop vermerkte Kepler lakonisch: »9. Februar Verlobung. 27. April: Ich feierte die Hochzeit unter Unheil kündenden Gestirnstellungen.«[15]

Der kleine Heinrich kam neun Monate später zur Welt. Kepler erstellte das Geburtshoroskop für seinen Sohn, und seine schlimmsten Befürchtungen bewahrheiteten sich: Das Kind starb nach nur zwei Monaten. Ein zweites Kind, Susanna, wurde am 12. Juni 1599 geboren. Da die Sterne in ihrer Geburtsstunde eine Glück verheißende Konstellation bildeten, war Kepler voller Zuversicht. Er sollte sich täuschen, wieder mussten die Keplers ein Neugeborenes zu Grabe tragen. Wie ihr Bruder starb auch die kleine Susanna an Hirnhautentzündung.

Eine Pestepidemie weckte in Kepler die Furcht, dem Mädchen bald nachzufolgen. »Als Erster nun in unserer Stadt, soweit ich weiß, habe ich ein kleines Kreuz an meinem linken Fuß erblickt, dessen Farbe vom Blutrot ins Gelb übergeht ... Ich möchte glauben, dass gerade an dieser Stelle der Nagel in den Fuß Christi geschlagen wurde. Manche tragen, wie ich höre, Male in Form von Blutstropfen in der Höhle der Hand. Aber hier zeigt sich bisher nicht die Form wie bei mir. Bei Christus ist aber auch die Höhle der Hand durchbohrt worden. Wahrlich, vielleicht werde auch ich vom Tod ins Leben zurückkehren.«[16]

Barbara Kepler gebar ihrem Gatten fünf Kinder, von denen jedoch nur zwei am Leben blieben. In einer Zeit, in der die Pest, die Blattern, Typhus und andere Seuchen grassierten, war die erschreckend hohe Kindersterblichkeit ungeachtet ihrer »Alltäglichkeit« oft eine persönliche Tragödie für die Eltern.

Unterdessen wuchs Keplers Verdruss über Barbara. »Man schaue sich einen Menschen an, bei dessen Geburt die guten Gestirne Jupiter und Venus nicht günstig gestellt sind«, schrieb er zwei Jahre nach der Eheschließung über Barbara an seinen Freund Georg Herwart von Hohenburg. »Ihr könntet sehen, dass ein solcher Mensch zwar rechtschaffen und weise sein kann, aber dennoch meist ein wenig heiteres und ziemlich trübseliges Los besitzt. Mir ist eine solche Frau bekannt. Sie wird in der ganzen Stadt wegen ihrer Tugend, Züchtigkeit und Bescheidenheit gerühmt. Dabei ist sie aber einfältig und hat einen dicken Körper. Sie war von klein auf von ihren Eltern hart gehalten worden ... In allen Geschäften ist sie verwirrt und verlegen. Auch gebärt sie schwer. Alles andere ist von der gleichen Art. Ihr könntet hier bei der Seele, beim Körper und beim Schicksal den gleichen Charakter erkennen, der in der Tat ein Analogon zu der Gestirnstellung ist.«[17]

Die Keplers führten keine glückliche Ehe. Barbara war oft krank und schwermütig und vergrub sich Tag und Nacht in Gebetbücher. Wachsende Erbitterung vergiftete das Verhältnis zwischen der betuchten Witwe und dem mittellosen Mathematiker. »Summa ist sie zorniger art gewest«, vertraute Kepler später einem anonymen Briefpartner an, »und wan sie eines Menschen wegen stättiger beywohnung gewohnt, hatt sie all ir begehrn mit Zorn fürgebracht, da hab Ich mich hingegen aum streitt auffbringen lassen und sie geraitzet, ist mir laid, hab mich wegen meins studirens nit alweg besunnen.«[18] Er gibt zu, dass sie sich oft heftig zankten. Die intellektuelle Kluft zwischen dem Ehemann und seiner »einfältigen« Frau sorgte für ständige Reibereien. Es war ihm lästig, dass Barbara ihn oft in häuslichen Dingen um Rat fragte. Kepler reagierte ungehalten, wenn sie seine Vorschläge nicht sofort begriff, er widmete sich dann einfach wieder seiner Arbeit und ignorierte ihre ständigen Forderungen. In einem fort stritten sie sich um Geld, wie Kepler schreibt. Aus Angst, am Bettelstab zu enden, erlaubte ihm seine Frau nicht, ihre Mitgift oder ihre Ersparnisse anzutasten. Er ärgerte sich über ihre Knauserigkeit und revanchierte sich mit zornigen Beschimpfungen.

Keplers Beschreibung seiner Ehe liest sich wie die traurige Bestätigung seiner astrologischen Notiz über die »Unheil kündenden Gestirnstellungen«, die ihren Hochzeitstag überschatteten. Die Verbindung brachte ihm wenig Freude und Erfüllung, und schließlich sollte ihn das Zusammentreffen mehrerer ungünstiger politischer Ereignisse noch um die finanzielle Absicherung bringen, die er sich von der Mitgift seiner Frau erhofft hatte. Offenbar war es Kepler beschieden, dass ihm der einzige Trost im Leben aus der stillen Betrachtung der Gestirne erwachsen sollte.

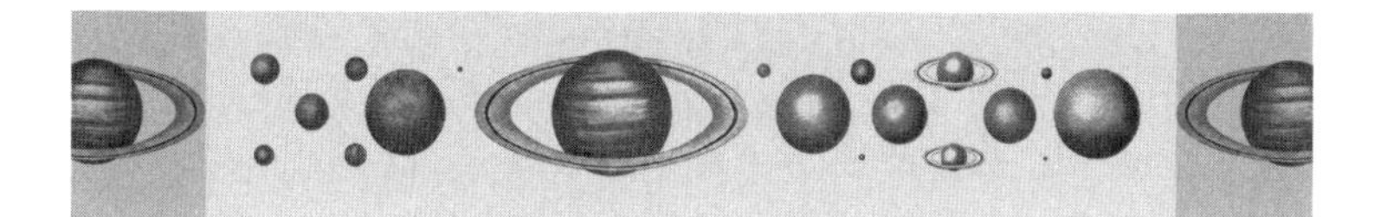

KAPITEL 12

DIE URSUS-AFFÄRE

Kurz nachdem das *Mysterium Cosmographicum* im Jahr 1597 erschienen war, traten Brahe und Kepler zum ersten Mal brieflich miteinander in Verbindung. Schon diese erste Kontaktaufnahme stand unter einem denkbar ungünstigen Stern.

Grund der Unstimmigkeiten war ein Mann namens Nikolaus Reimers Bär oder Raimarus Ursus, ein Mensch von außergewöhnlicher Verstandeskraft und nicht minder ausgeprägter Heimtücke und Gehässigkeit. Spross einer Familie von Schweinehirten in Holstein, das damals zu Dänemark gehörte, brachte Bär sich nicht nur Lesen und Schreiben, sondern auch Latein, klassisches Griechisch, Französisch und Mathematik selbst bei. Seine bemerkenswerten Fähigkeiten erregten die Aufmerksamkeit von Heinrich Rantzau, dem Statthalter des dänischen Königs, der ihn zu seinem offiziellen Landvermesser bestellte. Später trat Bär in die Dienste von Brahes Freund und künftigem Schwager Erik Lange, mit dem er im Jahr 1584, als die Uranienburg auf dem Gipfel ihres Ruhmes stand, die Insel Ven besuchte. Bei diesem Aufenthalt wurde Bär dabei ertappt, wie er heimlich Brahes Arbeitspapiere, darunter erste Entwürfe des tychonischen Weltsystems, durchstöberte und Abschriften davon anfertigte. Laut dem späteren Bericht eines Gastes, der zur gleichen Zeit auf der Uranienburg weilte, erweckte Bärs sonderbares Verhalten Argwohn, und als man ihm seinen Diebstahl vorhielt, soll er sich wie »ein Rasender« gebärdet und »kreischend, weinend und zeternd« umhergelaufen sein, »so dass man ihn schier kaum beruhigen konnte«.[1]

Bär wurde daraufhin sofort von der Insel verbracht und aus Langes Diensten entlassen. Aber die Sorge, der Dieb könnte sein Werk plagiieren, veranlasste Brahe dazu, in seine erste, 1588 erschienene, bahnbrechende Publikation über den Kometen (der die Kristallsphären zertrümmerte) eine Beschreibung und Illustration seines tychonischen Systems aufzunehmen. Als er eine eigenhändige Abschrift des zur Veröffentlichung vorgesehenen Manuskripts an seinen Brieffreund, den Landgrafen Wilhelm IV. von Hessen-Kassel, schickte, der sich ebenfalls mit Astronomie beschäftigte, erfuhr Brahe, dass sich seine schlimmsten Befürchtungen bewahrheitet hatten.

Der gewiefte Bär hatte es verstanden, sich in die Gunst des Landgrafen einzuschmeicheln, und eine rohe, stümperhafte Abschrift von Brahes System als eigenes Werk ausgegeben. Der Landgraf, der die wahre Herkunft von Bärs Zeichnungen nicht kannte, war von dem neuen System so beeindruckt gewesen, dass er den Instrumentenbauer Joost Bürgi damit beauftragt hatte, ein mechanisches Modell dieses Systems anzufertigen. Brahes Kollegen in der astronomischen Fachwelt waren bald davon überzeugt, dass Brahe der urheberrechtliche Vorrang an diesem Weltbild gebühre, zumal er auf offensichtliche Fehler in Bärs Plagiat hingewiesen hatte. Aber Nachrichten verbreiteten sich seinerzeit nur langsam, und als Bär noch im gleichen Jahr das Buch *Fundamentum Astronomicum* (»Die Grundlagen der Astronomie«) veröffentlichte, in dem er das tychonische System als das seine ausgab, wuchsen verständlicherweise Brahes Sorgen.

Bärs Niedertracht erreichte einige Jahre später ihren Höhepunkt, als er auf Brahes Plagiatsvorwürfe mit einem zweiten Traktat reagierte, in dem er sich in so beleidigenden persönlichen Angriffen gegen Brahe und dessen Familie erging, dass er keine amtliche Genehmigung für die Drucklegung erhielt und es nur unter der Hand verteilen konnte. Selbst die Druckerei ließ ihren Namen weg, zweifellos aus Furcht, in eine Verleumdungsklage gegen den Autor hineingezogen zu werden, mit der man aufgrund der ehrenrührigen Anwürfe in Bärs Machwerk sicher rechnen konnte.

Bär, der seinen Namen zu »Ursus« latinisiert hatte, begann die Schmähschrift (*De hypothesibus astronomicus tractatus*) mit einem Motto, das mit seinem Namen spielte. So verkündete er: »Ich will ihnen [Brahe und anderen, die Plagiatsvorwürfe gegen ihn erhoben hatten] begegnen wie ein Bär, dem seine Jungen genommen sind«, und er gab gleich noch die biblische Fundstelle für das Zitat an – Hosea 13,8.[2] Dann redete er Tacheles. Bei seinen zusammenhanglosen, weitschweifigen Tiraden verfuhr Ursus offenkundig nach der Devise »Angriff ist die beste Verteidigung«; er fiel über alle her, die seine Lauterkeit öffentlich in Zweifel gezogen hatten – und davon gab es viele. Die wüstesten Beschimpfungen sparte er sich jedoch für Brahe auf; er diskreditierte nicht nur dessen Arbeit, sondern verhöhnte ihn obendrein wegen seiner verstümmelten Nase, die es Brahe erlaube, »durch die drei Löcher in [seiner] Nase Doppelsterne zu sehen«.[3]

Vielleicht hätte Brahe diese Schmähungen gegen sich einfach mit Ursus' Gehässigkeit abgetan, doch die heftigen Ausfälle gegen seine Familie konnte er nicht auf sich beruhen lassen. Ursus spielte einmal mehr mit Worten, als er auf Brahes Plagiatsvorwurf einging und seinen Aufenthalt auf der Uranienburg folgendermaßen kommentierte: »Das Wort *plagium* [Menschenraub] bezieht sich auf Personen und streng genommen auf eine Ehefrau oder Tochter. Aber Tycho ist nicht verheiratet und hat keine Ehefrau. Und seine Tochter, obgleich von vornehmster Abstammung, war damals, als ich bei ihm weilte, noch nicht im heiratsfähigen Alter, und so taugte sie kaum für die üblichen Verrichtungen. Ich weiß allerdings nicht, ob das fidele Häufchen, das mich begleitete, Verkehr mit Tychos Konkubine oder seiner Küchenmagd hatte.« Ursus steigerte sich dermaßen in sein bramarbasierendes Gefasel hinein, dass er den Plagiatsvorwurf im Wesentlichen bestätigte. »Mag es auch Diebstahl sein«, hielt er seinen Anklägern dreist entgegen, »so hatte der doch einen hehren Sinn und Zweck. Denn er wird Euch [Tycho] lehren, in Zukunft Euren Sachen mehr Augenmerk zu schenken.«[4]

Dieses 1597 erschienene Pamphlet versetzte Brahe einen weiteren empfindlichen Schlag, hatte er doch die tiefe Kränkung, welche die Vertreibung aus seinem Heimatland Dänemark für ihn bedeutete, noch nicht verwunden. Einmal mehr wurde Brahe allein deshalb angefeindet, weil er es gewagt hatte, die Frau zu heiraten, die er liebte, auch wenn sie nicht seinem Stand entsprach. Jedenfalls muss es ihm schwer zugesetzt haben, dass all die alten Verunglimpfungen wieder ausgegraben wurden, dass in einer in ganz Europa kursierenden Schmähschrift seine Tochter verhöhnt und seine Frau als Hure verunglimpft wurde. Wie sehr muss dies einen hochgeborenen Mann wie Brahe erzürnt haben, der, wäre er in Dänemark nicht in Ungnade gefallen, den Urheber dieser Hetztiraden, einen gemeinen Bürger, seine Macht hätte empfindlich spüren lassen. Stattdessen konnte Brahe nur einen Verleumdungsprozess gegen Ursus anstrengen.

Ursus war ein echtes Stehaufmännchen: Nachdem ihn der Landgraf von Hessen-Kassel einige Jahre vor der Veröffentlichung des Pamphlets gegen Brahe vor die Tür gesetzt hatte, gelang es ihm, das erhabene Amt des Kaiserlichen Mathematikus am Hof Rudolfs II. in Prag zu ergattern. Dort erhielt er 1595 einen Brief des jungen Astronomen Johannes Kepler. Kepler arbeitete seinerzeit an seinem *Mysterium Cosmographicum* und bat Ursus in überschwänglichem Ton um eine Stellungnahme zu seiner Theorie – eine Bitte, die Kepler bald bereuen sollte, da sie ihn mitten in den heftigen Zwist zwischen Brahe und Ursus hineinzog. »Von Euch hat mir schon früher Euer hell strahlender Ruhm Kunde gebracht, durch den Ihr unter den Mathematikern unserer Zeit den ersten Rang einnehmt, wie der Sonnenball unter den kleinen Gestirnen. ... Lasst Euch nur das eine gesagt sein, dass ich Euch so hoch schätze, wie es alle Gelehrten tun, deren Urteil abzulehnen eine Anmaßung, ihm beizustimmen Pflicht des bescheidenen jungen Mannes ist. … Finde ich bei Euch Billigung für mein Unternehmen, so werde ich mich glücklich preisen. Ein kaum geringeres Glück wird es für mich sein, wenn Ihr mich korrigiert. So viel liegt mir an Eurem Urteil, so sehr schätze ich Eure Hypothesen.«[5]

Ursus ließ sich mit der Antwort über ein Jahr Zeit. Das *Mysterium Cosmographicum* war mittlerweile erschienen, und er bat Kepler um ein Exemplar, obgleich er sich über dessen Theorie im Großen und Ganzen ziemlich abfällig äußerte und behauptete, das meiste komme ihm altbekannt vor.[6] Das war das Letzte, was Kepler von ihm hörte, bis er erfuhr, dass Ursus Keplers schmeichelhaften Brief in demselben Buch veröffentlicht hatte, in dem er seine verleumderischen Anschuldigungen gegen Brahe erhob. Außenstehende mussten den Eindruck gewinnen, als würde der junge Mathematiker Bärs üble Polemik unterstützen. Kepler hatte sich ungewollt in Kalamitäten gebracht.

In fast genauso überschwänglichem Ton schrieb Kepler 1597 an Brahe, dem er ein Exemplar seines gerade erschienenen *Weltgeheimnisses* zusandte. Er bat Brahe um eine Stellungnahme zu seiner Theorie:

> Da eine unvergleichliche Gelehrsamkeit und hervorragende Urteilsfähigkeit Euch zum Fürsten unter den Mathematikern nicht nur der Gegenwart, sondern aller Zeiten gesetzt hat, würde ich es für unbillig halten, wenn ich mir mit meinem kleinen Werk über die Verhältnisse der Himmelsbahnen … irgendwelchen Ruhm verschaffen wollte, ohne Euer Urteil und Eure Empfehlung zu berücksichtigen. Dies veranlasst mich, als Unbekannter Euch aus dem verlorenen Winkel Deutschlands, in dem ich lebe, einen Brief zu schreiben und Euch bei der großen Wahrheitsliebe, die Euch (dem hohen Ruf von Eurer Bedeutung nach zu schließen) beseelen muss, zu bitten, Ihr möget mit der Aufrichtigkeit und Freundlich-

> keit, die bei Euch gerühmt wird, sagen, was Ihr von dieser Arbeit haltet, und mir dieses Urteil in einem kurzen Brief mitteilen. Wie glücklich wäre ich, wenn das Urteil eines Tycho mit dem Mästlins zusammentreffen würde! Mit diesen beiden Vorkämpfern zur Seite würde ich mich nicht scheuen, den Verhöhnungen der ganzen Welt, die bereits eingesetzt haben, zu begegnen. Wenn ich es aber erreichen könnte, dass Ihr mir in Eurer Kritik alle unhaltbaren, ungeschickten und unreifen Verirrungen, wie sie mir bei meinem Alter in großer Zahl entschlüpften, anmerken wolltet, würde ich nicht einen solchen Tadel der Zustimmung der ganzen Welt, wenn eine solche vorläge, vorziehen? ... Die Ehrfurcht hält mich ab, mehr zu sagen und um Weiteres zu bitten. Öffnet mit einigen Zeilen dem ringenden Wort den Weg. ... Ich werde Euch dann zeigen, um wie viel größer mein Verlangen nach Belehrung als nach Lob ist.[7]

Unglücklicherweise traf Keplers Brief an Brahe mit der gleichen Postsendung ein, die auch ein Exemplar von Ursus' gehässiger Schmähschrift enthielt. Doch Brahe nahm diesen Vorfall bemerkenswert gleichmütig hin.

Aus Brahes späterer Korrespondenz mit Mästlin wissen wir, dass ihn Keplers Hypothese ziemlich unbeeindruckt ließ. Mästlin dürfte gleich nach Brahe als der bedeutendste zeitgenössische Astronom gegolten haben. In einem regen Briefwechsel tauschten die beiden ihre Beobachtungen und Ideen aus. Ihr Verhältnis war das zweier Wissenschaftler, die in einigen Punkten (insbesondere hinsichtlich der kopernikanischen Theorie einer ruhenden Sonne und einer bewegten Erde) unterschiedlicher Meinung waren, einander aber im Übrigen hohe Wertschätzung entgegenbrachten. Brahe nahm kein Blatt vor den Mund und bemängelte höflich, aber bestimmt, dass Mästlin sich den Grundgedanken des *Mysterium Cosmographicum* zu Eigen gemacht habe. Er schrieb: »Wenn [die Verbesserung der Astronomie] eher *a priori* mit Hilfe der Verhältnisse jener regulären Körper bewerkstelligt werden soll als auf Grund von *a posteriori* gewonnenen Beobachtungsdaten, wie Ihr nahe legt, so werden wir schlechterdings allzu lange, wenn nicht ewig umsonst darauf warten, bis jemand dies zu leisten vermag.«[8]

Nach Brahes Überzeugung waren alle Versuche, den Bauplan des Weltalls durch rein deduktives Schließen aus der Vernunft zu ergründen und dann die Erfahrungstatsachen in die vorgefertigte Theorie zu pressen, zum Scheitern verurteilt. Keplers apriorischer Ansatz stand in diametralem Gegensatz zu Brahes Verständnis von wissenschaftlichem Erkenntnisgewinn in der Astronomie. Theorien sollten, so Brahe, organisch aus Beobachtungen erwachsen.

Dennoch liest sich Brahes Antwortschreiben auf Keplers Brief wie der wohl bedachte Versuch, den jungen Mathematiker in Graz trotz anfänglicher Fehltritte nicht zu entmutigen. »Gelehrtester und vortrefflichster Herr ... Obwohl Ihr mich nicht von Angesicht kennt und wir weit auseinander wohnen, bekundet Euer Brief außer Gelehrsamkeit eine freundliche und liebenswürdige Gesinnung gegen mich, für die ich Euch meinen Dank sage.«[9] Brahe erwähnt, dass er das *Mysterium Cosmographicum* bereits gesehen und durchgelesen habe, so weit seine anderweitigen Verpflichtungen dies zuließen. »Es gefällt mir wirklich in nicht gewöhnlichem Maße. Euer feiner Verstand und Euer scharfsinniges Studium leuchtet daraus hell hervor, um von dem sauberen, wohl gerundeten Stil zu schweigen.« Dann kommt Brahe behutsam auf seinen Haupteinwand zu sprechen:

> Es ist sicherlich ein geistvoller und wohl gefügter Gedanke, die Entfernungen und Umläufe der Planeten, wie Ihr es tut, mit den symmetrischen Eigenschaften der regulären Körper in Verbindung zu bringen. Und sehr viel davon scheint hinlänglich zu stimmen, wobei es nichts verschlägt, wenn die kopernikanischen Verhältnisse überall um sehr kleine Beträge abweichen. Denn diese weichen auch von den Erscheinungen ziemlich stark ab. Dafür spreche ich Euch für

den Eifer, den Ihr bei diesen Untersuchungen gezeigt habt, meine Anerkennung aus. Ob man aber in allem beipflichten kann, vermag ich nicht so leicht zu sagen. Wenn man die wahren Werte für die Exzentrizitäten bei den einzelnen Planetenbahnen, wie ich sie mir in einer Reihe von Jahren verschafft habe, anwenden würde, ließe sich eine genauere Prüfung ermöglichen.[10]

Brahe zählt nun eine Reihe von Beispielen auf, die verdeutlichen sollen, worum es ihm geht. Er gesteht, dass die tatsächlichen Beobachtungen ihm »bezüglich Eurer im Übrigen äußerst klugen Entdeckung Bedenken schaffen. Ich kann indessen Eurem so ausgezeichneten und seltenen Versuch mein Lob nicht versagen ...«[11] Brahe hatte keine grundsätzlichen Einwände gegen den Platonismus. Darum ermuntert er Kepler, in seinen Bemühungen fortzufahren, wobei er ihn jedoch ermahnt, den Beobachtungen unbedingt Vorrang einzuräumen. Abschließend bietet er seine Hilfe an und lädt ihn herzlich zu einem Besuch ein, damit »Ihr ... zu meiner Freude mündlich mit mir eine willkommene Unterhaltung über diese sublimen Dinge führt«.[12]

Natürlich war das Ärgernis von Keplers Brief an Ursus damit nicht aus der Welt geschafft. Brahe verbannt seine diesbezüglichen Kommentare in ein Postskriptum; damit gibt er zu verstehen, dass diese unerfreuliche Angelegenheit für ihn nebensächlich sei und ihr freundschaftliches Verhältnis nicht beeinträchtigen möge. Nur beiläufig erwähnt er Keplers Lob für Ursus und entschuldigt dies mit Keplers Jugend und seiner Unkenntnis des wahren Charakters dieses Mannes. Gewiss, so schreibt er, habe Kepler »nicht gedacht, dass [Ursus] jemals den Brief veröffentlichen würde, geschweige denn, dass er ihn zum Herabsetzen und Beleidigen anderer missbrauchen würde. Daher ertrage ich dies ziemlich gelassen.«[13] Da Brahe erwog, gerichtlich gegen Ursus vorzugehen, bat er Kepler trotzdem, ihm seine Meinung über »dieses gehässige Schriftstück«[14] mitzuteilen.

Mästlin teilte Brahes Gelassenheit in dieser Angelegenheit nicht und wies seinen ehemaligen Schüler scharf zurecht. »Ich habe gehört, dass Ursus dieses gewisse Buch veröffentlicht hat, in dem er sich in höhnischen Ausdrücken abfällig über Tycho auslässt und dem er einen gewissen Brief von Euch beifügte, in dem Ihr ihn mit den glänzendsten Ruhmesworten verseht. Fürwahr, ich habe dieses Buch nicht gesehen, und obendrein kann ich nicht glauben, dass Ihr einen solchen Brief geschrieben habt. Denn Ihr kennt meine Meinung über diesen Menschen ganz genau. Was er in seinem Büchlein dargelegt hat, stammt nicht von ihm [Mästlin bezieht sich hier auf Ursus' *Fundamentum Astronomicum*, in dem Ursus die Urheberschaft des tychonischen Systems beanspruchte], und er versteht diese Dinge nicht einmal, so dass er das Wahre, das darin enthalten ist, mit falschen Worten vorträgt. Er nimmt vieles von Tycho und verkauft als sein Eigen, was ich Euch in Tychos Buch zeigte. ... So ist es für mich höchst verwunderlich, dass Ihr ihn in den Himmel hebt.«[15] Aber Mästlin rügt Kepler nicht nur, sondern rät ihm eindringlich, Ursus' Ansprüche schriftlich zurückzuweisen: »Ich kann nicht glauben, dass Ihr ihn eines solchen Lobes für würdig erachtet.«[16]

Kepler muss sich in einer höchst misslichen Lage befunden haben. In seiner *Selbstcharakteristik*, die er nur ein paar Wochen vor seinem ersten Brief an Brahe niederschrieb, gestand Kepler, er sei von einer »unglaublichen Liebe zu Ruhm, zu Anerkennung, Beliebtheit, Beifall der Menschen [erfüllt] und ebenso groß [ist] die Furcht, er könne mit Recht Anstoß erregen oder von einem anderen verachtet werden ... Nicht Nahrung, nicht Kleidung, nicht Kummer, nicht Freude, nicht seine Arbeiten liegen ihm mehr am Herzen als die Meinung der Leute über ihn, die er sich nur groß ersehnt. ... Das Schlimmste aber ist wirklich und wahrhaftig die Schande.«[17] Nicht genug damit, dass er in der Öffentlichkeit als schamloser Schmeichler bloßgestellt war, hatte er obendrein unbeabsichtigt seinen Mentor – und entschiedensten Fürsprecher in Tübingen, wohin er unbedingt zurückkehren wollte – beleidigt, ganz zu schweigen von Brahe und allen anderen bedeutenden Astronomen seiner Zeit, auf deren Gunst er vielleicht eines Tages angewiesen wäre und die er im Vergleich zu dem »Sonnenball« Ursus als »kleine Gestirne« abgetan hatte.

Schlimmer noch: Nachdem ihn sowohl Brahe als auch Mästlin nachdrücklich dazu aufgefordert hatten, seine Worte zu widerrufen, stand Kepler vor einem schrecklichen Dilemma, denn er hatte nicht nur einen, sondern drei Briefe an Ursus geschrieben und davon keine Abschriften bewahrt. Würde er öffentlich schärfer gegen Ursus auftreten, müsste er damit rechnen, dass dieser weiteres belastendes Beweismaterial vorlegte.[18] Kepler musste es irgendwie fertig bringen, einen Widerruf zu verfassen, der Brahe zufrieden stellte, ohne den Kaiserlichen Mathematikus Ursus gegen sich aufzubringen – schier ein Ding der Unmöglichkeit.

In seinem Brief an Brahe versuchte sich Kepler mit seiner jugendlichen Unerfahrenheit herauszuwinden. Er gab nicht zu, dass Mästlin ihn umfassend über Ursus' Plagiat und seine Unfähigkeit als Mathematiker unterrichtet hatte, da ein solches Geständnis alles noch schlimmer gemacht hätte. Stattdessen redete er sich auf die schlechten Ratschläge anderer heraus, die den Kaiserlichen Mathematiker gerühmt und ihn, Kepler, gedrängt hätten, Ursus zu schreiben. Überdies behauptete Kepler, er erinnere sich nicht mehr an den exakten Wortlaut des Schreibens, habe darin aber Brahe gelobt, weshalb, so vermutete Kepler, Ursus den jungen Mathematiker kompromittierte: »Wie groß und wie vielgestaltig ist nun aber beim unsterblichen Gott das Unrecht, das mir dieser ungehobelte Geselle zugefügt hat! … Er wollte sicherlich auf diese Weise Rache an mir nehmen, weil ich seinen Feind gelobt hatte.«[19]

Dennoch muss Kepler zu den unmissverständlichen Worten seines Briefes Stellung beziehen, die Ursus wohl recht treffend wiedergab:

> Wenn ich aber wirklich die Worte gebraucht, »dass er [Ursus] unter den Mathematikern unserer Zeit den ersten Rang

einnehme, wie der Sonnenball unter den kleinen Gestirnen«, dann habe ich bei Gott gegen viele höchst vortreffliche Männer und auch gegen mein eigenes Gewissen in Unklugheit ein großes Unrecht verübt. Ich kann aufs Wahrste bezeugen, dass ich niemals in irgendeiner Form, im Ernst oder im Scherz, öffentlich oder privatim, mündlich oder in Gedanken, absichtlich und bewusst die Behauptung aufgestellt habe, dass der eine Ursus dem Regiomontanus, Kopernikus, Rheticus, Reinhold, Tycho, Mästlin und allen anderen vorzuziehen sei. Nie habe ich dies gedacht, nie bewusst geschrieben, nie eine so schändliche Schmeichelei gutgeheißen. Wenn meine richtigen Worte so etwa lauten, was ich nicht weiß, so ist der Zufall daran schuld sowie meine Eile und der Umstand, dass ich mein Schreiben nicht mehr durchgelesen habe. Ihr seht, die ganze Stelle ist dichterisch, aus einem Dichter entnommen und in dichterischem Geist gesprochen.[20]

Er hat dergleichen nie bewusst geäußert, allenfalls »geistesabwesend«. Zufall und Eile seien schuld, und die ganze Stelle sei sowieso nur dichterisch zu verstehen. Kepler bringt das Kunststück fertig, Abbitte zu leisten, ohne sich seiner Verantwortung zu stellen.

Was Kepler in seinem Brief an Brahe geflissentlich verschwieg, war die Tatsache, dass ihn selbst Brahes vorsichtige Kritik am *Mysterium Cosmographicum* erzürnt hatte. Brahe mag von Keplers Fleiß und seiner Sorgfalt beeindruckt gewesen sein, aber gewiss nicht von dem Ergebnis seiner Arbeit. Wie gewunden und höflich sich Brahe auch ausdrückte, ließ er keinen Zweifel daran, dass er Keplers Theorie ablehnte – jedenfalls so lange, bis sie von seinen eigenen Daten bestätigt wurde.

Kepler hoffte, seine Theorie würde ihm den Ruhm, die Anerkennung und den Beifall der Menge einbringen, die er sich so sehr ersehnte, und sie hatte ihm, der noch in seinen Zwanzigern stand, bereits erlaubt, in einen regen Briefwechsel mit den berühmtesten Astronomen seiner Zeit zu treten. Eine Theorie, die, wäre sie wahr gewesen, mit der »Weltformel« vergleichbar wäre, nach der die heutigen Physiker so eifrig streben. Sie sollte die grandiose kosmologische Wahrheit offenbaren, nach der die größten Geister der Menschheitsgeschichte von Pythagoras, Platon und Ptolemäus bis hin zu Kopernikus gesucht hatten. Sie sollte all die einzelnen astronomischen Bausteine, die diese beigesteuert hatten, zu einer allumfassenden Theorie auf rein geometrischer Grundlage zusammentragen, mit der sich der göttliche Schöpfungsplan entschlüsseln ließe.

In Randbemerkungen, mit denen Kepler Brahes Brief versah, sprach er offen seine Meinung aus und äußerte Gedanken, die sich ganz anders anhörten als die unterwürfigen Entschuldigungen, die er seiner Feder abgerungen hatte. Neben Brahes Bemerkung, auf der Grundlage seiner vierzigjährigen Himmelsbeobachtungen ließe sich ein wirklichkeitsgetreueres Weltbild entwerfen, notiert Kepler: »Meiner Meinung nach sind dies vierzig Talente an alexandrinischen Geschenken, die vor dem Untergang bewahrt werden und öffentlich ausgestellt werden müssen.«[21] Ein Talent entsprach rund zweiundfünfzig Pfund, und alles aus Alexandria stand bei den Gelehrten in höchstem Ansehen: anders gesagt, Brahes Beobachtungsschatz war von unschätzbarem Wert. Und so lange sich diese Beobachtungen ausschließlich in Brahes Besitz befanden, waren sie dem Untergang geweiht.

Nur eine Woche nach seinem Entschuldigungsschreiben an Brahe schrieb Kepler einen zornigen Brief an Mästlin, in dem er zum ersten Mal einen Gedanken aussprach, der in den kommenden zweieinhalb Jahren immer mehr Macht über ihn gewinnen sollte: »[Brahe] mag mich von Kopernikus (oder auch von den fünf platonischen Körpern) abhalten, ich aber denke eher daran, Tycho mit seinem eigenen Schwert zu schlagen.«[22] Und er fährt fort: »Ich urteile so über Tycho: Er ist überreich, allein er weiß von seinem Reichtum keinen rechten Gebrauch zu machen, wie die meisten Reichen. Man muss sich daher große Mühe geben … ihm seine Reichtümer zu entreißen, ihm den Entschluss abzubetteln, seine Beobachtungen vorbehaltlos zu veröffentlichen, und zwar alle.«[23] Das »Abbetteln« war sarkastisch gemeint – Kepler schiebt hier das lateinische Wort *scilicet* ein, das in ironischer Verwendung »freilich, natürlich« bedeutet – und spiegelte seinen wachsenden Groll auf den berühmten Astronomen wider.

Kepler hatte sich einen Punkt in Brahes Brief ganz besonders zu Herzen genommen: die herausragende Bedeutung des in vierzig Jahren zusammengetragenen Fundus an äußerst präzisen Beobachtungen. Diese Daten konnten die Wahrheit der im *Mysterium Cosmographicum* dargelegten Theorie beweisen – sie konnten die empirische Bestätigung dafür erbringen, dass seine apriorische Deduktion des Bauplans der Welt richtig war.

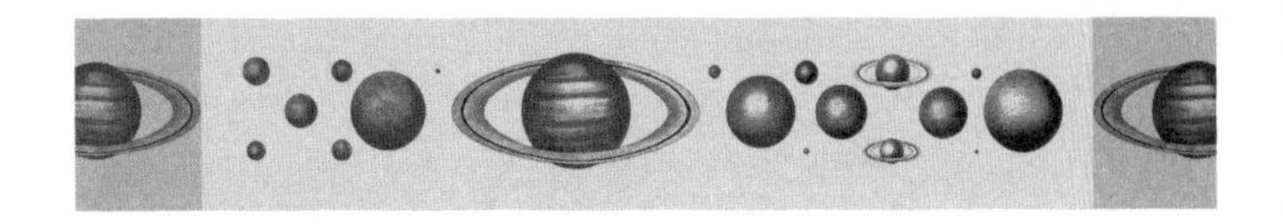

KAPITEL 13

KAISERLICHER MATHEMATIKUS

Zwischen Brahes Verbannung aus Dänemark und seinem triumphalen Einzug in Prag lagen zwei »Wanderjahre«. Einen Großteil dieser Zeit, in der er sich nach einer geeigneten Anstellung umsah, die ihm die Fortsetzung seiner astronomischen Studien erlauben würde, verbrachte er bei seinem Freund Heinrich Rantzau, dem Statthalter des dänischen Königs in Holstein. Auch wenn es an geneigten Mäzenen nicht mangelte – denn Dänemark war, wie Brahe selber sagte, nur ein Fleckchen auf dem Globus – und die Fürsten der anderen europäischen Staaten ihm durchaus Wohlwollen entgegenbrachten, hatte Brahe das ehrgeizige Ziel, eine zweite Uranienburg zu bauen, und das war ein überaus kostspieliges Unterfangen.

Brahes Assistent und künftiger Schwiegersohn Franz Tengnagel, der als sein Emissär auftrat, brachte Zusagen vom Erzbischof von Köln und von den zivilen und militärischen Führern der holländischen Stände mit. Auch Frankreich und England waren mögliche Optionen, da die Könige beider Länder mit Brahes Arbeiten vertraut waren. Die günstigsten Aussichten würden sich jedoch in Prag bieten, am unlängst wieder errichteten Thronsitz von Rudolf II., dem römisch-deutschen Kaiser. Dieser Mann, der als einer der exzentrischsten

Herrscher in die europäische Geschichte einging, gebot über ganz Mittel- und einen Großteil Westeuropas.

Vertrauenspersonen am kaiserlichen Hof – darunter Brahes langjähriger Freund Thaddeus Hagecius, der Leibarzt und getreue Berater des Kaisers, mit dem er einen regen Briefwechsel über astronomische Fragen pflegte – und Empfehlungsschreiben von diversen hoch stehenden Persönlichkeiten aus ganz Europa ebneten den Weg, und die Einladung ließ nicht lange auf sich warten. Er möge nach Prag kommen, offerierte ihm der Kaiser, und es werde ihm an nichts mangeln, was er zur Förderung seiner wissenschaftlichen Studien brauche.

Brahes Reise nach Prag verzögerte sich aufgrund einer jener Pestepidemien, die zu seiner Zeit wiederholt die Kapitale des Heiligen Römischen Reiches heimsuchten und den Kaiser zwangen, auf seinem Landsitz in Pilsen Zuflucht zu suchen. (Brahe hielt sich damals mehrere Monate lang in Wittenberg auf, wo er sich mit Jessenius, einem der bedeutendsten Ärzte seine Zeit, anfreundete.) Im Juni 1599 traf Brahe endlich am kaiserlichen Hof ein; als Geschenke brachte er ein Exemplar seiner mit hübschen Illustrationen versehenen *Mechanica* und einen Sternenkatalog mit, die er eigenhändig seinem neuen, kaiserlichen Schutzherrn überreichte. Als die Nachricht eintraf, dass Brahe unterwegs nach Prag sei, floh der mittlerweile völlig in Ungnade gefallene Ursus aus der Stadt.

So wie Brahe später die Ereignisse in einem Brief an seinen Vetter schilderte, wurde er vom Privatsekretär des Kaisers, Johannes Barwitz, herzlich empfangen. Er bewilligte Brahe alles, was er sich wünschte. Zuerst bot man ihm ein »prächtiges Palais [an] (im Wert von über 20 000 Taler, das der frühere Vizekanzler, Jacob Kurtz, im italienischen Stil erbaut hatte und zu dem hübsche Ländereien gehörten); darauf zeigte er mir alle Annehmlichkeiten des Ortes und sagte, der Kaiser würde das gesamte Gut für mich von Kurtz' Witwe erstehen, falls es mir zusage. Ich sah, dass Kurtz einen Turm für Himmelsbeobachtungen errichtet hatte und dass sich das Gebäude in der Nähe des Schlosses befand, in dem der Kaiser wohnte und arbeitete, so dass der jeweilige Bewohner rasch bei Seiner Majestät war.«[1]

In der Politik ist räumliche Nähe von jeher gleichbedeutend mit Einfluss, und der Kaiser hätte Brahe kein prestigeträchtigeres Domizil anbieten können, doch wie schon in Dänemark wollte Brahe seine Studien abseits der Zerstreuungen des Hoflebens fortsetzen, und die Höflinge des Kaisers waren offenbar darauf vorbereitet. »Als Barwitz aus dem, was ich sagte und nicht sagte, entnahm, dass der Turm nicht einmal Platz für ein einziges meiner Instrumente, geschweige denn für mehrere böte und dass ich mich mit solchen Verhältnissen nicht anfreunden könnte, machte er mir einen anderen Vorschlag: Falls ich nicht in Prag leben wolle, würde mir der Kaiser gerne eines seiner Schlösser überlassen, die ein oder zwei Tagesreisen von Prag entfernt liegen und in denen ich ungestörter arbeiten könnte ... Als er bemerkte, dass mir dies verlockender erschien, besonders als ich sagte, dass ich in Dänemark auf einer Insel gewohnt hätte, um die Ruhe zu genießen und nicht allzu sehr gestört zu werden, meinte er, er werde dies dem Kaiser gegenüber zur Sprache bringen. Aber er nehme an, dass dieser Gegenvorschlag durchaus die Zustimmung des Kaisers finden werde.«[2]

Als Nächstes lernte Brahe den »vortrefflichen erlauchten Freiherrn von Rumpf« kennen, den nach dem Kaiser mächtigsten Mann bei Hofe, der den berühmten Astronomen sehr herzlich begrüßte und seine Freude darüber zum Ausdruck brachte, dass »er endlich meine persönliche Bekanntschaft machen dürfe«. Wie andere Höflinge, die Brahe kennen lernte, »konnte es auch [Rumpf] nicht glauben, dass [König Christian] mich so einfach aus Dänemark ziehen ließ«.[3] Als Brahe, der, wenn er wollte, diplomatisch sein konnte, den König verteidigte, antwortete von Rumpf, schuld daran könnten nur Christians Berater sein. Und er fügte hinzu, dass »diejenigen, die im Namen des Königs handelten und seine Herrschaftsgewalt ausübten, entweder keinerlei Ahnung von der Wissenschaft hätten oder sehr böswillig und missgünstig sein müssten, dass sie die Ehre des Königs und des Landes so gänzlich missachten«.[4] Brahe nahm Rumpfs Vermutung mehr oder minder unwidersprochen hin und erwiderte lediglich, dass »es Gott [vielleicht] in weiser Voraussicht so einrichtete, dass die astronomischen Studien, die mich nun schon so lange und so gründlich beschäftigen, andernorts fortgeführt werden und dem Kaiser selbst zur Ehre gereichen mögen«.[5]

Nun stand nur noch die persönliche Unterredung mit dem misstrauischen, zurückgezogen lebenden und psychisch labilen Rudolf aus, der bekannt war für seine Gewohnheit, selbst die hochrangigsten Diplomaten wochenlang auf eine Audienz warten zu lassen, sofern er sich nicht rundweg weigerte, sie zu empfangen. Schon nach wenigen Tagen jedoch wurde Brahe auf die Prager Burg, den Hradschin, zitiert und in die kaiserlichen Gemächer geführt. »Im Staatsrat war im Voraus der Beschluss ergangen, dass Kanzler von Rumpf mich in aller Form vorstellen sollte, da dies ehrenvoller wäre. Aber der Kaiser wählte dieses Mal einen anderen Weg.« Während von Rumpf im Vorzimmer wartete, wurde Brahe »allein zum Kaiser hineingeführt, der in dem Saal saß, in dem kein einziger Page zugegen war«. Es folgte der Austausch der üblichen Höflichkeiten, worauf Rudolf sagte, »er freue sich sehr über meine Ankunft, und er versprach, mich und meine Forschungen zu unterstützen, während er in liebenswürdigster Weise lächelte, so dass sein ganzes Gesicht vor Güte strahlte«. Auch wenn Brahe nicht jedes Wort des Kaisers verstand, da »er von Natur aus sehr leise spricht«.[6]

Offenbar hatte Rudolf durch sein Fenster gespäht, als Brahe in seiner Kutsche vorfuhr, und da ihn alles Mechanische faszinierte, hatte insbesondere der Wegmesser, den Brahe an einem Kutschenrad befestigt hatte, seine Aufmerksamkeit gefesselt. Brahe ließ das Gerät holen, und nachdem Rudolf es eingehend in Augenschein genommen hatte, sagte er, er werde seine Handwerker anweisen, den Apparat nachzubauen. Dann tat er durch seine Berater kund, dass er dem großen Astronomen sehr gewogen sei und die Frage »einer Jahresbesoldung und einer standesgemäßen Unterkunft« alsbald regeln werde.[7]

Die zugesagte Gehaltssumme überstieg bei weitem das, was Brahe für die Errichtung einer neuen Uranienburg brauchte: dreitausend Gulden jährlich – mehr als selbst die ranghöchsten Grafen und Barone an Rudolfs Hof erhielten – zuzüglich Nebenkosten, die sich ihrerseits auf Tausende von Gulden belaufen konnten. Außerdem befahl Rudolf, das Gehalt rückwirkend zu zahlen, also ab dem Zeitpunkt seiner Einladung an den Hof vor vielen Monaten, bevor er durch den Ausbruch der Pest aufgehalten worden war.

Das ganze Ausmaß der Gunst, die Rudolf dem Astronomen erwies, zeigte sich darin, dass er dem Gelehrten die freie Wahl unter den drei Landgütern – darunter seinem Lieblingsjagdschloss – ließ, die ungefähr eine Tagesreise von Prag entfernt waren, und ihm das nächste frei werdende erbliche Lehen versprach. Die nagende Sorge um das Wohl seiner Frau und seiner Kinder, die als Nichtadlige im Falle seines Todes finanziell kaum abgesichert waren, dürfte ihn während der letzten beiden Jahre im Exil besonders bedrückt haben. In diesem fernen Land schien er diesen Kummer endlich los zu sein.

Brahe sollte jedoch bald erfahren, dass die Versprechungen des Kaisers, mochten sie auch ernst gemeint sein, nicht immer in Erfüllung gingen. Bevor das Erblehen an ihn übertragen werden konnte, musste Brahe zunächst die hiesige Staatsbürgerschaft annehmen, was eine sehr zeitraubende Prozedur darstellte. Und da der Kaiser ständig in Finanznöten war, wurde Brahes Gehalt auch nur scheibchenweise ausgezahlt. Er erhielt schon bald zweitausend Gulden als Umzugsbeihilfe sowie tausend Gulden jährlich aus den Einnahmen von zwei Landgütern, von denen er eines, Benatek, zu seinem neuen Wohnsitz wählte. Dort wollte er auch sein neues Observatorium errichten. Dagegen sollte es über zwölf Monate dauern, bis er die ihm zugesagten zweitausend Gulden aus der Staatskasse in Händen hatte, und bis zu seinem Tod, ein gutes Jahr danach, erhielt er keine weiteren Zahlungen mehr.

Dennoch war es eine ungemein glückliche Fügung, und der unverwüstliche Optimist Brahe begann sogleich, die Residenz Benatek zu einer neuen Uranienburg auszubauen. Das auf einem Hügel etwa sechzig Meter über der Iser (einem Nebenfluss der Elbe) erbaute Schloss mit seinem herrlichen Ausblick auf die umliegende Landschaft bot hervorragende Bedingungen für astronomische Beobachtungen. Binnen eines Jahres riss Brahe viele der Innenwände heraus, um eine Reihe von dreizehn miteinander verbundenen Räumen zu schaffen, in denen er jeweils eines seiner Beobachtungsinstrumente aufstellte, außerdem ließ er ein Labor für seine alchemistischen Forschungen einrichten. Die neue Uranienburg war vermutlich größer als die alte, und im Juni 1600 arbeiteten dort dreizehn Assistenten.

Brahes Entschluss, sich vom höfischen Leben fern zu halten, war klüger, als er geahnt haben konnte – nicht nur weil in Prag bald wieder die Pest ausbrach, worauf der Kaiser mit seinem Hofstaat abermals aufs Land floh. Prag war kein Ort für stille Betrachtungen. Die politischen und religiösen Fliehkräfte, die die Reformation entfesselt hatte, brauten sich zu einem zerstörerischen Wirbelsturm zusammen, der achtzehn Jahre später Prag erfassen und den ganzen Kontinent in den ersten gesamteuropäischen Krieg reißen sollte. Es war der Beginn einer dreißigjährigen Orgie des machtpolitischen Kräftemessens, der Konfessionsstreitigkeiten und eines allgemeinen Gemetzels, dem nach manchen Quellen ein Viertel der deutschsprachigen Bevölkerung zum Opfer fiel.

Ein Mann allein, und sei er der römisch-deutsche Kaiser, hätte diesen Orkan nicht aufhalten oder seine zerstörerische Kraft bändigen können. Wir dürfen jedoch davon ausgehen, dass die zunehmende politische Zersplitterung die Wankelmütigkeit und Orientierungslosigkeit des Kaisers weiter verschlimmerte und sein Zaudern und sein immer offenkundigerer Rückzug in eine Fantasiewelt in einer Zeit wachsender Bedrohung ein gefährliches politisches Machtvakuum erzeugten.

Fairerweise muss man sagen, dass die politischen Verhältnisse im Heiligen Römischen Reich ihrerseits durchaus fantastisch anmuteten. Die geografische Ausdehnung des Reiches, die sich dem oberflächlichen Blick auf die Landkarte darbot, hätte kaum eindrucksvoller sein können. Es erstreckte sich von der Grenze zu Frankreich und den Niederlanden im Westen bis zum Königreich Böhmen (in dem die Reichshauptstadt lag) und Ungarn im Osten, im Norden bis an die Gestade der Ostsee und bis in die Lombardei und die Toskana im Süden. Im Südosten grenzte es an das Osmanische Reich, es umfasste die Schweizer Eidgenossenschaft und sämtliche deutschsprachigen Länder im heutigen Deutschland und Österreich. Das Heilige Römische Reich beherrschte den europäischen Kontinent. Eine andere Frage ist, wie weit die politische Herrschaftsgewalt des Reichs über diese eindrucksvollen Gebiete tatsächlich reichte. Nach Darstellung eines Historikers übte die Reichsregierung ihre Herrschaftsgewalt durch eine Hierarchie von »Kurfürsten, Bischöfen und anderen geistlichen Würdenträgern, weltlichen Fürsten aller Arten sowie Freien Reichsstädten bis hinunter zum kleinsten Reichsritter« sowie auf der Basis einer Satzung von Rechten und Pflichten aus, die »so komplex war, dass selbst die Herrscher sie nicht ganz überblickten«.[8] Die kaiserliche Regierungsgewalt unterlag manchmal engen und ärgerlichen Beschränkungen, etwa wenn – um ein Beispiel aus Brahes eigener Erfahrung zu nennen – Rudolf auf Brahes Ersuchen hin an den Magistrat der Stadt Magdeburg schrieb und ihn aufforderte, die Überführung von etwa achtundzwanzig von Brahes Instrumenten aus der Stadt, in der er sie eingelagert hatte, zu beschleunigen. Der Stadtrat antwortete lapidar, man könne leider nichts tun, und führte unter anderem die Schäden an, die die Stadt erlitten habe, als sie *fünfzig Jahre zuvor* vom Befehlshaber der katholischen Truppen belagert wurde. (Brahe gelang es mit weiteren Briefen schließlich, die Stadt zur Herausgabe seiner Gerätschaften zu bewegen, die über ein Jahr später in Prag eintrafen.)[9]

Das Heilige Römische Reich verkörperte die noch immer

wirkmächtige *Idee* von der Einheit des Christentums, aber die tatsächlichen religiösen Verhältnisse in Nordeuropa waren fast hundert Jahre nach Beginn der Reformation von einem erbitterten Widerstreit der Konfessionen geprägt. Am tiefsten war zweifellos die Spaltung zwischen Katholiken und Protestanten, aber auch innerhalb des protestantischen Lagers zeigten sich, wie wir bereits sahen, immer mehr Risse. Die Lutheraner standen den Calvinisten, die ihren Einfluss auf Nordeuropa ausweiteten, mit unversöhnlicher Feindseligkeit gegenüber; auch untereinander waren die Lutheraner zunehmend zerstritten, so dass sie schließlich in ein orthodoxes Lager (das unlängst in Dänemark die Oberhand gewonnen hatte) und die gemäßigteren Anhänger Melanchthons zerfielen. Letztere wurden von den orthodoxen Lutheranern als »Kryptocalvinisten« tituliert. Im Königreich Böhmen, in dem die vorreformatorische Erhebung der Hussiten mit den Utraquisten und fanatischen Sekten wie den Böhmischen Brüdern ein protoprotestantisches Erbe hinterlassen hatte, kam es zu einer besonders starken Zersplitterung des Protestantismus.

Gegen Ende des 16. Jahrhunderts sah der Vatikan in den sich verschärfenden innerprotestantischen Zwistigkeiten eine Gelegenheit, dem Katholizismus seine frühere Stellung in Deutschland zumindest teilweise zurückzugeben. Verständlicherweise betrachtete er das Heilige Römische Reich als politische Speerspitze seiner gegenreformatorischen Bestrebungen, die jedoch auf praktische Hindernisse stießen: Die Türken, die in den letzten fünfzig Jahre relativ stillgehalten hatten, unternahmen 1591 einen neuen Vorstoß gegen die ungarische Front. Die erforderlichen Verteidigungsmaßnahmen waren so kostspielig, dass die notorisch klamme Reichskasse völlig ausgeplündert wurde, und in Böhmen selbst war die politische Lage unsicher: Fast neunzig Prozent der Bevölkerung einschließlich der aufsässigen Adelsstände waren Protestanten.

Das größere Problem jedoch war offenbar Rudolfs in höchstem Grad zwiespältige Haltung zu dem gesamten Unterfangen. Diese rührte zum Teil daher, dass er den politischen Absichten des Vatikans (mit dem er in Italien in mehrere Gebietsstreitigkeiten verwickelt war) und seiner habsburgischen Verwandten in Spanien misstraute, in deren militärischen Operationen in den Niederlanden er eine Verletzung seiner Gebietshoheit sah. Rudolfs Unschlüssigkeit war wohl auch auf seinen Wunsch zurückzuführen, die Einheit des Christentums wiederherzustellen – bevor er später in die Niederungen des Okkulten abdriftete –, sowie auf eine wachsende Entfremdung vom Katholizismus im Allgemeinen.

Dies erklärt seine Wankelmütigkeit bei der Verteidigung der katholischen Sache, sein Zögern, die von ihm erlassenen Dekrete gegen protestantische Grundherren durchzusetzen, und sein immer sprunghafteres Verhalten, je größer sein Misstrauen gegen seine katholischen Verbündeten wurde. So zitierte er beispielsweise eine Delegation der Kapuziner nach Prag, die zu empfangen er sich dann weigerte, und verwies sie sogar der Stadt mit der Begründung: »Ich weis wol, dass sie mir nach meiner Hoheit trachten; bin inen nicht katholisch genug.«[10] Bald darauf besann er sich wieder anders und lud sie abermals ein, doch mittlerweile verfestigte sich seine Abneigung gegen die katholische Kirche.

Seine Zeitgenossen beurteilten Rudolf II. im Verlauf seiner Regierungszeit sehr unterschiedlich; möglicherweise spiegelt sich darin die Tatsache wider, dass sich sein Gemütszustand allmählich verdüsterte. Während er das Reich in den ersten zwanzig Jahren seiner Herrschaft engagiert und tatkräftig regierte, schrieb ein toskanischer Gesandter im Jahr 1609, Rudolf habe sich von den Staatsgeschäften zurückgezogen und treibe sich nur noch in den Laboratorien von Alchemisten, den Ateliers von Malern und den Werkstätten von Uhrmachern herum. »Durch eine krankhafte Melancholie in geistige Verwirrung versetzt, will er nur mehr allein sein und schließt sich in seinem Schloss wie in ein Gefängnis ein.«[11]

Im Jahr 1600 besuchte er so selten die Messe, dass der Papst ihm jedes Mal, wenn er zum Abendmahl ging, auf diplomatischem Wege Glückwünsche übersandte. Nach einem psychischen Zusammenbruch, der ihn möglicherweise zu einem Selbstmordversuch veranlasste, lehnte er sämtliche Sakramente ab. »Ich weiß, ich bin tot und verdammt«, hörte man ihn klagen, »ich bin vom Teufel besessen.«[12] Auch ist verbürgt, dass er an mindestens einer schwarzen Messe teilnahm, um die bösen Kräfte seines Bruders Matthias, von dem er zu Recht annahm, dass er gegen ihn intrigiere und auf seinen Thron hinarbeite, durch einen Gegenzauber zu bannen.

In die Annalen der Geschichte ging Rudolf II. zwar einerseits als eine schwache politische Führungsfigur, andererseits aber als eine Art »Medici des Nordens« ein, dessen großzügiges Mäzenatentum in der Hauptstadt des Reiches eine kurze Renaissanceblüte auslöste. Maler, Bildhauer und Handwerker aller Metiers strömten, angelockt von Rudolfs berühmter Freigebigkeit, nach Prag. Die meisten von ihnen gehörten der manieristischen Schule an, und einige sind uns noch heute ein Begriff: Bartholomäus Spranger, Rudolfs Lieblingsmaler, auf dessen allegorischen Gemälden junger, von älteren Herren verführter Sirenen die sexuellen Vorlieben des Kaisers sinnfälligen Ausdruck fanden; Roland Savery und seine paradiesischen Landschaften; Giuseppe Arcimboldo, dessen aus Früchten, Gemüsepflanzen, Tieren und anderen Naturobjekten komponierten allegorischen Porträts bis auf den heutigen Tag so manches Zimmer in Studentenwohnheimen schmücken.

Mehr Sammler denn Kenner schickte Rudolf, dessen Kunstgeschmack nicht wählerisch, sondern wahllos war, seine Agenten quer durch Europa, wo sie Werke einkaufen sollten, die seine Fantasie beflügelten. Einige brachten Gemälde von Dürer und den Breughels mit, während andere Tausende von Gegenständen herbeischafften, die einzig durch ihre Kuriosität auffielen. Alle wurden in der berühmten »Kunstkammer« deponiert – den Privatgemächern, in die sich der Kaiser immer öfter und länger einsperrte –, welche die bis dahin vielleicht größte Privatsammlung aller Zeiten beherbergte.

Tausende unterschiedlichster Artefakte lagerten dort in unzähligen Kabinettschränken oder waren auf Tischen ausgestellt: hübsche Porzellankameen neben Schildkrötenpanzern, Gehäusen von Krebsen und anderem Seegetier; das Horn eines Einhorns (das vermutlich von einem Narwal stammte) und in Gold gefasste Rhinozeroshörner; Edelsteine von unschätzbarem Wert; Schubladen voller antiker Gold-, Silber- und Kupfermünzen sowie der Dolch, mit dem angeblich Cäsars Ehefrau ermordet worden war, und ein Messer, das ein Bauer aus Prag verschluckt hatte. Eine besondere Attraktion waren mechanische Apparate: neben zahllosen Uhren, Globen und Astrolabien erwähnen die Register einen mechanischen Pfau, der stolzieren, sich drehen und ein Rad schlagen konnte, sowie eine aufziehbare mechanische Spinne, die über den Tisch huschte.

In ähnlicher Weise versammelte das rudolfinische Prag eine Vielzahl von Naturphilosophen, Wissenschaftlern, Ärzten, Astrologen und Alchemisten, viele davon seriös, doch manche unverkennbare Scharlatane. Das Juwel dieser Sammlung war zweifellos Brahe. Die Tatsache, dass der Hof einige Jahre zuvor Ursus zum Kaiserlichen Mathematikus bestellt hatte, bestätigt lediglich, wie leicht man dort Quacksalbern und Hochstaplern auf den Leim ging – und Rudolf war von extravaganteren Scharlatanen als Ursus reingelegt worden –, aber mit Brahe hatte der Kaiser einen wahren Glücksgriff getan, und in diesem ersten Jahr forderte er nur wenig von ihm.

Im Dezember 1599, als sich Brahe in Schloss Benatek einlebte, antwortete er auf das Entschuldigungsschreiben, das Kepler ihm ein Jahr zuvor geschickt hatte. Zunächst bat er um Nachsicht für die verspätete Antwort (er habe den Brief erst im Sommer in Wittenberg erhalten, »kurz bevor ich von dort aufbrach, als ich mitten in den Vorbereitungen für die Reise nach Böhmen steckte«), dann versicherte er Kepler, dass es, was Ursus anlangt, »nicht so vieler Worte und solch erlesener Verlautbarung bedurft hätte, um Euch voll und ganz zu entschuldigen, da ich Euch bereits hinlänglich verziehen habe und Euch keine Schuld gebe«.[13]

Im Anschluss daran schilderte Brahe weitere Einzelheiten der

Ursus-Affäre und legte die Gründe für seine Skepsis gegenüber dem apriorischen Weltmodell Keplers dar. Auf dessen Ansinnen, er möge seinen gewaltigen Fundus an Beobachtungen baldmöglichst veröffentlichen, reagierte er zurückhaltend: »Ihr ratet mir .... aus vielen Gründen, die ich nicht missbillige ... ich möge meine Himmelsbeobachtungen dem Urteil der Öffentlichkeit unterwerfen. Ich lehne es nicht ab, sie zur rechten Zeit zugänglich zu machen, aus [Gründen], die Ihr hinreichend darlegt, und noch aus anderen Gründen mehr. Doch dies so rasch zu tun, bevor die meisten [Tatsachen], die ich neu in die Astronomie eingeführt habe, und gegründet auf den gleichen, besonders sorgfältig ausgewählten Beobachtungen, ans Licht kommen, halte ich für unklug.«[14] Brahe schreibt, der Diebstahl seiner kosmologischen Hypothese (des tychonischen Systems) habe ihn gelehrt, Daten nicht vorzeitig zu veröffentlichen. Dennoch versichert er Kepler, »werdet Ihr ... eines Tages, so die Götter geneigt sind, in nicht so unvollständiger und verstümmelter Form, jene Aufzeichnungen erhalten, die ich seit vielen Jahren über die Gestirne führe, ... und zwar in so großer Fülle, dass sie selbst in einen sehr großen Folianten kaum hineinpassen«.[15]

Brahes Antwort ist besonders aufschlussreich, wenn man bedenkt, dass Kepler sich immer bitterer darüber beklagen sollte, dass ihm der große Astronom seine Daten vorenthalte – ein Vorwurf, den die meisten Historiker unerklärlicherweise kritiklos übernommen haben. Wie viele Wissenschaftler würden wohl heutzutage mir nichts, dir nichts ihre im Lauf eines Berufslebens mühsam zusammengetragenen Daten weitergeben, bevor sie diese in einer renommierten Fachzeitschrift veröffentlicht und so ihren Anspruch als Erstentdecker gesichert hätten? Brahe befand sich praktisch in der gleichen Lage: Er wollte die Hauptwerke, an denen er arbeitete, abschließen, und es dauerte seines Erachtens noch ein bis zwei Jahre, sie druckreif auszuarbeiten. Brahes Rat, sich zu gedulden, stieß indes bei Kepler auf taube Ohren, den zusehends das Gefühl beschlich, dass ihm jemand einen Strich durch die Rechnung machte, ein

Mann, gegen den er seinen Zorn kaum mehr zu zügeln vermochte. Er war ganz versessen auf diese astronomischen Reichtümer, und sein Verlangen duldete keinen Aufschub.

In der Steiermark, wo Erzherzog Ferdinand als entschlossener Sachwalter des Katholizismus auftrat, wurde unterdessen die Lage für jene Protestanten, die nicht konvertieren wollten, immer bedrohlicher, und Brahe, der um Keplers Schwierigkeiten wusste, erneuerte seine Einladung, ihn in seiner neuen böhmische Heimat zu besuchen:

> Über diese und andere Dinge werde ich mit großem Vergnügen ausführlich mit Euch reden, auch kann ich mehr aus eigenem mitteilen, wenn Ihr mich, wie Ihr versprecht, einmal besucht. Dies wird Euch nun ja nicht mehr so schwer fallen wie bisher, da ich in dem von Euch gar nicht so weit entfernten Böhmerland der Uranie eine neue Stätte bereitet habe und in dem fünf Meilen von Prag entfernten kaiserlichen Schloss Benatek wohne. ... Ich möchte aber nicht, dass Euch die Ungunst des Schicksals zwingt, hierher zu kommen, vielmehr möget Ihr dies aus eigenem Wille, aus Lust an gemeinsamen Studien und Zuneigung tun. Was immer aber Euch veranlassen mag, Ihr werdet in mir nicht einen Freund des Schicksals, welches dies auch sei, finden, sondern Euern Freund, der Euch auch im Unglück Rat und Hilfe nicht versagen, Euch vielmehr aufs Beste behilflich sein wird. Und wenn Ihr bald kommt, so werden wir vielleicht Mittel und Wege finden, wie für Euch und die Eurigen in Zukunft besser gesorgt werden kann als seither.[16]

Mit diesem Freundschaftsbekenntnis und dem unmissverständlichen Angebot, Kepler eine auskömmliche Stellung zu verschaffen, die es ihm ermöglichte, seine Studien fortzusetzen, verabschiedete sich Brahe. Doch der Brief erreichte seinen Adressaten nicht mehr rechtzeitig. Kepler, der, wie Brahe, in die Verbannung gehen musste, war bereits auf dem Weg nach Prag.

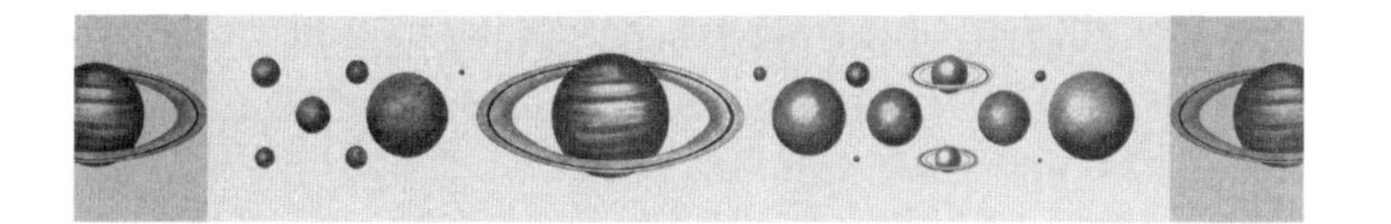

KAPITEL 14

RELIGIÖSE INTOLERANZ

Schon im Jahr 1598 braute sich etwas zusammen. Der junge Erzherzog Ferdinand, der erst vor kurzem die Regentschaft über die Steiermark angetreten hatte, war an der Universität Ingolstadt bei den Jesuiten, der intellektuellen Vorhut der Gegenreformation, in die Lehre gegangen und hatte allem Anschein nach ihre Lektionen gelernt. Im Frühjahr 1598 begab sich Ferdinand nach Italien, wo er mit dem Papst zusammentreffen wollte, und die Gerüchte, die über diese Reise nach Graz drangen, verhießen den Protestanten nichts Gutes. Beim Durchqueren eines reißenden Flusses, so erzählte man sich, wäre Ferdinand beinahe von den Fluten mitgerissen worden, doch ein rechtzeitiges Bittgebet an die Maria von Loreto habe ihn auf wunderbare Weise errettet, denn er sei sogleich an eine seichte Stelle gekommen. Aus Dankbarkeit über seine Rettung gelobte er, die Steiermark wieder in den Schoß der katholischen Kirche zurückzuführen.

Bald darauf kehrte Ferdinand in Begleitung italienischer Hilfstruppen nach Graz zurück. Der protestantische Stadtmagistrat wurde abgesetzt und die Bewachung der Stadttore und des Zeughauses Katholiken übertragen. Es sah ganz danach aus, als wollte Ferdinand sein Gelübde erfüllen. »Alles«, schrieb Kepler an Mästlin, »ist voller Drohungen.«[1] Der Vorstoß der Türken an der ungarischen Front kam durch innere Streitigkeiten in ihren Reihen weitgehend zum Erliegen. Unterdessen »verstärkt sich ganz unstreitig die Herrscherstellung unseres Kaisers [Rudolf]. ... Da sitzt er in Prag, versteht nichts vom Kriegshandwerk, vollbringt aber doch ohne Autorität (wie man zuvor glaubte) Wunder, hält die Fürsten in Unterwürfigkeit ... macht mürbe durch Hinziehen eines Krieges, ohne selber so großen Nachteil zu erleiden, dass er die Schäden für den Feind überwiegen würde. ... auf der Sache des Kaisers ruht der Segen Gottes ... Die Astrologen würden sagen, die Direktion der Himmelsmitte ... sei mächtig.«[2] Doch zum Jahresende hin zeigte sich, dass Keplers Vertrauen in den Kaiser unangebracht war. Eine frühere Bittschrift der steirischen Protestanten an Rudolf, in der sie die Schikane und Unterdrückung der katholischen Obrigkeit anprangerten, war einfach an den Erzherzog weitergeleitet worden. Der Kaiser wollte sich offenbar auch jetzt nicht für sie verwenden.

Vermutlich hätte Rudolf sowieso nicht viel ausrichten können. Auf den durch die Reformation ausgelösten jahrzehntelangen Glaubensstreit folgte im Anschluss an den Augsburger Religions- und Landfrieden von 1555, der das Luthertum und den Katholizismus (der Calvinismus wurde einvernehmlich von beiden Lagern ausdrücklich ausgenommen) reichsrechtlich anerkannte, eine Phase der »angespannten Waffenruhe«. Obgleich das Blutvergießen zunächst aufhörte, entsprach der in dem Friedenswerk verankerte Grundsatz der wechselseitigen Duldung in keiner Weise modernen Maßstäben, da er der individuellen Gewissens- und Wahlfreiheit keinerlei Raum ließ. Er basierte vielmehr auf der grundlegenden Rechtsformel *cuius regio, eius religio*, wonach der jeweilige Landesherr bestimmen konnte, welche christliche Konfession innerhalb der Grenzen seines Herrschaftsgebiets zulässig und welche verboten war (wobei es in seinem Belieben stand, seinem Beschluss entsprechenden Nachdruck zu verleihen).

Bis zu diesem Zeitpunkt hatte der weitgehend protestantische Landadel in der Steiermark seine schützende Hand über die Lutheraner gehalten, doch eine radikale Fraktion innerhalb der protestantischen Geistlichkeit schien einen Gegenschlag der Katholiken geradezu provozieren zu wollen. Diese Eiferer hielten von der Kanzel herab glühende antikatholische Hetzreden und verhöhnten die Heilige Jungfrau in anstößiger Weise. Kaum war Ferdinand aus Italien zurückgekehrt, kam ihm zu Ohren, dass Spottbilder auf den Papst unter den Protestanten verteilt würden. Selbst wenn Ferdinand ursprünglich Milde und Nachsicht walten lassen wollte, konnte er dies nicht durchgehen lassen. »Ihr verschmäht den Frieden«, sagte er den Protestanten, »auch wenn ich ihn Euch geben würde.«[3] Wenig später wurden die protestantischen Ministerien und die Stiftsschule in Graz aufgelöst, und all ihren Mitgliedern wurde bei Todesstrafe befohlen, binnen vierzehn Tagen das Land zu verlassen. Die protestantischen Kirchenvorsteher baten erfolglos um Rücknahme der Verfügung. Spanische Truppen trafen in der Stadt ein, um die Ausweisungsverfügung zu vollziehen. »Endlich«, schreibt Kepler, »gebot der Fürst ... in einer scharfen Verordnung, wir alle sollen vor Sonnenuntergang die Stadt und innerhalb 7 Tagen die Länder verlassen. So gingen wir denn auf Rat und Geheiß der Verordneten fort, unter Zurücklassung unserer Frauen, der eine hierhin, der andere dorthin auf ungarisches oder kroatisches Gebiet, wo der Kaiser herrscht.«[4]

Merkwürdigerweise erhielt Kepler als Einziger unter seinen Kollegen die Erlaubnis, nach Graz zurückzukehren. Der Erzherzog entsprach auch Keplers Eingabe, sein »neutrales« Amt als Landschaftsmathematikus – im Gegensatz zu seiner Stellung als Lehrer an der Stiftsschule – von der Verfügung auszunehmen, um die Sicherheit seiner Anstellung zu gewährleisten. Bald darauf hielt Kepler die entsprechende schriftliche Anweisung des Erzherzogs in Händen.

Die Frage, wieso Kepler eine Vorzugsbehandlung erfuhr, wurde nie überzeugend beantwortet. Kepler selbst bemerkte dazu nur, der Erzherzog habe angeblich Gefallen an seinen Entdeckungen gefunden und ihm deshalb seine besondere Gunst erwiesen. Wir wissen nicht, ob das stimmt. Jedenfalls erweckte diese Sonderbehandlung bei seinen verbannten Glaubensbrüdern verständlicherweise den Verdacht, er treibe ein doppeltes Spiel. Und dieser Verdacht schien sich zu bestätigen, als Kepler sich – nach eigener Aussage – entschloss, wegen seiner von der lutherischen Glaubenslehre abweichenden Anschauungen »sein Gewissen zu erleichtern«.[5] Er räumte ein, dass er sowohl den Katholiken wie den Calvinisten Zugeständnisse gemacht habe.

War Kepler ein Quisling? Oder glaubte er aufrichtig an das, was er tat? Vieles deutet darauf hin, dass es Kepler ernst meinte. Tatsache ist, dass Keplers Haltung zu gewissen theologischen Schlüsselfragen ihn direkt ins Zentrum der erbittertsten theologischen Kontroversen seiner Zeit stellte. Die erste Streitfrage, um die besonders erbittert gerungen wurde, betraf das Sakrament des Abendmahls und die Frage, ob Christus im Abendmahl körperlich und/oder geistig gegenwärtig sei. Die Katholiken hielten unerschütterlich am Dogma der so genannten »Transsubstantiation« (Wesensverwandlung) fest, wonach die Hostie und der Wein beim Abendmahl in den Leib und das Blut Christi umgewandelt würden. (Die Tatsache, dass Hostie und Wein ihre Erscheinungsform behielten, wurde mit der aristotelischen Unterscheidung zwischen der *Substanz* eines Stoffes, also seinem inneren Wesen, und seinen *Akzidenzien*, also seinen äußeren Eigenschaften, erklärt.)[6]

Diese Lehre wurde von den Lutheranern immer wieder als eine dem Abendmahl unwürdige, viel zu sehr der rohen Stofflichkeit verhaftete Anschauung angeprangert. Sie lehrten stattdessen die »Konsubstantiation«, wonach der Leib Christi im Abendmahl real präsent sei, auch wenn Brot und Wein unverändert blieben. Dieser scheinbare Widerspruch wurde durch Luthers Lehre von der »Ubiquität« (Allenthalbenheit) aufgelöst, wonach der Leib Christi ebenso wie sein göttliches Wesen allgegenwärtig sind. Wenngleich es den Anschein haben mag, dass die Ubiquitätslehre mit dem christlichen Glauben unvereinbar ist, galt sie im 16. Jahrhundert doch als ein wichtiges Bollwerk gegen die Katholiken auf der einen und die verhassten Calvinisten auf der anderen Seite. Nach calvinischer Anschauung behielten Brot und Wein zwar ihre gewöhnliche stoffliche Natur, sie stellten aber durch Vermittlung des Heiligen Geistes eine echte Gemeinschaft mit Christus her – der im Himmel zur Rechten von Gottvater blieb.

Nach eingehender, schmerzlicher Gewissensprüfung in Tübingen (die er seinerzeit offenbar für sich behielt) hatte Kepler das protestantische Ubiquitätsdogma für sich selbst zugunsten der calvinischen Abendmahlslehre verworfen. Allerdings war Kepler kein Calvinist, da er die calvinische Prädestinationslehre entschieden ablehnte. Möglicherweise entfernte er sich damals auch von der strengeren lutherischen Lehre des »gefangenen Willens«, wonach der Mensch durch den Sündenfall so gründlich korrumpiert worden sei, dass er ohne göttliche Gnade immer ein »Gefangener« des Bösen bleibe, und neigte der katholischen Anschauung zu, die dem Sündenfall keine so absolute Bedeutung beimaß und daher dem menschlichen Willen mehr Freiheit zugestand, zwischen Gut und Böse zu wählen.

Die Vermutung liegt nahe, dass die Jesuiten, die vor allem die geistigen Anführer der Protestanten wieder zum Katholizismus zurückführen wollten, in Kepler einen besonders viel versprechenden Kandidaten sahen. Jemand, der in so zentralen Punkten wie der Ubiquität und der Willensfreiheit von der lutherischen Glaubenslehre abwich, mochte sich auch in anderer Hinsicht leicht überreden lassen. Die Annahme, die Jesuiten hätten ihren Einfluss zugunsten von Kepler geltend gemacht, wird durch die Tatsache erhärtet, dass er eine Zeit lang eine rege Korrespondenz mit dem mächtigen bayerischen Kanzler Georg Herwart von Hohenburg führte, einem Freund der Jesuiten, dessen Einfluss bis an den Kaiserhof in Prag reichte. Herwart war Amateurastronom und interessierte sich besonders für antike Chronologie. Er hatte Kepler gebeten, einige knifflige und zeitraubende Aufgaben zu lösen, etwa die Bestimmung des Geburtsdatums von Kaiser Augustus und die

Aufstellung eines entsprechenden Geburtshoroskops. Kepler stöhnte hin und wieder über die Arbeit, aber sie sollte sich für ihn auszahlen, fand er in Herwart doch einen einflussreichen und interessierten Förderer, der ihm viele Jahre lang treu zur Seite stand.[7]

Wer oder was auch immer hinter seiner Vorzugsbehandlung stecken mochte, fest steht, dass Keplers Lage nach seiner Rückkehr nach Graz zunächst einigermaßen unbeschwert war. Er erhielt weiterhin sein Gehalt als Landschaftsmathematikus und nutzte die neu gewonnene Muße, um den Ideen für sein geplantes nächstes Werk, *Harmonice Mundi* (»Weltharmonik«), nachzugehen, in dem er die harmonischen Verhältnisse verschiedener musikalischer Intervalle zu seinem Weltsystem in Beziehung setzen wollte. (Zur gleichen Zeit beschäftigten ihn bekanntlich die Nachwirkungen seines Briefes an Ursus.) Doch im Sommer 1599 begann sich die Schlinge zuzuziehen. Ferdinand machte sich nunmehr daran, die protestantische Irrlehre in seinem Land mit Stumpf und Stiel auszumerzen. Zwar waren einige wenige protestantische Kleriker auf den umliegenden Landgütern unter dem Schutz der Adligen verblieben, aber ihren Gottesdienst zu besuchen und dort das Abendmahl zu empfangen wurde jetzt bei Strafe verboten. Es währte nicht lang und auch die letzten noch verbliebenen Geistlichen wurden ausgewiesen. Katholische Taufen und Trauungen wurden für alle verbindlich vorgeschrieben. Wer die Luther'sche Bibel las, musste damit rechnen, aus der Stadt verbannt zu werden. »Man wird Schliche erfinden«, schrieb Kepler an Mästlin, »durch die die Bürger in Majestätsverbrechen geraten, so dass die Wegnahme ihres Vermögens einen Schein von Rechtmäßigkeit erhält. ... Niemand zweifelt dabei, dass sich die Verfolgung, wenn sie gegen die Bürger in der Hauptstadt ausgeführt wird, auch auf die einzelnen Adelsschlösser und auf die Verordneten selber, ja sogar auf ihre Beamten ausdehnen wird. ... Denn wie es sich jetzt mit dem Schutz der Menschen verhält, so kann man sich auf gar nichts verlassen als auf die Waffen. Wer aber, glaubt Ihr, wird zu den Waffen greifen? Etwa

Johannes Kepler als Kaiserlicher Mathematikus. Porträt eines unbekannten Malers aus dem Jahr 1620.

Tycho Brahe als Kaiserlicher Mathematikus. Porträt eines unbekannten Malers aus dem Jahr 1600.

Der Komet von 1577, Holzschnitt von Peter Codicillus, mit dem Titel »Von einem Schrecklichen und Wunderbarlichen Cometen/ So sich den Dienstag nach Martini/ dieses laufenden MDLXXVII Jahrs/ am Himmel erzeiget hat«.

Ein Holzschnitt, der die Erscheinung des Kometen von 1577 und zwei Mondfinsternisse mit den Verwüstungen durch die Türken in Verbindung bringt. Aus einem Flugblatt von Andreas Celichius, Magdeburg, 1578.

Tycho Brahes Schloss Uranienburg. Nachdruck aus dem Atlas Maior *von Joan Blaeus, 1653.*

Die Uranienburg mit umliegenden Gärten aus der Vogelperspektive. Nachdruck aus dem Atlas Maior *von Joan Blaeus, 1653.*

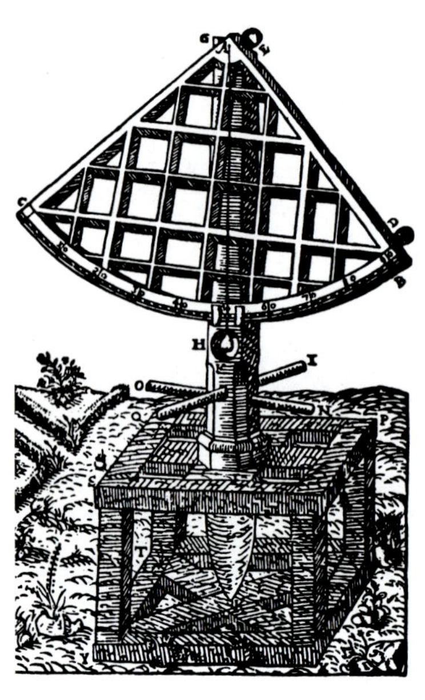

Tycho Brahes erstes großes Beobachtungsinstrument, der quadrans maximus. Nachdruck aus Tycho Brahes Astronomiae Instauratae Mechanica, *1598.*

Der astronomische Sextant, mit dem Brahe den Winkelabstand zwischen den Sternen und Planeten maß. Nachdruck aus dem Atlas Maior *von Joan Blaeus, 1653.*

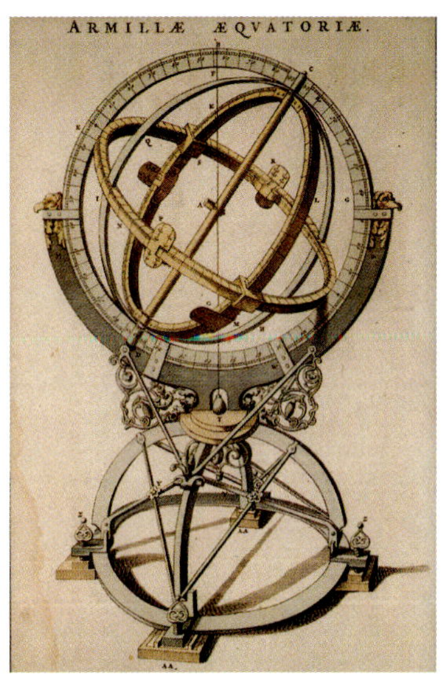

Eine Armilla, mit der Brahe anhand der »Rektaszension« und »Deklination« von Himmelskörpern – vergleichbar dem Längen- und Breitengrad auf der Erde – deren Ort bestimmte. Nachdruck aus dem Atlas Maior *von Joan Blaeus, 1653.*

Eine Zeichnung von Brahes Mauerquadrant. Das größte und genaueste seiner Instrumente war in die von Nord nach Süd verlaufende Mauer der Uranienburg eingebaut. Das innerhalb des gekrümmten Bogens auf die Wand gemalte Trompe-l´oeil zeigt Brahe mit seinem treuen Hund zu seinen Füßen, wie er auf die tatsächlich vorhandene rechteckige Öffnung in der angrenzenden Wand zeigt, durch die er die Sonne und die Sterne beobachtete. Hinter Brahe sieht man sein Alchemielabor im Souterrain, Tafelgäste im ersten Geschoss und diverse Instrumente im Stockwerk darüber. Die drei Figuren außerhalb des Bogens – die nicht zum Wandgemälde gehören – stellen rechter Hand zwei Assistenten und unten links, an einem Tisch sitzend, Brahe dar, der die Beobachtungen aufzeichnet. Nachdruck aus dem Atlas Maior *von Joan Blaeus, 1653.*

Brahes unterirdisches Observatorium »Stjerneborg« (Sternenburg). Nachdruck aus dem Atlas Maior *von Joan Blaeus, 1653.*

Kaiser Rudolf II., Porträt von Hans von Aachen.

Katheterisierung von Harnsteinen, eine schmerzhafte, aber weithin übliche Prozedur. Handschriften-Illustration um 1560.

Ein typisches öffentliches Bad, gemalt von Hans Bock dem Älteren, 1597. Aufgrund der Ausbreitung von Syphilis und Gonorrhoe wurden diese Bäder wenig später geschlossen.

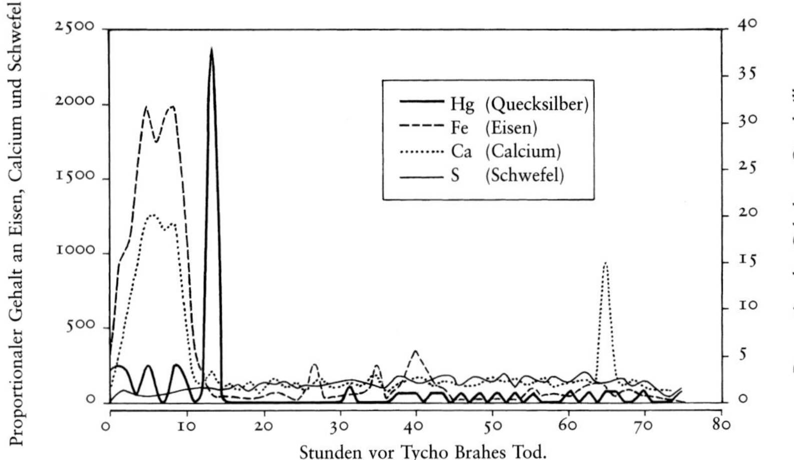

Dieses Diagramm von Jan Pallon stellt die Ergebnisse seiner chemischen Analyse einer Haarprobe von Tycho Brahe mit dem Verfahren der protoneninduzierten Röntgenemission (PIXE) grafisch dar. Auf der horizontalen Achse ist die Zahl der Stunden vor Brahes Tod aufgetragen, wobei 0 dem Todeszeitpunkt entspricht. Die linke vertikale Achse gibt die proportionalen Schwefel-, Calcium- und Eisenkonzentrationen an; die rechte vertikale Achse gibt den proportionalen Quecksilbergehalt an. Die plötzliche »Spitze« in der Quecksilberkonzentration ist dreizehn Stunden vor Brahes Tod deutlich zu erkennen.
© Jan Pallon, Universität Lund.

der Adel gegen den Fürsten? Da komme ich an kein Ende mit meinem Disput.«[8]

Der Brief endet mit der dringlichen Bitte an Mästlin, eine Anstellung in Tübingen für ihn zu finden. Da Kepler mittlerweile seine Zweifel an der lutherischen Abendmahlslehre offen eingestanden hatte, komme ein theologisches Amt wohl nicht mehr in Frage, räumt er ein, aber er werde auch jede andere Stellung bereitwillig annehmen. Da Mästlin nicht antwortete, schrieb Kepler ihm drei Monate später einen weiteren Brief. Das Leben in Graz, so befürchtet er, werde zu einer untragbaren Gefahr. »Der Geschäftsträger für die Länder, der in Prag war, ist vor einem halben Jahr gefesselt hierher gebracht und im letzten Monat gefoltert worden. ... Inzwischen werden Kirchen, die vor wenigen Jahren erbaut wurden, zerstört. Die Bürger, die gegen den Befehl des Fürsten Diener der Kirche beherbergen, werden durch Waffengewalt zum Gehorsam gezwungen; zwanzig an Zahl sind in Ketten gelegt worden; sie wurden gestern eingebracht und verzweifeln an ihrer Rettung ... die Lage ist hoffnungslos.«[9] In seinem bis dahin eindringlichsten Hilfeappell flehte Kepler Mästlin an, seinen Einfluss in Tübingen geltend zu machen, um für ihn und seine Familie ein sicheres Refugium zu finden.

Doch die Pforten seiner ehemaligen Universität blieben ihm verschlossen. Die Ursachen dafür liegen im Dunkeln. Keplers Ablehnung der lutherischen Abendmahlslehre war seinem Anliegen gewiss nicht förderlich, aber der Lehrkörper der Tübinger Universität erfuhr erst relativ spät von seiner abweichenden Meinung in diesem speziellen Punkt der lutherischen Glaubenslehre, und Keplers frühere Rückkehrgesuche waren ebenfalls abschlägig beschieden worden. Offenbar war das Wohlwollen seiner einstigen Lehrer daran gebunden, dass man ihn auf Distanz hielt.

Nützlichere Ratschläge kamen von Herwart, der Kepler im August von Brahes Glück – der Berufung an den Kaiserhof in Prag – schrieb und dabei ausdrücklich dessen Jahressalär von dreitausend Gulden erwähnte. »Ich wünschte, Ihr hättet auch eine solche Gelegenheit«, schrieb er, »aber wer weiß, was das Schicksal noch für Euch bereithält!«[10] Kepler verstand den Wink. Wenn Tübingen ihn nicht wollte, dann vielleicht Brahe. Zu dem Zeitpunkt, als Brahe Kepler brieflich eingeladen hatte, ihn zu besuchen, war er selbst ein Flüchtling auf der Suche nach einer Anstellung und einem Gönner gewesen. Jetzt, da er als Kaiserlicher Mathematikus in angenehmen, ja geradezu luxuriösen Verhältnissen lebte, erhielt die Einladung in Keplers Augen einen ganz anderen Stellenwert. Denn in der Reichshauptstadt würde Kepler nicht nur Zuflucht finden, sondern auch Zugang zu den »vierzig Talenten an alexandrinischen Geschenken« – Brahes Beobachtungen – erhalten. »Einer der wichtigsten Gründe, warum ich Tycho besuchte«, schrieb er später an Herwart, »war ja mein Wunsch, von ihm richtigere Werte für die Exzentrizitäten zu erfahren, um daran mein *Mysterium* und die eben genannte *Weltharmonie* zu prüfen. Denn es dürfen diese Spekulationen a priori nicht gegen die offenkundige Erfahrung verstoßen, sie müssen vielmehr mit ihr in Übereinstimmung gebracht werden.«[11] Kepler hatte Brahes Rat nicht vergessen; er sah ein, dass seine Idee einer geometrischen kosmischen Ordnung und einer Weltharmonie ohne die empirische Untermauerung durch Brahes einzigartige Beobachtungen für immer ein elegantes Modell bliebe.

Die Reisekosten waren für ihn untragbar hoch. Doch sollte sich in der Person des Barons Johann Friedrich von Hoffmann, einem Freund Brahes und Hofrat Kaiser Rudolfs II., dem Kepler bereits brieflich seine Lage in Graz geschildert hatte, alsbald eine günstige Gelegenheit bieten. Der Freiherr hatte eine mystische Ader, die ihn für den jungen Mathematiker einnahm, und in den ersten Januartagen des Jahres 1600 kam er auf dem Rückweg nach Prag durch Graz.

So ließ Kepler zu Beginn des neuen Jahrhunderts seine Familie und seine Habseligkeiten zurück und folgte dem Baron nach Prag, wo ihn der heiß ersehnte Schatz erwartete.

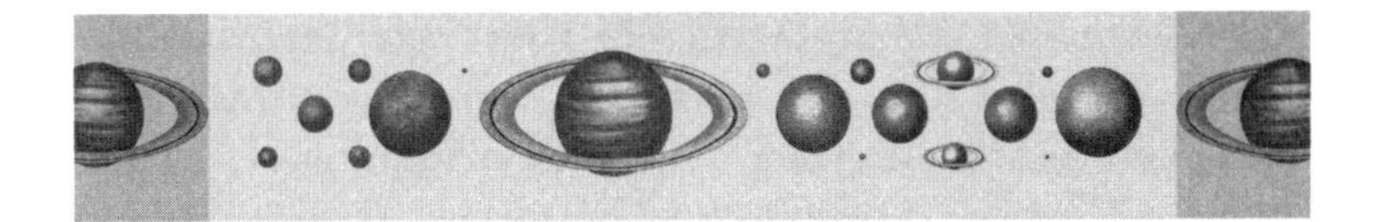

KAPITEL 15

KONFRONTATION IN PRAG

Als Brahe von Keplers unerwarteter Ankunft in Prag erfuhr, schickte er umgehend seinen ältesten Sohn Tyge und seinen künftigen Schwiegersohn Franz Tengnagel in einer Kutsche zum Haus des Barons Hoffmann, bei dem Kepler als Gast weilte. Die beiden Emissäre sollten ihn dort abholen und nach Benatek bringen. Brahe gab ihnen einen Brief an Kepler mit, in dem er sich dafür entschuldigte, nicht persönlich gekommen zu sein – er müsse in dieser Nacht und am nächsten Morgen mehrere wichtige Sternbeobachtungen machen –, und er hieß den jungen Astronomen mit den wärmsten Worten willkommen: »Ihr kommt nicht so sehr als Gast denn als überaus angenehmer Freund, der uns bei unseren Himmelsbetrachtungen zusieht, … und auch als ein sehr willkommener Gefährte. So Gott will, werden wir uns bald persönlich über vieles unterhalten.«[1]

Dies war vielleicht der unbeschwerteste Moment während ihrer Beziehung. Denn schon nach einem Monat schrieb Brahe an Hoffmann, hinsichtlich Keplers häuslicher Lebensverhältnisse in Benatek hätten sich »einige Schwierigkeiten eingeschlichen«[2], und dieser habe darum ersucht, dass sie sich zu dritt zusammensetzten, bevor eine endgültige Absprache getroffen werde. Obgleich Brahe den Vorschlag guthieß, kam das

Treffen offenbar nie zustande. Ein paar Tage darauf verfiel Kepler, wie er später selbst schrieb, dem »Zorn eines ohnmächtigen Geistes« und einer »zügellosen Stimmung«, die ihn zu »wahnsinnigen Handlungen« hinrissen.[3] Dieser Zustand dauerte drei volle Wochen und hätte seiner Beziehung zu Brahe beinahe ein abruptes und vorzeitiges Ende bereitet.

Vom ersten Tag an war Keplers Verdrossenheit stetig gewachsen. Brahe sah in Kepler einen intelligenten Mann mit einer Passion für Astronomie, der ihm dabei helfen konnte, seine Werke druckreif zu machen. Dazu bedurfte es einer Menge öder, monotoner Rechenarbeit: Auf der Basis von Brahes Rohdaten – den Tausenden von Beobachtungen, die er auf der Insel Ven und in Benatek angestellt hatte – mussten die aus Kreisen und Epizyklen »zusammengesetzten Planetenbewegungen« berechnet werden. So sollte aus dem tychonischen System, das bislang nur ein grobes kosmologisches Schema war, ein wirklichkeitsgetreues Modell werden, aus dem sich präzise Vorhersagen über die Planetenbewegungen ableiten ließen.

Diese Art von Arbeit war Kepler zutiefst zuwider, wie er schon in seiner *Selbstcharakteristik* schilderte: »Denn so sehr er auch geradezu arbeitswütig ist, hasst er die Arbeit aufs Erbittertste. Er arbeitet aber aus Wissbegierde und Liebe zum geistigen Schaffen und zum Geschaffenen.«[4] Aber hier, bei Brahe, konnte sich die »Liebe zum geistigen Schaffen« nicht entfalten, weil ihn die Arbeit am tychonischen System, das Kepler als Kopernikaner ablehnte, derart in Beschlag nahm, dass ihm kaum Zeit für die Weiterentwicklung seiner eigenen Theorien blieb. »Meine Untersuchung über die *Weltharmonie* hätte ich schon zu Ende geführt«, schrieb er später, »wenn mich Tychos Astronomie nicht so sehr gefesselt hätte, dass ich fast von Sinnen kam.«[5]

Noch frustrierender für Kepler war freilich, dass Brahe als gebranntes Kind eines Plagiats seine Beobachtungen unter Verschluss hielt und Kepler nur begrenzten Zugang zu jenen Daten gab, die dieser für die gerade zu bearbeitenden Fragestellungen benötigte. Und die Daten, die ihm Brahe zur Verfügung stellte, erwiesen sich als eine härtere Nuss, als Kepler erwartet hatte.

Kurz nach seiner Ankunft hatte Brahe Kepler die Mars-Berechnungen übertragen. Für Kepler war der Mars von zentraler Bedeutung, denn von den Umlaufbahnen aller äußeren Planeten wies die Marsbahn die bei weitem größte Exzentrizität auf, und Brahes Marsdaten waren von all seinen Planetenbeobachtungen die vollständigsten. In seinem ersten Überschwang glaubte Kepler, es wäre ein Leichtes, aus den Datenpunkten der Beobachtungsreihen die Marsbahn exakt zu berechnen. Er brüstete sich, er werde das Problem des Mars-Orbits innerhalb von acht Tagen lösen, und schrieb an seinen Freund Herwart, Brahes Daten bestätigten seine im *Weltgeheimnis* dargelegte Theorie und seine Ideen über die harmonischen Proportionen der Planetenbahnen: »Nun zeigte sich beim Mars, so weit ich aus Tychos Beobachtungen entnehmen konnte, dass er mit genügender Genauigkeit die Durterz [musikalisches Intervall] angibt, die ich ihm zugewiesen habe. Auch fand mein *Mysterium* an zwei Stellen eine wunderbare Bestätigung.«[6]

Aus den vorhergesagten acht Tagen wurden in Wirklichkeit Jahre, in denen sich Kepler darum bemühte, die Daten kunstgerecht auszuwerten. Er nannte diese aufreibende Kärrnerarbeit seinen »beschwerlichen und mühevollen Krieg (gegen Mars)«,[7] doch, anders als gedacht, führte sie nicht zur Bestätigung seiner im *Weltgeheimnis* vorgelegten Theorie, sondern zur Entdeckung der drei Gesetze der Planetenbewegung. Das erste dieser Gesetze lautete, dass sich Mars und die übrigen Planeten auf elliptischen Bahnen und nicht auf aus Kreisen und Epizyklen zusammengesetzten Bahnen bewegen. Doch Keplers bahnbrechende Entdeckung lag in ferner Zukunft. Für den Augenblick, zwei Monate nach seinem Eintreffen in Benatek, dämmerte ihm, dass die empirische Untermauerung seiner Theorien ihn, anders als erhofft, Monate, wenn nicht Jahre an Brahes Haushalt fesseln sollte.

Keplers Unmut wuchs. Anfang April, zwei Monate nach seiner Ankunft, brachte er seine Gedanken über seinen bisherigen Aufenthalt in Benatek zu Papier (»Deliberatio de mora Bohemica«). Dabei benutzte er für »Zeit« das spezifische lateinische Wort *mora*, das »Verzug« oder auch »Zeitverlust« bedeutet, so als wäre sein ganzer Aufenthalt bei Brahe nutzlos gewesen. Die ausführliche Vorbemerkung zu dem Schriftstück liest sich wie der Versuch, Argumente dafür zu sammeln, wieso man Brahe selbst nicht zutrauen könne, seine Beobachtungen sicher zu verwahren:

> Tycho besitzt die besten Beobachtungen und damit gleichsam das Material zur Aufführung eines neuen Gebäudes [einer wirklichkeitsgetreuen Darstellung des Kosmos]; er hat auch Arbeiter und alles, was man sonst wünschen mag. Es fehlt ihm nur der Architekt, der dies alles nach eigenem Plan benützt. Denn wenn er auch eine recht glückliche Veranlagung und wirklich architektonisches Geschick besitzt, so hat ihn doch die Vielfältigkeit der Erscheinungen … am Weiterkommen gehindert. Nun schleicht das Alter an ihn heran, das den Geist und alle Kräfte schwächt oder nach wenigen Jahren so schwächen wird, dass er schwer alles allein bewältigen kann. Wenn daher der Zweck meiner Reise nicht vereitelt werden soll, muss eines von zwei Dingen geschehen: Entweder man beschreibt mir seine Beobachtungen vertraulich, … oder ich muss mit ihm zusammen seine Arbeit [die Veröffentlichung von Brahes Daten] beschleunigen.[8]

Ganz offensichtlich hatte Kepler den Zweck seines Aufenthalts in Benatek – die Bestätigung seines *Weltgeheimnisses* – nicht aus den Augen verloren. Er erkannte, dass ihm nur zwei Möglichkeiten blieben, um dieses Ziel zu erreichen: Entweder Brahes Beobachtungen müssen ihm »vertraulich beschrieben werden«, oder die Veröffentlichung der Daten muss beschleunigt werden. Kepler befürchtete überdies, dass Brahes astronomischer Schatz möglicherweise nicht lange frei zugänglich sein würde; Brahe könnte sterben, und die Erben könnten das

Datenmaterial unter Verschluss halten, oder Brahe, der noch immer von seinem großen Erbe zehrte, könnte beschließen, Prag zu verlassen.

Die Vorstellung, Brahe könnte so kurz nach seiner traumatischen Verbannung aus Dänemark seine privilegierte Stellung am kaiserlichen Hof aufgeben, mutet ziemlich abwegig an, aber Kepler greift nach jedem erdenklichen Grund, weshalb Brahes Beobachtungsschatz »vor dem Untergang bewahrt« werden müsse (wie er einige Monate zuvor an Mästlin geschrieben hat), was zweifellos ihr Schicksal wäre, wenn er in Brahes Besitz bliebe.

Keplers Absichten waren eindeutig; noch unverkennbarer war seine Frustration. Nicht genug damit, dass Kepler nur ungenügenden Zugang zu Brahes Beobachtungsdaten hatte, er kämpfte obendrein mit Geldsorgen. Bislang hatte er sein Gehalt in Graz weiterbezogen, und Brahe hatte es aus eigener Tasche aufgebessert, je länger er aber wegblieb, umso weniger durfte die steirische Landschaft gewillt sein, den Sold ihres abwesenden Mathematikers weiter zu entrichten. Brahe hatte angeboten, einen Brief an die zuständigen Stellen in der Steiermark zu schicken, und in der Zwischenzeit zwei seiner Assistenten, Franz Tengnagel und Daniel Fels, an den kaiserlichen Hof entsandt, um eine schriftliche Bestätigung von Rudolfs vorläufiger mündlicher Zusage, Kepler ein Gehalt zu zahlen, zu erwirken. Mit diesem Salär und dem Geld, das er aus Graz erhielt, könnte er den Umzug seiner Familie nach Prag finanzieren. Brahe hatte seine Bereitschaft angedeutet, Kepler weiterhin finanziell zu unterstützen, bis all diese Angelegenheiten geregelt wären, aber Kepler hatte Bedenken: »Ist es besser, einstweilen in der Knechtschaft Cäsars [Rudolfs II.] zu leben und dem Tycho geflissentlich Dienst zu leisten oder allein von Tycho abhängig zu sein? ... Aber wenn ich mich, unter gewissen Bedingungen, die er fordert, Tycho verpflichte, dann gebe ich, wie mir scheint, zu viel für ihn auf, und dies ist weder meinem Ruhm noch meinen Studien zuträglich.«[9]

Der springende Punkt war der: Wie konnte er sich Zugang zu Brahes Beobachtungsfundus verschaffen, ohne zu viel »für ihn aufzugeben«, so dass er mit dem *Mysterium Cosmographicum* weiterhin an seinem Ruhm arbeiten konnte. Vielleicht konnte er ja Bedingungen aushandeln, die seinen Zielen förderlicher waren, so Keplers Hoffnung. Und dann listete er zwölf Forderungen auf, die er an Brahe »berechtigterweise stellen«[10] wird, falls dieser es wünsche, dass er in seinem Haushalt bliebe und weiterhin für ihn arbeitete.

Die erste Forderung hing mit »den beengten Wohnverhältnissen in Tychos Haus [und] dem regen Treiben seiner vielköpfigen Familie [zusammen], mit der ich meine Frau und meine Kinder nicht vermischen möchte, die an Ruhe und Mäßigung gewöhnt sind«.[11] So verlangte er umfangreiche Umbaumaßnahmen, um genügend Platz für seine Familie zu schaffen: »Wofern meine Frau in Tychos Haus wohnen möchte ... sollte er mir ein Hypokaustum [eine Bodenheizanlage] und einen Raum und eine Küche überlassen, in der gegenwärtig Studenten untergebracht sind, sowie einen Teil des Dachgeschosses ... [all diese Räume] sollten zuvor mit allen Annehmlichkeiten ausgestattet und dort, wo es vonnöten ist, mit einer Lehmmauer umschlossen werden, damit kein anderer Zugang offen steht, und er soll mir zusichern, dass er mich und die Meinen nie vor die Tür setzen und mir keine Mitbewohner aufnötigen wird.«[12]

Sodann verlangte er, dass man ihm ausreichend Brennholz und eine im Voraus vereinbarte Menge an Fleisch, Fisch, Bier, Wein und Brot zur Verfügung stelle. Brahe dürfe ihm Zeit und Stoff für seine Studien nicht vorschreiben und auch nicht, wie oft er nach Prag komme. Er brauche Geld für die Rückreise in die Steiermark und verlangte die Zusicherung, dass Brahe nichts unter Keplers Namen veröffentliche, ohne zuvor seine Erlaubnis einzuholen. Es folgten ausführliche Angaben darüber, wie und wann Keplers Salär ausgezahlt werden solle.

Dieses Schriftstück gelangte auf unbekannten Wegen in die Hände Brahes, der seine Antworten von einem seiner Assistenten auf der Rückseite von Keplers Forderungsliste niederschreiben ließ.[13] Heute liest sich dieser Text wie ein ausführlicher Dialog zwischen den beiden. Brahe übergeht einfach Keplers abfällige Bemerkungen in der Vorrede – sowie dessen offenkundige Selbststilisierung als der »Baumeister«, der als Einziger in der Lage sei, ein wahres kosmologisches Lehrgebäude zu errichten – und erklärt sich ohne weiteres mit den Forderungen einverstanden. Brahe schien in erster Linie überrascht zu sein und fragte sich, wieso Kepler Rechte einforderte, die er nie angezweifelt hatte, und wieso er Bedingungen stellte, die ihm längst zugesagt worden waren.

Wie jemand, der sich mit einem Ja nicht zufrieden gab, reagierte Kepler auf Brahes uneingeschränktes Einverständnis mit einer weiteren Liste von Forderungen: Wegen seiner Sehschwäche solle er nicht mit eigenständigen (astronomischen) Beobachtungen, mit läppischen handwerklichen Aufgaben oder mit häuslichen Angelegenheiten behelligt werden, noch dürfe man von ihm verlangen, zu lange bei Tisch zu verweilen. »Für Beobachtungen sind meine Augen zu schwach; für handwerkliche Verrichtungen sind meine Hände zu ungeschickt; für häusliche und politische Angelegenheiten bin ich von Natur aus zu sorgfältig und aufbrausend; zu gebrechlich, um unablässig zu sitzen (vor allem über die geziemende und angegebene Dauer von Mahlzeiten hinaus) ... ich muss häufig aufstehen und mir die Füße vertreten.«[14] Die langen, geselligen, feucht-fröhlichen Abende nach dänischer Sitte scheinen Kepler besonders lästig gewesen zu sein. Er besteht auf der philosophischen Freiheit, den eigenen Studien nachzugehen (wobei er verspricht, Brahe täglich einen Bericht über seine Arbeit zukommen zu lassen), außerdem verlangt er, sich an Feiertagen eigenen Angelegenheiten widmen und den Gottesdienst besuchen zu dürfen. Wieder reagiert Brahe einigermaßen befremdet: »Wann habe ich dies verboten oder auch nur angedeutet?«[15]

Kepler aber genügte dies immer noch nicht, und er schob eine dritte Liste mit Forderungen nach. Mittlerweile ereiferte sich Kepler jedoch so sehr, dass Brahe seinen Freund Johannes Jessenius hinzuzog. Jessenius sollte mäßigend auf Kepler einwirken und dafür sorgen, dass die Verhandlungen in einer sachlichen, unaufgeregten Atmosphäre stattfanden. Aufs Neue stellte Kepler Forderungen, die Brahe bereits zugestanden hatte. In einem Punkt aber blieb Brahe unnachgiebig. Und genau diese Weigerung brachte Kepler völlig außer Fassung.

Kepler brauchte uneingeschränkten Zugang zu Brahes Beobachtungsmaterial, ohne dass ihm dieser ständig wachsam über die Schulter blickte. Und dies bedeutete, dass er Brahes Einverständnis dafür einholen wollte, sich in Prag ein eigenes Domizil zu suchen. Ob Kepler die Verhandlungen von Anfang auf diesen Punkt lenkte oder ob er in seinem wachsenden Ingrimm plötzlich glaubte, dieses Ansinnen durchsetzen zu können, lässt sich nicht sagen. Sei es, wie dem sei, die Richtung ist jedenfalls klar:

> Obgleich ich wegen der günstigen Verhältnisse für meine Studien lange Zeit davon überzeugt war, dass ich in seiner Residenz [Benatek] am bequemsten logieren würde, bin ich nach gründlicher Besinnung zu dem Schluss gelangt, dass nur Prag für mich in Frage kommt. Erstens sind die Gemächer, die Brahe für mich ausersehen hat, nicht wohnlich eingerichtet, es fehlt an vielerlei Notwendigem, was eigens kostspielig angeschafft werden müsste ... Obgleich Tycho in der Tat anbot, nicht nur diesen Raum für mich herzurichten, sondern für meine Familie auch noch ein weiteres, nach Süden gehendes Zimmer anzubauen, vermag ich mich unter diesen Bedingungen gleichwohl nicht mit ihm zu einigen, denn das, was Tycho mir in Aussicht stellte, steht in der Macht vieler anderer, wie das beim Häuserbau üblich ist. [Offenbar befürchtete Kepler, dass es zu Verzögerungen bei der Beschaffung des nötigen Geldes und der Baustoffe kommen könnte.] Aus diesem Grund würde ich mir [die Erlaubnis] ausbedingen, mich einstweilen fest in Prag niederzulassen. Wenn er später, nachdem das Gemach errichtet und

> mit dem notwendigen Hausrat versehen wurde, andere Absprachen mit mir treffen möchte, dann möge es mir und meiner Frau gänzlich freistehen, ob wir diese [die neue Unterkunft] annehmen oder am früheren Zustand festhalten [in Prag bleiben].[16]

Anders gesagt, Brahe sollte die von Kepler gewünschten Umbaumaßnahmen vornehmen – Hypokaustum, einen ummauerten Innenhof, Küche, Hausrat und dergleichen –, und später, wenn alles fertig gestellt wäre, würden Kepler und seine Frau entscheiden, ob sie umziehen oder weiterhin in Prag wohnen möchten. Doch ihre Entscheidung war vorgezeichnet, denn Kepler erinnerte im Folgenden Brahe an ihre persönlichen Spannungen: »Tycho sollte sich selbst von dem überzeugen, was sich leicht ersehen lässt, nämlich dass ein längeres oder auch gedeihliches Zusammenleben zwischen uns nicht möglich ist, weil das ständige Durcheinander in seiner Hauswirtschaft mir den Verstand raubt und ich mich zu zügellosen Worten und Nörgeleien hinreißen lasse. Ich verschweige, dass nimmer ausreichende Bedingungen geschaffen werden können, um häuslichen Wirren vorzubeugen.«[17]

Einmal mehr ging Brahe über die abfälligen Bemerkungen hinweg, die sich diesmal gegen seine Familie richteten, aber er war nicht bereit, sein Beobachtungsmaterial völlig aus der Hand zu geben. Zum ersten Mal sagte Brahe Nein: »Mir war es gleich, ob er sich in Prag oder in der Steiermark aufhielt, wenn es ihm in meiner Nähe schon nicht gefiel; im Gegenteil, mir ist es lieber, brieflich mit ihm ... zu verkehren, als dass er meine astronomischen Aufzeichnungen mit nach Prag nimmt.«[18] Brahe bot Kepler als Alternative ein eigenes Haus in der Stadt nahe Benatek an; dies würde Keplers Forderung nach häuslicher Ruhe erfüllen und gleichzeitig eine reibungslose Zusammenarbeit zwischen ihnen gewährleisten. Dann schlug er noch eine zweite, etwas weiter entfernte Stadt vor. Ansonsten wären alle Absprachen hinfällig. Brahe schrieb weiter, wenn Kepler in Prag seine eigenen Arbeiten vorantreiben wolle, dann werde er ihm nicht nur keine Hindernisse in den Weg legen, sondern ihm auch die Unterstützung des Kaisers sichern. Brahe erklärte sich sogar bereit, dafür Sorge zu tragen, dass Kepler kostenlos in »dem Haus wohnen kann, das [Rudolf II.] mir gnädigsterweise versprochen hat«.[19] Es handelte sich um das Haus von Kurtz unweit der kaiserlichen Burg. Brahe sagte, falls es unter Keplers Würde sei, mit ihm zu arbeiten, dann würde er trotzdem alles tun, um ihn mit jenem aristokratischen Prunk auszustatten, der für gewöhnlich dem höchsten Adel vorbehalten sei. Andere wären ob einer solchen Offerte ins Schwärmen geraten. Kepler dagegen geriet in Zorn.

Was Kepler bei der persönlichen Aussprache mit Brahe am 5. April 1600 verlauten ließ, ist nicht schriftlich überliefert, obgleich er sich wohl dermaßen ereiferte, dass der als Vermittler eingeschaltete Jessenius ihn anschließend schroff zurechtwies. Am nächsten Tag bestand Kepler darauf, zu Baron Hoffmann gebracht zu werden, und er äußerte vermutlich Drohungen im Hinblick auf Brahes Beobachtungsmaterial, denn bevor er sich verabschiedete, forderte Brahe ihn auf, sich schriftlich zu »höchster Geheimhaltung alles dessen, was Brahe ihm an Beobachtungen, Erfindungen und astronomischen Arbeiten mitgeteilt hat oder noch mitteilen wird«, zu verpflichten.[20]

Beim Abschied schien Kepler plötzlich Reue zu zeigen. Brahe nahm Jessenius zur Seite und ließ ihn wissen, er sei bereit, Kepler zu vergeben, sofern sich dieser schriftlich entschuldige. Wir wissen nicht, ob Kepler durch Jessenius' Ermahnungen abermals in Harnisch geriet oder ob sein inneres Stimmungspendel einfach immer heftiger ausschlug, jedenfalls verflog seine Reumütigkeit alsbald. Noch am gleichen oder am nächsten Tag schrieb er Brahe einen Brief, der offenbar wüste Schmähungen enthielt. Wie so viele Briefe, die Kepler in einem ungünstigen Licht erscheinen lassen, ist auch dieser verloren gegangen. Allerdings können wir aus Brahes Reaktion und Keplers anschließender Entschuldigung entnehmen, dass Letzerer hier die

Grenze zwischen Schmähungen und unverhohlenen schweren Verleumdungen überschritten hat, indem er, wie schon Ursus zuvor, Brahe unlauterer und vermutlich strafbarer Handlungen bezichtigte.

Brahe war außer sich und sandte diesen Brief zusammen mit einem Begleitschreiben an Jessenius: »Ich sende Euch beiliegend ein eigenhändiges Schreiben [Keplers], dessen zügellose Frechheit und hochmütiger Spott weder durch meinen Wein noch durch meine Geringschätzung, noch durch irgendeinen anderen Vorwand entschuldigt werden können. Seine einzige Entschuldigung kann sein Zorn sein (welcher Krankheitskeimen gleicht; wenn er [Kepler] auch besonders mit sich im Einklang zu bleiben scheint, so gedeiht die Wut doch heimlich) ... Ihr werdet Euch zweifellos darüber verwundern, dass dieser Mensch ungeachtet meines Wohlwollens in seiner Bosheit und Tücke nicht nachlässt ... diese haben ihn innerlich verzehrt und ihn zu einem tollwütigen Hund [gemacht]. ... Daher habe ich beschlossen, hinfort weder brieflichen noch mündlichen Umgang mit ihm zu pflegen, und ich wünschte mir, ich hätte mich nie mit ihm eingelassen.«[21]

Schließlich blieb Kepler etwa drei Wochen in Prag, wo er im Hause von Baron Hoffmann wohnte. Während dieser Zeit muss ihn der Freiherr wieder zur Vernunft gebracht haben, denn am Ende des Monats entschuldigte sich Kepler schriftlich bei Brahe. Oberflächlich betrachtet, gab er sich in dem Brief zerknirscht und erniedrigte sich sogar selbst: »Die sträfliche Hand, die neulich schneller als der Wind war, als sie verletzte, weiß kaum, wie sie es jetzt angehen soll, wenn sie wieder gutmachen will. Was soll ich zuerst erwähnen? Meinen Mangel an Selbstbeherrschung, der mit größter Bitterkeit in Erinnerung bleibt, oder Eure Wohltaten ...«[22] Kepler räumte wortreich ein, dass Brahe ihn und seine Familie in überaus freigebiger Weise unterhalten, ihm seine Daten mitgeteilt und alles Mögliche unternommen habe, um Keplers Stellung am kaiserlichen Hof zu befördern. Aber ganz ähnlich wie in seinem Entschuldigungsschreiben in Sachen Ursus wälzte

Kepler die Verantwortung für sein Tun in raffinierter Weise auf jemand anderen ab – dieses Mal auf Gott. »Daher denke ich mit großem Entsetzen daran, dass ich trotzdem von Gott und dem Heiligen Geist so sehr Unbotmäßigkeit und meinem kranken Gemüt überlassen worden bin, dass ich auf so viele und große Wohltaten hin, statt mich zu mäßigen, mit geschlossenen Augen mich drei Wochen lang störrischem Eigensinn gegenüber Eurer ganzen Familie hingab; statt Dank zu sagen, blinden Zorn hegte; statt Euch Ehrfurcht zu erweisen, größte Dreistigkeit an den Tag legte gegen Eure Person.«[23] In gleicher Weise gibt er Gott die Schuld für den beleidigenden Brief, den er nach seiner Abreise schrieb, und bekennt, dass er den »argwöhnischsten Verdächtigungen nachgab, als es mich voller Bitterkeit juckte, Euch zu schreiben« – einen Brief, den er als höchst »hasserfüllt« bezeichnet.[24]

Im weiteren Verlauf des Briefes setzte Keplers alles daran, sich von persönlicher Verantwortung freizusprechen: »Allein das alles wurde verursacht durch den Zorn eines ohnmächtigen Geistes, durch ein Übermaß von Galle und durch den Jugendfehler des Vorwitzes bei vorschnellem Urteil. Es lag keine ehrverletzende Absicht vor.«[25] Um sich gänzlich reinzuwaschen, beruft er sich auf seinen »zerrütteten Gesundheitszustand, der zweifellos die Gestalt zügelloser Stimmung annahm«,[26] und ihn erst Wochen nachdem er seine Hasstirade losließ, bewog, um Verzeihung zu bitten. »Was ich ... gegen Eure Person, Euren Ruf, Eure Ehre ... gesagt und geschrieben habe, oder wenn ich auf irgendeine andere Weise Ungerechtes ... gesprochen und geschrieben habe ..., so nehme ich alles und jedes zurück und erkläre es freiwillig und freimütig für ungültig, falsch und nicht stichhaltig. Auch erkläre ich, dass ich nie gesehen oder gehört haben, dass Ihr irgendeine böse Tat begangen oder in irgendeiner Weise die Ehrbarkeit verletzt habt.« Für die Zukunft gelobt Kepler Besserung. »Auch verspreche ich aufrichtig, dass ich hinfort, wo immer ich sein mag, mich nicht nur solcher wahnsinnigen Handlungen, Worte, Taten und Schriften enthalten ... [sondern auch nichts] Ungehöriges gegen Euch unternehmen werde. ... Ich bete, Gott möge mir bei der Erfüllung meines Versprechens behilflich sein.«[27]

Kepler hatte gleichsam auf vorübergehende Unzurechnungsfähigkeit plädiert, und in diesem Sinne nahm Brahe seine Entschuldigung an. Er brachte den geläuterten jungen Mann bald darauf persönlich in seiner Kutsche zurück nach Benatek. Ob Kepler auf der Fahrt nach Benatek aufrichtige Reue empfand oder nicht, seinen ursprünglichen Plan, Brahe seinen Beobachtungsfundus zu entreißen, verlor er jedenfalls nicht aus den Augen. Ungeachtet aller Versprechungen, Gelöbnisse und unterzeichneten »Verpflichtungserklärungen«, befleißigte er sich binnen kurzem vielfältiger Listen und Tricks, um sein Ziel zu erreichen.

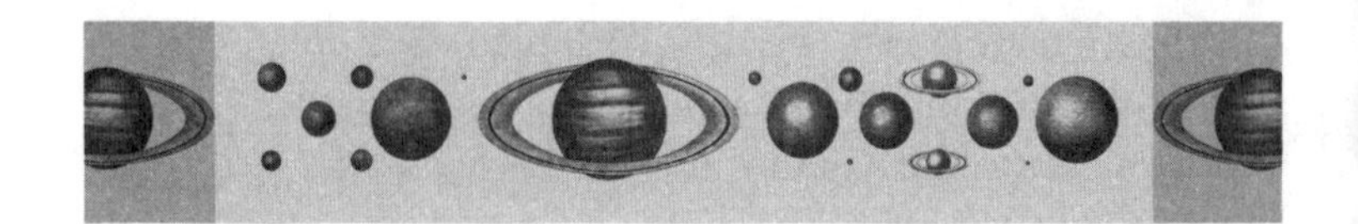

KAPITEL 16

ARGLIST

Nachdem die jüngsten Unannehmlichkeiten in Benatek bereinigt waren, reiste Kepler im Juni im Gefolge eines Verwandten von Brahe, Friedrich Rosenkrantz[1], bis nach Wien und von dort weiter nach Graz, wo er sein aufgelaufenes Gehalt als Landschaftsmathematikus einzustreichen hoffte, bevor er mit seiner Familie nach Böhmen zurückkehrte. Kepler trug Brahes Empfehlungsschreiben an die »vortrefflichen, erlauchten und klugen Herren«[2] der steirischen Landschaft bei sich, in dem Brahe Keplers Fähigkeiten rühmte und die Herren bat, ihm gütigerweise sein Gehalt weiterzuzahlen, damit er seine wichtigen Arbeiten am kaiserlichen Hof fortsetzen könne.

Die erlauchten Ratsherren in Graz hatten jedoch andere Sorgen. Als Kepler sie von seiner Rückkehr in Kenntnis setzte, befahlen sie ihm unter Androhung der Entlassung, die Astronomie aufzugeben und Medizin zu studieren, die in dieser schwierigen Zeit dem Gemeinwohl allemal dienlicher sei. Sein fünfmonatiger Aufenthalt in Böhmen habe hinlänglich bewiesen, dass er seine Heimat entbehren könne, und so möge er im Herbst nach Italien reisen und sich dort die ärztliche Heilkunst aneignen.[3]

Unterdessen setzte sich Brahe bei Rudolf II. für ein kaiserliches Schreiben ein, das Keplers Berufung nach Prag förmlich bestätigen sollte. Obgleich die mündliche Zustimmung vom Kaiser schon seit Monaten erteilt war, hatte die träge Hofverwaltung noch immer keine Urkunde ausgestellt. Wie viele Monate würden noch ins Land gehen? Auch bestand die Aussicht, dass Rudolf II. Kepler ein Gehalt gewähren würde. Brahe hatte Kepler vor dessen Abreise versprochen, dieses aus eigener Tasche aufzustocken. Doch selbst Brahe, schrieb Kepler in einem Brief an Herwart, »ein Mann mit so bedeutendem Namen, der beim Kaiser so hoch in Gunst steht, kann sich sein Jahresgehalt nur mit Mühe verschaffen, und ich weiß nicht, ob er es wirklich erhalten hat«.[4] Überdies hatte Kepler starke Bindungen an die Steiermark, da die Besitzungen seiner Frau Barbara, ihre Freunde und ihr wohlhabender Vater in Graz ansässig waren.

In Anbetracht dieser ungewissen Aussichten kam Kepler im Juli auf die Idee, dem steirischen Erzherzog Ferdinand in einem Brief seine Dienste als Hofastronom anzubieten.[5] Falls der Fürst ihm diese Gunst erweise, versprach Kepler, »strebe ich, so Gott will, unter [Euerm] Banner nach Ehrentaten, die sogar Tycho anerkennen wird, die auch bald die Größe des alten Alphonsi erneuern und den Ruhm Österreichs für alle Zeiten bestätigen werde«.[6] Kepler meinte Alfons X. von Kastilien, dessen Förderung jener astronomischen Beobachtungen, aus denen die Alfonsinischen Tafeln hervorgingen, eines der bis dahin berühmtesten Beispiele naturwissenschaftlichen Mäzenatentums in der europäischen Geschichte war. Mit Keplers Hilfe würde der Hof Ferdinands für alle Ewigkeit in gleichem Ruhm erstrahlen. Dieser Plan hatte jedoch einen Haken, den Kepler geflissentlich verschwieg: Er müsste nämlich gegen sein feierliches Abkommen mit Brahe verstoßen, dessen Beobachtungen, Erfindungen und sonstige astronomische Arbeiten keinem Dritten zugänglich zu machen.[7]

Um sich dem Erzherzog in besonderer Weise zu empfehlen, schilderte Kepler ausführlich seinen Aufenthalt bei Brahe, den er dazu genutzt habe, sich die neue Astronomie anzueignen, und hob hervor, er habe aufgrund seiner sorgfältigen Studien so große Fortschritte gemacht habe, dass er sich nunmehr mit besonderer Beflissenheit in den Dienst des »Durchlauchtigsten Fürsten« stellen könne. Anschließend unterzog er Brahes Mondtheorie auf der Grundlage der Daten, die dieser ihm zur Verfügung gestellt hatte, einer eingehenden Kritik. Wiewohl ihm diese Beobachtungen nur mündlich mitgeteilt wurden, räumte er ein, sie seien aber von so grundlegender Bedeutung, dass er damit Finsternisse berechnen könne. Eine bevorstehende Sonnenfinsternis, so Kepler, werde ihm Gelegenheit geben, die Schwachstellen in Brahes Modell aufzuzeigen und die Überlegenheit seiner eigenen Theorie der Mondbewegung darzutun. Um seine Redlichkeit zu beweisen, musste er sein Gelöbnis brechen (was Ferdinand natürlich nicht wusste): »Hier folge ich meinen eigenen Anschauungen unter Benutzung der Zahlen Tychos.«[8]

Etwa zur gleichen Zeit erbat Kepler in einem Schreiben an Brahes Assistenten Longomontanus in Prag weitere Informationen über Brahes Mondtheorien.[9] Doch der getreue Longomontanus lehnte diese Bitte höflich mit der Begründung ab, er wisse nicht, ob Brahe Kepler in Benatek Einblick in diese Daten gewährt habe. In einem Postskriptum fügte Longomontanus hinzu, er habe Brahe eine Abschrift von Keplers Brief zukommen lassen, die bei diesem keinen besonderen Argwohn geweckt zu haben scheint. Brahe hatte nichts dagegen einzuwenden, dass Kepler während seines Aufenthalts in Graz seine Studien über die Mondbewegung fortsetzte. Er ging ganz offensichtlich davon aus, dass er aufgrund von Keplers Versprechen keinen Anlass zur Sorge habe.

Nur ein paar Wochen zuvor hatte ein scheinbar reumütiger Kepler um Vergebung für die unbesonnenen Taten und Worte gebeten, die, wie er sagte, durch seine »Unbotmäßigkeit« und sein »krankes Gemüt«[10] verursacht worden seien. Nun brach er bei der erstbesten Gelegenheit sein feierliches Versprechen und versuchte den Mann, der ihm vergeben und ihn wieder aufgenommen hatte, zu hintergehen. Und er tat dies nicht in einem Anfall von Unbeherrschtheit, sondern gelassen, mit einem gut ausgearbeiteten Plan und ohne die geringsten Skrupel. Dieser Vorfall wirft ein bezeichnendes Licht auf Keplers Persönlichkeit; es sollte nicht das letzte Mal sein, dass Kepler moralische Bedenken über Bord wirft. In seiner akribischen *Selbstcharakteristik* spielt er offen auf diesen Wesenszug an:

> Das Naturell ist zu Vorspiegelungen aller Art höchst geeignet. Dies rührt aus der Vortrefflichkeit der Veranlagung. Es besteht aber auch eine Lust zur Verstellung, zur Täuschung, zur Lüge. ... Merkur bewirkt das, von Mars angestachelt. Aber zwei Dinge hindern diese Verstellungen: erstens die Furcht für sein Ansehen. Er ist nämlich am allermeisten begierig nach wahrem Lob, und jede Art von Verunglimpfung ist ihm unerträglich. ... Das andere, was diese Verstellungen im Zaume hält, ist ihr ganz eigentümliches Missgeschick, auch wenn sie noch so gut und vorsichtig angelegt sind. ... Es geht dieser zweite Grund auf den ersten zurück. Denn Missglücken erregt Scham und Verwirrung.[11]

Es ärgert Kepler, dass ihm seine Verstellungen nicht recht glücken wollen, ständig grübelt er darüber nach, ob er dies dem Einfluss von Mars und Merkur zu verdanken hat. Neid wecken in ihm alle, denen dies besser gelingt: »Und dennoch sind die Täuschungen mancher Leute so erfolgreich, dass es scheint, als könnten sie Gott und Menschen irreführen; sind sie letzten Endes gleichwohl wirkungslos, so ist dennoch die Langlebigkeit des Betruges wunderbar.«[12]

Am bemerkenswertesten an diesen Passagen ist wohl die Tatsache, dass angesichts der Lügen nirgends von Schuldgefühlen die Rede ist und überhaupt kein inneres ethisches Verhaltensregulativ in Erscheinung tritt. Nirgends spricht Kepler über den grundlegenden Unterschied zwischen Gut und Böse. Wahrhaftigkeit scheint für ihn keinen normativen Wert zu besitzen; sie ist eher eine Unannehmlichkeit, die seine Listen und Tricks vereitelt. Aufrichtigkeit ist etwas, das man in einer Gesellschaft, die diesen Charakterzug höher schätzt als seine natürliche Lust an der Verstellung, zur Not immer vorschützen kann, um sich einen arglosen Anstrich zu geben.

Man ist geneigt, diese Grübeleien, wie viele andere in der *Selbstcharakteristik,* als Ausdruck jugendlicher Seelenverdüsterung abzutun; dabei sollte man aber bedenken, dass Kepler diese Gedanken als erwachsener Mann von sechsundzwanzig Jahren zu Papier brachte, als er bereits sein *Mysterium Cosmographicum* veröffentlicht hatte und verheiratet war. Man sollte Keplers analytischem Verstand Gerechtigkeit widerfahren lassen, denn mit dem gleichen Scharfsinn, mit dem er astronomische Fragen anging, unterzog er sich hier einer erbarmungslosen Selbstanalyse, und die Schlüsse, die er zog, waren gewiss nicht schmeichelhaft, aber, wenn man sein späteres Verhalten in Rechnung stellt, vollkommen zutreffend.

Wie Kepler in seiner *Selbstcharakteristik* vorhersagte, scheiterten seine Versuche, Brahe zu hintergehen. Longomontanus weigerte sich mitzumachen, und Ferdinand gewährte Kepler zwar einen kleinen Zuschuss zu seinen Forschungsarbeiten, lehnte aber sein Ersuchen ab. Auch sollte sich bald zeigen, dass der Erzherzog nicht bereit war, Kepler eine Sonderbehandlung zuzugestehen und von den drastischen Maßnahmen, die er ergriff, auszunehmen.

Am 31. Juli wurden sämtliche Bürger von Graz in die Kirche zitiert, wo sie in Anwesenheit des Erzherzogs einzeln aufgerufen wurden, um sich öffentlich zum katholischen Glauben zu bekennen. Diejenigen, die sich weigerten, mussten, nach Zahlung des Zehnten (von ihrem Vermögen) innerhalb von fünfundvierzig Tagen das Land verlassen. Diese Zwangsabgabe hatte gravierende Folgen, da gleichzeitig ein Erlass erging, wonach Vermögenswerte, die nicht in der festgesetzten Frist veräußert wurden, nicht einmal an einen Katholiken verpachtet werden durften. Daraufhin kam es zu einem massenhaften Ausverkauf von Grundstücken und anderen unbeweglichen Gütern, da sich die katholischen Bürger die Schnäppchenpreise nicht entgehen lassen wollten. Damit nicht genug, erhielten die

Verkäufer als Gegenwert nur weitgehend wertloses ungarisches Geld. Als der Tag der Abreise näher rückte, schrieb Kepler an Mästlin: »Denn wahrhaftig, ich bin aus einem, der reich zu werden hoffte, in Wirklichkeit ganz arm geworden. Ich habe eine Gattin gefreit aus einem vermöglichen Haus; ihre ganze Verwandtschaft ist auf dem gleichen Schiff. Allein ihre ganze Habe besteht in liegenden Gütern, und diese sind äußerst billig, ja nicht einmal verkäuflich. Alles lauert auf sie ohne Bezahlung.«[13]

Unterdessen hatte Kepler in einem Brief an Brahe seine Schwierigkeiten dargelegt. Worauf dieser antwortete: Kommt mit Eurer Familie und Eurer ganzen Habe nach Prag! Brahe schilderte ausführlich seine Verhandlungen mit den kaiserlichen Räten im Namen Keplers, die einen günstigen Ausgang zu nehmen versprachen. Obgleich der Verlust des Gehalts der steirischen Landschaft ihrer beider Pläne zunichte gemacht hatte, »werden wir Mittel und Wege finden, um diese Schwierigkeiten zu überwinden und um Euch und Euren Angelegenheiten angemessen Sorge zu tragen ... Unterdessen werde ich keine Gelegenheit versäumen, sondern ... ich werde mich weiterhin [bei Rudolf II.] dafür verwenden, Eurer unsicheren und bedrückten Lage abzuhelfen.«[14] Brahe ist zuversichtlich, und selbst wenn sich ihre Hoffnung auf kaiserliche Besoldung nicht erfüllen sollte, werde er Kepler nicht im Stich lassen, verspricht er und fordert ihn auf, nach Prag zu kommen: »Säumet nicht, eilet schnellstens unverzagt herbei, damit wir alsbald von Angesicht zu Angesicht über all diese Dinge sprechen können.«[15]

Kepler unternahm einen weiteren Vorstoß für eine Anstellung in Tübingen. Er wolle vielleicht mit seiner Frau und seiner Stieftochter Regina nach Linz gehen, schrieb er in einem Brief an Mästlin, und sie dort zurücklassen, während er die Lage in Prag erkunde, »... um, wenn es mir die göttliche Gnade gewährt, Umschau zu halten, wie der Ort aussieht, welches Gehalt ich bekäme, welche Hoffnung, es herauszupressen, ich hegen könnte. Wenn aber die Unzuträglichkeiten groß wären, würde ich nach Linz zurückkehren und mit meiner Familie auf der Donau zu Euch kommen ... Ihr werdet mir vielleicht eine kleine Professur geben.«[16]

Als er in Linz eintraf, war keine Antwort von Mästlin da. Die Botschaft war unmissverständlich: Selbst wenn er mit seiner Familie im Schlepptau vor Mästlins Haustür stehen würde, wäre er in Tübingen nicht willkommen. Kepler verweilte nicht lange in Linz. Das war jetzt sinnlos geworden. Er erkrankte am Wechselfieber, das ihm ein halbes Jahr lang zusetzen sollte. Dennoch begab er sich mit Barbara und Regina nach Prag, wo er bei Baron Hoffmann ein weiteres Mal gastliche Aufnahme fand.

Obgleich sich Keplers berufliche Aussichten verschlechtert hatten, war sein Selbstvertrauen ungebrochen. Nach seiner Ankunft in Prag unterrichtete er Brahe von seinem Eintreffen und schrieb ihm seine geänderten Pläne: Für den Umzug nach Prag habe er sich in große Kosten gestürzt (die er im Einzelnen auflistet), er habe dies allein deshalb auf sich genommen, weil er es Brahe und indirekt dem Kaiser versprochen habe, aber er könne nicht ewig warten. Falls Brahe seine Verhandlungen mit dem Kaiser in vier Wochen zu einem erfolgreichen Abschluss bringe und ihm eine attraktive Anstellung sichern könne, werde Kepler diese vorrangig in Erwägung ziehen. In der Zwischenzeit wolle er bei der Württembergischen Gesandtschaft in Prag wegen einer Stelle in seinem deutschen Heimatland vorfühlen, das von dem protestantischen Herzog Friedrich regiert wurde. »Ich halte es für sicher, dass man sich derjenigen, die als Exilanten kommen, ... umgehend annimmt und ihnen bei der erstbesten Gelegenheit eine Anstellung verschafft.«[17] Besonders optimistisch stimmten ihn die Versprechungen seiner ehemaligen Präzeptoren an der Universität Tübingen und die enge Verbundenheit des Herzogs mit der Hochschule, so dass er auch auf Empfehlungen für die Universitäten in Wittenberg, Jena, Leipzig und anderen Orten hoffte.

Doch die vermeintlichen Versprechungen seiner Tübinger Lehrer waren völlig aus der Luft gegriffen, und seine Anspielungen auf die Gunst des Herzogs entbehrten jeglicher Grundlage. Entweder erlag Kepler einem frommen Selbstbetrug oder, was wahrscheinlicher ist, er beabsichtigte, Brahe unter Druck zu setzen, als hätte der sich nicht schon in jeder erdenklichen Weise für Keplers Belange eingesetzt. Letzten Endes zerschlugen sich seine Pläne in Deutschland, und Brahe bezahlte Kepler aus eigener Tasche, während sich die Verhandlungen mit Rudolf II. in die Länge zogen.

KAPITEL 17

TYCHO UND RUDOLF

Kaum dass Brahe in Benatek seine zweite Uranienburg geschaffen hatte, musste er das Schloss schon wieder verlassen. Nach neunmonatigem Aufenthalt in Pilsen, wohin sich Rudolf II. vor der in Prag wütenden Pest zurückgezogen hatte, kehrte der Kaiser im Juli in die Reichshauptstadt zurück und gebot Brahe, sich in seiner Nähe niederzulassen. Zunächst mietete sich Brahe mit seinem Haushalt in einem Gasthof ein, dem »Goldenen Greif«, nahe der Prager Burg. Da er unter den beengten räumlichen Verhältnissen jedoch mit seinen Arbeiten nicht recht vorankam, überließ ihm der Kaiser das Kurtz'sche Haus, das er für zehntausend Taler von Jacobs Witwe erstand. Ende Februar 1601 richtete sich Brahe mit seiner Familie dauerhaft in dem neuen Domizil ein, das er bei seinem ersten Aufenthalt in der Reichshauptstadt noch ausgeschlagen hatte (und das er Kepler während ihrer schwierigen Verhandlungen zehn Monate zuvor in Aussicht gestellt hatte).

Brahe ließ seine Instrumente in Benatek umgehend abbauen. Damit war auch sein Traum zunichte, fern der höfischen Zerstreuungen und eines offenbar psychisch immer angeschlageneren Kaisers in kontemplativer Abgeschiedenheit seinen Arbeiten nachzugehen. Innerhalb weniger Monate fanden diese

Instrumente – und die größeren Gerätschaften, die endlich aus Deutschland eingetroffen waren – auf dem Balkon des Lustschlosses Belvedere im königlichen Garten eine neue Heimat. Dort, bei dem Singenden Brunnen und unweit der Menagerie der Burg, gesellte sich der Kaiser so manchen Abend zu Brahe, um gemeinsam mit ihm die Gestirne zu betrachten. Diese Abende mit dem einzigen Mann am Hofe, der mit Sicherheit nichts gegen ihn im Schilde führte und nichts mit den Intrigen der Hofschranzen zu schaffen hatte, waren Balsam für seine gequälte Seele.

Dass der Kaiser sich Brahe vor allem deshalb in seiner Nähe wünschte, weil er sich von ihm astrologische Ratschläge erhoffte, geht aus dem Brief hervor, den Brahe im August an Kepler in Graz schrieb und in dem er ausführlich auf den Stand der Verhandlungen einging. Rudolf hatte Brahe, der die Gelegenheit nutzen wollte, um seinem Assistenten das kaiserliche Salär zu sichern, eine Audienz von anderthalb Stunden gewährt und ihn zu späterer Stunde am gleichen Tag ein zweites Mal zu sich befohlen. Der Kaiser traf kaum noch eine Entscheidung, ohne zuvor astrologischen Beistand zu suchen, und obgleich es am Hof von Astrologen wimmelte, die den Aberglauben des Herrschers nur allzu gern bedient hätten, wollte er nicht auf den Rat des bedeutendsten Astronomen der Welt verzichten.

Diese Fassette ihrer Beziehung liefert uns interessante Aufschlüsse über Brahes Charakter und seine Geschicklichkeit in der Kunst der sanften Überredung, die er ausgerechnet bei jemandem unter Beweis stellte, der zumindest de jure der mächtigste Herrscher Europas war. Denn Brahe wollte keine astrologischen Ratschläge geben, da er seit langem nicht mehr daran glaubte, dass die Astrologie zutreffende Vorhersagen machen könne, sieht man einmal von ganz allgemeinen, meist trivialen Horoskopen ab. Mittlerweile empfand Brahe sogar regelrechte Verachtung für die astrologischen Prognostika.

Nicht dass er die theoretischen Grundlagen der Astrologie in Frage stellte, aber er war Empiriker genug, um zu bezweifeln, dass aus ihrer praktischen Anwendung etwas anderes erwachsen könne als pure Spekulation. Schon 1597 hatte der Herzog von Mecklenburg in einem Brief an Brahe beklagt, zwei von ihm konsultierte Astrologen hätten ihm völlig gegensätzliche Prognosen für das kommende Jahr gestellt.[1] Brahe antwortete, dies sei vermutlich darauf zurückzuführen, dass der eine Astrologe die Ptolemäischen Tafeln und der andere die Kopernikanischen Tafeln verwendet habe, die beide aufgrund ihrer Ungenauigkeit keine zutreffenden Vorhersagen erlaubten. Und selbst wenn alle herangezogenen Informationen richtig seien, betonte Brahe, stützten sich die Astrologen bei der Auswertung ihrer Daten auf so grundverschiedene Annahmen und Methoden, dass es an ein Wunder grenze, wenn zwei Sterndeuter jemals übereinstimmten. Daher, so Brahe weiter, wolle er mit dem ganzen Unterfangen lieber gar nichts zu schaffen haben. Es sei allemal befriedigender, sich der Astronomie zu widmen, deren Erkenntnisse zwar beschränkter, dafür aber konkret, zuverlässig und überprüfbar seien.

Allem Anschein nach war Brahe von Anfang bestrebt, den Kaiser von seinem Aberglauben abzubringen. Anfang des Jahres hatte Rudolf II. über einen von Brahes Assistenten, der sich in Pilsen aufhielt, den Dänen um eine Prognose über die Dauer der Pestepidemie gebeten. »Just in dieser Stunde«, antwortete Brahe,

> habe ich einen Brief von meinem Dienstboten Daniel Fels erhalten, der sich an Eurem Hofstaat aufhält. Darin schreibt er, Euer Allergnädigste Hoheit wünschten, dass ich Euer Majestät mein Gutachten (*iudicium*) über dieses Jahr, besonders was die Seuchen anlangt, kurz und bündig zusammengefasst, bei nächster Gelegenheit übermittle. Nun bin ich es nicht gewohnt, astrologische Vorhersagen zu machen, weil sie nicht die Gewissheit verbürgen, die ich verlange und die die Astronomie, welche lediglich die Bewegungen der Gestirne gründlich erforscht, zulässt (aus diesem Grund betreibe ich sie). Zudem mögen diese allgemeinen Einflüsse des Himmels

> (*Mundi influentiae*) nicht von den höheren Gestirnen, sondern von niedrigeren Ursachen und von der Natur der Elemente herrühren ... Daher sind unter denjenigen, die sich anmaßen, diese Dinge ohne Sinnestäuschungen vorherzusehen, eigentlich keine oder allenfalls wenige, die, im Hinblick auf besondere, einzelne Begebenheiten, erwiesenermaßen richtige Weissagungen machen können. Die meisten denken sich einfach irgendetwas aus.[2]

Nachdem Brahe astrologische Horoskope ausdrücklich für wertlos erklärt hatte, sagte er dennoch zu, die von Rudolf erbetenen Prognostika zu erstellen. Im September verhielt sich Brahe dann eher wie ein Freund, der sich bemühte, die abergläubischen Befürchtungen seines Schutzherrn zu zerstreuen und ihn psychologisch aufzubauen. Am Hof hatte offenbar irgendjemand das Gerücht gestreut, Brahe berate den Kaiser bei der Planung des Türkenfeldzugs. In einem Brief an einen Bekannten, mit dem er regelmäßig korrespondierte, Georg Rollenhagen, trat Brahe dem Gerücht entgegen und erwähnte seine Bemühungen, die gedrückte Stimmung des Kaisers zu heben:

> Wie Ihr in Euern Briefen richtigerweise vermutet, sind [die Gerüchte] falsch. ... Nie hat Seine Majestät von sich aus über dergleichen Dinge mit mir gesprochen, und er hat die Türken und den Krieg gegen die Türken mir gegenüber nie schriftlich oder mündlich erwähnt. Noch viel weniger habe ich, der ich mich nicht in auswärtige Angelegenheiten einmische oder die Fähigkeit der Weissagung für mich beanspruche, dergleichen zur Sprache gebracht. Im Gegenteil, ich habe [mich immer bemüht], jene Dinge zu empfehlen, die den gesunden Geist aus der Wirrsal befreien, indem sie ihn von Schwermut, Niedergeschlagenheit, Argwohn, Aberglaube und anderem dergleichen läutern, und das habe ich bisher fleißig betrieben ... wie der leitende Sekretarius, Freiherr von Barwitz, weiß, der im Allgemeinen dem Kaiser im-

mer zur Verfügung steht. Deswegen hat er mir mehrmals von Herzen gedankt.[3]

Hier wie an anderer Stelle setzte Brahe alles daran, sich von höfischen Intrigen abzusetzen und anders lautende Gerüchte – die in der geheimniskrämerischen höfischen Gesellschaft zwangsläufig aufkamen – zum Verstummen zu bringen. Nur das Gerücht, dass Rudolf II. auf Brahes Anraten hin die Kapuziner aus Prag verjagte, blieb an ihm hängen. Aufgebracht hatten diese Fama die Kapuziner selbst, die behaupteten, Brahe habe auf ihre Ausweisung gedrängt, weil ihre Gebete die Zauberkraft seiner schwarzen Magie gebannt hätten. Brahe habe mit Hilfe dieser Rituale unedle Metalle in Gold zu verwandeln gehofft; dies ist jedoch äußerst unwahrscheinlich, eingedenk Brahes seit langem bestehender Verachtung für die alchemistischen Transmutationsexperimente. Zudem wimmelte es an Rudolfs Hof von Alchemisten, an die sich der Kaiser jederzeit wenden konnte. Nach einer anderen Legende überredete Brahe den Kaiser, die Mönche auszuweisen, weil er sich bei dem ständigen Glockengeläut aus dem nahe gelegenen Kloster nicht auf seine Arbeit habe konzentrieren können. Brahe bestritt jegliche Verwicklung in den Vorfall, und ebenso wenig schenkte der päpstliche Nuntius den Anwürfen gegen Brahe Glauben. Die Kapuziner waren vermutlich schlicht ein bequemer Sündenbock, auf die der seelisch zerrüttete Rudolf sein mittlerweile an Verfolgungswahn grenzendes Misstrauen (das nicht gänzlich unberechtigt war) gegen den Vatikan und dessen politische Intrigen projizierte. Nachdem er seine tiefste Depression überwunden hatte, lud er die Kapuziner jedenfalls ein, nach Prag zurückzukehren, und die Glocken ihres Klosters läuteten wieder genauso regelmäßig wie zuvor.

Diese Gerüchte verstärkten nur Brahes Abneigung gegen das höfische Leben und machten ihm den Verlust seines Refugiums in Benatek umso schmerzlicher bewusst. Doch scheint er diesen Rückschlag genauso gleichmütig verwunden zu haben wie frühere. Im Februar 1601 zog er in das Haus von Jacob

Kurtz mit seinen vergleichsweise beengten Wohnverhältnissen. Bald darauf quartierte sich auch Kepler dort ein, dessen (fragliche) Demarchen bei der württembergischen Gesandtschaft nichts gefruchtet hatten.

Zu all dem kamen für Brahe noch schwere Geldnöte. Da er die zweite Rate des ihm zugesagten überaus großzügigen Gehalts nie erhielt, was angesichts der notorisch leeren Staatskasse nicht verwundert, gestaltete sich seine finanzielle Lage immer schwieriger. Dies lässt sich durchaus nachvollziehen, wenn man die Ausgaben für ein standesgemäßes Auftreten in der Prager Gesellschaft und für die Unterhaltung eines großen Haushalts in Rechnung stellt, dem nicht nur seine Familie, sondern auch zahlreiche Assistenten angehörten, darunter Kepler mit Frau und Stieftochter, denen er seine Unterstützung zugesagt hatte, als die Verhandlungen bei Hof nicht recht vorankamen. Die finanziellen Verhältnisse des Kaiserlichen Mathematikus in Prag waren alles andere als fürstlich.[4]

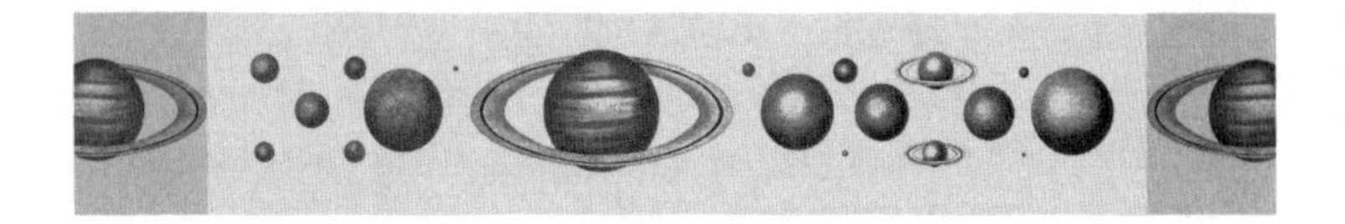

KAPITEL 18

DIE MÄSTLIN-AFFÄRE

Keplers Befürchtung, im Hinblick auf seinen Lebensunterhalt fast völlig von Brahe abhängig zu werden, bewahrheitete sich also. Kepler war zwar bei seiner Entlassung in Graz mit einem halben Jahressalär abgefunden worden, außerdem hatte ihm der Landesherr ein weiteres Mal seine besondere Gunst erwiesen und die von ihm zu entrichtende »Ausreisesteuer« von zehn auf fünf Prozent seines Vermögens herabgesetzt. Aber in Prag war das Leben sehr viel teurer, und er wusste, dass seine Abfindung nicht lange vorhalten würde. Seine Frau, von der er vergeblich gehofft hatte, sie würde ihn reich machen, schien mit der neuen, fremden Umgebung nicht zurechtzukommen; alle anderen Frauen in Brahes Haushalt sprachen dänisch und ließen es ihr gegenüber an gebührendem Respekt mangeln, wie sie wiederholt beklagte.

Unter den noch beengteren Wohnverhältnissen in der Kurtz'schen Residenz zerrten das lebhafte Treiben in Brahes Haushalt, wie es dänischer Sitte entsprach, die engen sozialen Kontakte und die ausgiebigen Tafelrunden, bei denen reichlich Wein floss – für Kepler eine nahezu unerträgliche Tortur – stark an Keplers Nerven, die schon durch das Wechselfieber, das er sich auf der Rückreise nach Prag zugezogen hatte, strapaziert waren. Ein chronischer Husten, so fürchtete er, sei möglicherweise Tuberkulose. Auch Barbara war krank, und Keplers Gewohnheit, sich häufig zur Ader zu lassen, brachte keinerlei Erleichterung.

Das Haus von Kurtz kam ihm wie ein Verlies vor. Damit nicht genug, drohte das neue Projekt, das Brahe ihm anvertraut hatte, ihn in ernste Schwierigkeiten zu bringen. Brahes Klage gegen Ursus war im Sande verlaufen, denn der Plagiator, der wieder einmal nach Prag zurückgekehrt war, verschied am Vorabend des Prozesses, nachdem er sich geweigert hatte, seine verleumderischen Anschuldigungen zu widerrufen und sich als Plagiator zu bekennen. Für Ursus kam der Tod gerade rechtzeitig: Wäre er am Leben geblieben, dann wäre er vermutlich öffentlich geköpft, gestreckt und gevierteilt worden.[1]

Brahe, der wusste, dass man selbst durch Lügen eine Art Unsterblichkeit erlangen konnte, mochte deren Urheber auch längst in der kühlen Erde ruhen, unternahm nun zweierlei: Zunächst bemühte er sich darum, Ursus' Buch mit seinen üblen Verleumdungen gegen Brahes Ehefrau und seine Kinder verbieten zu lassen. Dem kam der Kaiser mit einem Dekret nach, welches das Buch im gesamten Heiligen Römischen Reich verbot und sämtliche Exemplare, die in Prag aufgefunden wurden, zur Verbrennung bestimmte. Zum Zweiten verfasste er ein Buch, das seinen Prozess gegen Ursus dokumentierte – und so dessen Schuld historisch dokumentieren sollte – und seinen Vorrang als Erfinder des tychonischen Systems durch weitere Fakten belegte.[2]

Niemand war in Brahes Augen besser geeignet, die zweite Hälfte dieses Buches zu verfassen, als Kepler, der bestens mit der Angelegenheit vertraut war, zumal er früher, als Brahe seine Klage gegen Ursus vorbereitete, ein zweiseitiges Schriftstück mit dem Titel *De lite causa hypothesium D. Tychonem inter et Ursum* (»Über den Streit zwischen Tycho und Ursus um eine Hypothese«) aufgesetzt hatte, in dem er Brahes Ersterfinderanspruch kursorisch untermauerte. Für Kepler aber war das ganze Vorhaben ein potenzielles Minenfeld. Denn wiewohl Ursus tot war, konnte er nicht sicher sein, ob seine Briefe an Ursus nicht wieder auftauchten und ihn als Lügner entlarvten. Brahe glaubte noch immer, dass Kepler nur einen einzigen Brief an Ursus geschrieben hatte und dieser falsch zitiert worden war, auch wenn Kepler später gegenüber Herwart einräumte, Ursus habe ihn in seinem Buch richtig wiedergegeben.[3]

Wenn sich Kepler abermals öffentlich in den Streit einschaltete, würde ihm dies nicht zum Vorteil gereichen und ihn nur noch weiteren Vorwürfen der Heuchelei aussetzen. Er wollte kein Öl ins Feuer gießen und das Interesse an dem Skandal nicht neu anfachen. Schlafende Hunde soll man nicht wecken, und belastende Briefe nicht ans Licht der Öffentlichkeit zerren. Kepler schien sich auf passiven Widerstand verlegt zu haben. Monatelang schob er die Arbeit an der Schrift vor sich her und redete sich damit heraus, er müsse die antiken Astronomen noch gründlicher studieren, deren Werke Ursus angeblich zu seinem Weltmodell tychonischen Gepräges inspiriert hatten. Die *Apologia pro Tychone contra Ursum* (»Verteidigung Tychos gegen Ursus«) wurde zu Keplers Lebzeiten nicht veröffentlicht, sie blieb jedoch in unvollendeter Form in seinem Nachlass erhalten und wurde in eine Gesamtausgabe seiner Werke aufgenommen, die erstmals im 19. Jahrhundert erschien.

Ursus war nicht Keplers einziger Kummer. Ein paar Monate zuvor war sein dreister Versuch, sich Mästlin zum Komplizen zu machen in seinem hinterlistigen Plan, Brahe sein Beobachtungsmaterial zu »entreißen«, spektakulär gescheitert. Dies führte zu einem mehrjährigen Bruch mit seinem Freund und Mentor.

Im Oktober hatte Mästlin endlich auf Keplers inständige Bitte, irgendeine Anstellung, und sei es nur eine kleine Professur in Tübingen für ihn zu finden, geantwortet. Wie schon zuvor war die Antwort ein höfliches, aber entschiedenes Nein. Er erbot sich lediglich, für seinen verzweifelten Freund in Prag zu beten.

Dann kam Mästlin auf etwas zu sprechen, das ihn offenkundig verstimmt hatte. Auf einen anderen (verloren gegangenen) Brief anspielend, wechselt er von einem inbrünstigen in einen tadelnden Tonfall:

> Ihr habt mir früher geschrieben, Ihr würdet Euch mit dem Gedanken tragen, meine Briefe zu veröffentlichen. Ich bitte Euch inständig, dies nicht zu tun. Denn ich habe sie von Freund zu Freund geschrieben. Das, was im Rahmen unserer Korrespondenz mitgeteilt wurde, war zweifellos vorher nicht unbekannt. Aber wenn ich damit gerechnet hätte, dass sie [die Briefe] veröffentlicht werden sollen, dann hätte ich mich umsichtiger ausgedrückt ... Ich habe nicht anderen [Personen], sondern Euch geschrieben, der Ihr alle Worte, selbst die mit rohem Verstand geschriebenen, zutreffend zu deuten wisst. Es genügte mir, dass Ihr meine Gedanken versteht. ... Etwas ganz anderes ist es jedoch, wenn persönliche Freunde so sprechen, dass die ganze Welt zuhören kann. Auch billige ich nicht die Absicht derjenigen, die bedenkenlos die Briefe persönlicher Freunde über Privatangelegenheiten veröffentlichen wollen. Und ich glaube kaum, dass ich Euch eine Gefälligkeit erweisen würde, wenn ich Eure Briefe in ähnlicher Weise veröffentlichte (in denen Ihr manchmal diejenigen erwähnt, deren Versprechungen Ihr mit Argwohn betrachtet, als ob sie Eure astronomischen Arbeiten bei unserem Kaiser behindert hätten).[4]

Trotz zahlreicher eindringlicher Briefe Keplers blieb Mästlin während der nächsten fünf Jahre stumm und nahm auch auf andere Weise keinen Kontakt zu Kepler auf.

Was war geschehen? Viele Historiker nehmen an, Mästlin habe eine Art psychischen Zusammenbruch erlitten, und da der Brief, auf den er sich bezieht, verschollen ist, wurde behauptet, er habe die ganze Sache schlichtweg erfunden. Nach dieser Deutung fiel Mästlin aufgrund der Missetaten seines Sohnes, der offenbar an irgendwelchen kriminellen Machenschaften beteiligt war und ins Exil gehen musste, in eine tiefe Depression.

»Mein Sohn fehlt mir, der Gehstock meines hohen Alters«, schreibt Mästlin in diesem letzten Brief an Kepler. »Wahrlich, der Kummer um mich herum hat mich fast eingeholt.«[5] Mästlins Betrübnis lässt sich mit Händen greifen. Doch als Erklärung wirft sie mehrere Fragen auf. Weshalb sollte ihn der Kummer über das Verhalten seines Sohnes dazu veranlassen, Kepler Vorhaltungen zu machen? Und weshalb monierte er dann ausgerechnet Keplers Absicht, seine Briefe zu veröffentlichen? Selbst wenn man der Annahme zustimmt, Mästlins Depression habe ihn in eine Art Verfolgungswahn getrieben, ist sein Einwand doch sehr konkret.

In Keplers Antwort wird das Rätsel gelüftet. Nachdem er zunächst seine elende Lage in Prag geschildert hatte, antwortete er auf Mästlins Kritik. Einmal mehr distanzierte sich Kepler auf sonderbare Weise von seinem Verhalten, so als wüsste der »gute Kepler« nicht, was der »böse Kepler« tut: »Falls ich je an Euch über den Plan der Veröffentlichung Eurer Briefe geschrieben habe, so wundere ich mich sehr über mich selber, [darüber] dass der Kepler einer einzigen Stunde so sehr verschieden ist vom Kepler aller übrigen Stunden. Nie habe ich, soweit ich weiß, den Entschluss gefasst, dies zu tun ...«[6]

Kepler-Spezialisten haben den letzten Satz als »Ich hatte nie die *Absicht*, dies zu tun« übersetzt, was Keplers Leugnung einen ganz anderen Anstrich gibt und der Behauptung, Mästlin habe das Ganze erfunden, scheinbar mehr Glaubwürdigkeit verleiht. Kepler benutzt hier jedoch den recht unmissverständlichen lateinischen Ausdruck »*induxi animum*«, was eine Unschlüssigkeit im Hinblick auf die *bestehende* Absicht erkennen lässt. Dieser Ausdruck wird häufig mit »sich entschließen«, »sich vornehmen«, »sich überzeugen«, »nach etwas streben« übersetzt. Der Ausdruck bedeutet nicht, dass man noch nie an dergleichen gedacht hat. Im Gegenteil, er signalisiert, dass man den Sachverhalt aktiv in Erwägung zieht.[7]

Dennoch stellt sich die Frage, worum es in dieser brieflichen Kontroverse eigentlich geht. Man kann verstehen, weshalb Mästlin nicht wollte, dass seine freimütigen Äußerungen über

Brahe und andere an die große Glocke gehängt werden. Aber weshalb drohte Kepler mit etwas, von dem er wusste, dass es seinen Mentor verärgern würde? Wir können die Antwort nicht mit Sicherheit wissen, aber es gibt eindeutige Hinweise in Keplers folgenden Briefen. Er war noch immer ganz versessen darauf, sich Brahes Beobachtungen zu verschaffen, um sie selbst auszuwerten. In einem Brief an Mästlin schrieb er, er sei nach Prag gekommen, »um sich seiner [Tychos] so wichtigen Beobachtungen zu bemächtigen. Aber ich erhoffe mir sehr wenig.«[8] Als Mästlin nichts von sich hören ließ, schrieb er einen weiteren Brief an ihn: »Ich bin unwillig darüber, dass Ihr noch immer schweigt und auch mit Tycho nicht brieflich verkehrt. Es wäre sicherlich sehr klug von Euch, wenn Ihr Euch so viel als möglich Mühe gäbet, ihm seine Beobachtungen zu entwinden. ... Ihr könntet ihm einige von Euren Beobachtungen schicken; ich glaube, er würde, da er bei aller Wankelmütigkeit doch von großer Güte ist, auch Euch welche schicken, wenn Ihr darum ersuchen würdet. Es steht mir zwar alles offen, ich musste aber zuvor feierlich Geheimhaltung versprechen; ich habe dies auch getan, so weit es einem Philosophen geziemt. Solltet Ihr befürchten, dass er Eure Briefe veröffentliche, so schicket sie durch mich.«[9]

Kepler versuchte nicht zum letzten Mal, andere zu benutzen, um an Brahes Beobachtungsmaterial heranzukommen, und es war ganz offenkundig nicht sein erster Versuch, sich Mästlin zum Komplizen zu machen. Sehr zu Keplers Verärgerung hatte Mästlin noch immer nicht an Brahe geschrieben, und so setzte er ihm auseinander, wie er es am besten anstelle. Er rät Mästlin sogar, seine Briefe durch ihn zu schicken, falls er das Gefühl habe, ein frontaler Angriff würde ihn kompromittieren. Die arglistige Täuschung, die darin lag, bereitete Kepler keinerlei Skrupel. Denn er meinte, Mästlins Kooperation sei der einzige Ausweg, zumal er selbst durch ein Verschwiegenheitsgelöbnis gebunden sei, das er so weit respektiere, wie es sich für einen Philosophen gezieme – für Kepler ein dehnbarer Begriff, wie aus seinem Brief an Ferdinand hervorging.

Es ist nicht weiter verwunderlich, dass Mästlin in den nächsten fünf Jahren, bis weit nach Brahes Tod, nichts von sich hören ließ (und dass er sogar später seinen einstigen Günstling auf Distanz hielt), da Kepler versuchte, ihn zum Komplizen bei seinem hinterlistigen Ränkespiel zu machen. Selbst wenn Mästlins Integrität, die seinen gesamten Berufsweg kennzeichnete, und seine tiefe Gläubigkeit nicht genügt hätten, sich entsetzt von Keplers Ansinnen abzuwenden, so wäre seine Angst vor einem öffentlichen Skandal allemal groß genug gewesen. Auch wenn man sich verwundert fragt, weshalb ausgerechnet so viele jener Briefe Keplers, die ihn in einem zweifelhaften Licht erscheinen lassen, verloren gegangen sind (und von denen wir nur aus den oftmals empörten Antworten seiner Briefpartner wissen), kann man sich unschwer Mästlins Wunsch vorstellen, derartige Briefe zu vernichten.

Somit war wieder ein weiterer Versuch Keplers, durch List an Brahes Daten zu gelangen, gescheitert. Das Wechselfieber sollte ihn noch mehrere Monate lang schwächen, während die Spannungen zwischen Kepler und Brahe im Winter 1600 zunahmen. Diese Frustrationen sollten bei dem ungeduldigen Kepler einmal mehr einen bitterbösen Wutanfall auslösen.

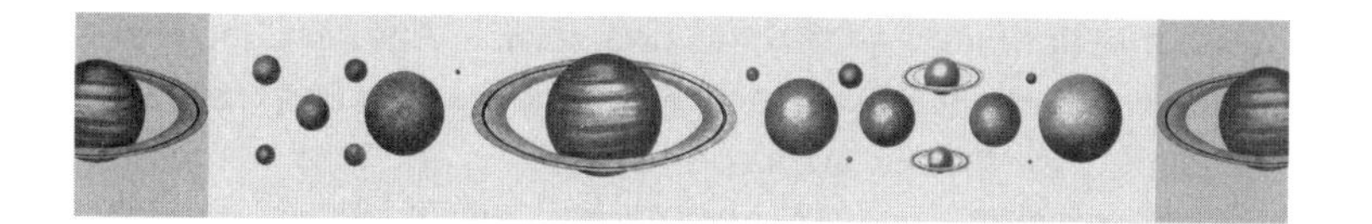

KAPITEL 19

DER ZORN KOCHT ÜBER

Barbara Keplers wohlhabender Vater, Jobst Müller, starb Anfang des Jahres 1601, und sobald die Straßen nach der Schneeschmelze im April wieder passierbar waren, reiste Kepler nach Graz, wo er versuchen wollte, das auf dreitausend Gulden geschätzte Erbe seiner Frau zu erlangen. Der Aufenthalt schien Kepler gut zu bekommen: Sein Fieber verschwand, und er wurde in den Häusern steirischer Adliger fürstlich bewirtet. Müllers Nachlass bestand jedoch hauptsächlich aus Liegenschaften, die jeweils mehreren Erben zugleich als Fideikommiss zugewendet worden waren. Kepler konnte daher den Anteil seiner Frau nicht herauslösen und getrennt verwerten. In seinem Horoskop für das Jahr 1601 vermerkte er später, die Reise habe nichts gebracht.

Barbara, die sich in Prag einsam und verlassen fühlte, schrieb im Mai einen Brief an Kepler, in dem sie sich über ihre Behandlung in Brahes Haushalt beklagte. Der Brief ist nicht erhalten – Kepler pflegte die Briefe seiner Frau als Schmierpapier für seine astronomischen Berechnungen zu verwenden –, aber er versetzte Kepler offenbar ein weiteres Mal in Zorn, dem er in einem höchst beleidigenden Brief an Brahe Luft machte. Wie das wütende Schreiben, das er Brahe nach Benatek schickte, nachdem ihre Verhandlungen stockten, ist auch dieses nicht erhalten geblieben, aber aus der Antwort, die Brahe seinen Assistenten Johannes Eriksen verfertigen ließ, lässt sich der Inhalt des Briefes gut erschließen.

Brahe scheint diesen neuen Ausfall relativ gelassen aufgenommen zu haben, vermutlich weil er sich an Keplers Wutausbrüche gewöhnt hatte oder, was wahrscheinlicher ist, weil ihn die Hochzeit in Beschlag nahm, die in ein paar Tagen zwischen seiner zweiten Tochter, Elisabeth, und seinem adligen Assistenten Franz Tengnagel, der ihm sehr ans Herz gewachsen war, stattfinden sollte. Brahe hatte mehr als die üblichen väterlichen Gründe, sich darüber zu freuen, dass seine Tochter eine gute Partie machte. Denn die Verbindung wäre niemals zustande gekommen, wenn Brahe in Dänemark geblieben wäre, und jetzt war sie nur möglich, weil Rudolf der Familie Brahe de facto die Adelswürde zuerkannte. In Anbetracht der Sorge um die Zukunft seiner engsten Angehörigen, die ihn wegen ihres Status als Nichtadlige lange umgetrieben hatte, und der Erniedrigung, die seine Familie daher von den eigenen Landsleuten erdulden musste, war die Eheschließung zwischen Elisabeth und Tengnagel eine ziemlich spektakuläre Rehabilitierung.

Die Feindseligkeit von Keplers Brief scheint Eriksen, der Kepler mochte, ziemlich bestürzt zu haben. In einem Schreiben, in dem er nur ein paar Tage zuvor Neuigkeiten aus Prag vermeldete, redete er ihn als »liebster Freund« an, und wie andere, die Keplers scheinbar grundlose Wut zum ersten Mal erlebten – und sei es aus der Ferne –, war er schockiert und sprachlos. »Ich frage mich«, schreibt er, »genauso wie andere, weshalb Ihr derart schroffe und schneidende Worte gegen einen Mann gebraucht, der bis jetzt keine so üble Behandlung von Euch verdiente ... Was war die Ursache für so viel zügellosen Geist und solche Bitterkeit?«[1]

Barbara beschwerte sich unter anderem darüber, dass Brahe das vereinbarte Gehalt nur zögerlich auszahle, und Kepler nahm dies zum Anlass, Brahe abermals zu beleidigen, indem er ihm vorwarf, arglistig zu handeln und sein Wort nicht zu halten. Eriksens Brief liest sich fast wie ein eindringlicher Appell an seinen Freund, wieder zur Vernunft zu kommen. Er rechnete ihm im Einzelnen vor, wie viele Taler seine Frau Barbara bereits von Brahe bekommen hatte, obwohl Brahe selbst zunehmend knapp bei Kasse war. Und er fügte hinzu: »Ihr solltet daher, werter Kepler, Euern Wohltäter nicht so scharf angreifen, denn er verdient es nicht, und Ihr solltet auch nicht unbedacht zu alten, nicht geringen Beleidigungen neue hinzufügen« – eine deutliche Anspielung auf Keplers frühere Ausbrüche. »Es bekümmert ihn zutiefst, dass Ihr seine Glaubwürdigkeit und seine Vertragstreue in Zweifel gezogen habt.«[2] Eriksen ließ Kepler wissen, dass Brahe das ausstehende Gehalt seines Assistenten Johannes Müller, dessen Anstellung Brahe beim Kaiser erwirkt hatte, aus eigener Tasche bezahlt habe, als dieser Prag überstürzt verließ. Er erinnerte ihn daran, dass Brahe sämtliche Punkte ihrer Abmachung erfüllt hatte, und riet ihm dringend, die Geduld ihres Gönners nicht überzustrapazieren. »Besinnt Euch«, ermahnte er den Freund, damit »Ihr Euch in Zukunft besonnener und gemäßigter gegen denjenigen betragt, der bereits große Nachsicht gegen Euch gezeigt hat und der Euch und den Eurigen von Herzen nur das Beste wünscht«.[3]

Schon bevor er Eriksens Brief im Juni erhielt, hatte Kepler beschlossen, sich direkt an Rudolf II. zu wenden. Obgleich seine Worte notgedrungen gemäßigter sind, grenzen seine Ausführungen über Brahe an eine Beleidigung. Nachdem er darauf hingewiesen hatte, dass er von Brahe eingeladen worden und seine Liebe zur Astronomie der Grund für seine Übersiedlung gewesen sei, merkte Kepler an, ganz Europa erwarte die seit langem versprochene Publikation von Brahes astronomischen Werken, die jedoch noch immer nicht vollendet seien. Kepler sei gekommen, um diesen Prozess zu beschleunigen:

> Weil aber mir die ordenliche vocation [Berufung], wider sein herrn Brahe vertröstung lang nit zuekhumen [zugegangen] ... derentwegen ich verursacht, mein versprochene hilf wird

> für unnötig gehalten worden sein, hab ich gedachtem Brahe schriftlich vermeldet, dass ich mein datum anderstwohin an unterschidliche ortten gesetzt, weil ich mich ohne besoldung länger nit aufhalten khündte, hierauff er geandtwortet, dass er meiner bey Euer Kay. May. etc. mit Namen gedacht, und alberait allergnedigste mündliche bewilligung, mich in Behaim [Böhmen] zuberueffen, erlangt, hatt derowegen mich starkh vermahnt, in meiner fürgenommenen rais [geplanten Reise] mich nirgend hin, als gehn Prag zubegeben. Wie nun hierauf mir nit gebüren wöllen, aines so ansehenlichen kayserlichen dieners wortt in zweifl zuziehen, vill weniger solliche E. Kay. May. etc. allergnedigste mainung in wint zuschlagen, also bin ich im October nächstverschinen zum andern mall [zum zweiten Mal] zu Prag gehorsamst erschinen, und hab alda bey den begerten Astronomischen laboribus [Arbeiten], unangesehen ich khain ordenliche besoldung gehabt, disen winter hindurch sovill gethan, als ich bey sehr langwiriger leibsschwachait und quartana [Wechselfieber] vermöcht, und durch Gottes segen zimlich proficirt [gute Fortschritte gemacht], Allso auf E. Kay. May. etc. allergnedigiste bestallung, nach des herrn brahe offtwiderholter vertröstung, mit großem uncosten demüettigist in geduld gewarttet.[4]

Nachdem Kepler betont hatte, dass er seine Seite der Abmachung erfüllt habe, beschließt er den Brief damit, der Kaiser möge ihm den versprochenen Ausgleich für den erheblichen Schaden, den er erlitten habe, erstatten: »Bin tröstlicher hoffnung, weil ich auf E. Kay. May. etc. allergnedigisten durch villermelten herrn Brahe mir angekhündten berueff [Ruf] gehorsamist erschinen, E. Kay. May. etc. werden nit gestatten, dass ich von armutt wegen zum ungeurlaubten abzug von Prag und verlassung der so herrlichen studien ... gedrungen werde.«[5]

Auch in diesem Brief ließ Kepler, diesmal vor dem Schutzherrn seines Arbeitgebers, anklingen, Brahe habe sich arglistig verhalten. Dies ist an sich bemerkenswert, noch bemerkenswerter aber ist, dass Kepler den Kaiser regelrecht in Verlegenheit brachte: Er sei, schreibt er, »auf Euer Kayserliche Mayestät allergnedigisten ...berueff gehorsamist erschinen«, und jetzt sei es an Seiner Majestät, die Dinge in Ordnung zu bringen.

Etwa zur gleichen Zeit, als Kepler an Kaiser Rudolf II. schrieb, schickte er einen Brief an den berühmten italienischen Astronomen Giovanni Antonio Magini, den er, wie schon Mästlin, dafür gewinnen wollte, Brahe durch eine List seine Beobachtungsdaten zu entwinden. Zunächst erläutert Kepler sein Dilemma: »... [mich] bewegte vor allem die Einsicht, dass ich meinen schon lange gehegten Plan zu einer Weltharmonik nur mit Hilfe der Neugestaltung der Astronomie durch Tycho sowie durch Heranziehung seiner Beobachtungen ausführen kann. ... So hält Tycho mit vielem zurück. Ich bat ihn um eine verbesserte Darstellung der Planetentheorien, die Exzentrizitäten, die Verhältnisse der Bahnhalbmesser zur Prüfung meiner harmonischen Untersuchungen. ... und worum ich ihn hauptsächlich ersucht habe, [waren seine Ergebnisse in der Theorie] des Mars.«[6]

Obgleich er zugibt, dass Brahe seine Beobachtungen veröffentlichen wird, sobald sie gründlich überarbeitet wurden, beklagt er die verlorene Zeit als »unwürdigen Zustand«.[7] Er wisse, dass Brahe und Magini vertraulich astronomische Daten ausgetauscht hätten. Dann kommt er zur Sache: »Als ich dies aus Euren Briefen erfuhr, bin ich in wunderbarer Weise in Liebe zu Euch entbrannt, und zwar umso mehr, als das, was Ihr nach Eurer Angabe insgeheim besitzt, meine für die Astronomie vielleicht nicht unnützen Arbeiten zu fördern imstande sein wird.«[8] Da er weiß, dass es unschicklich ist, Magini zu bitten, er möge Brahes Daten an ihn weiterleiten, versichert er ihm, dass er ihre Abmachung absolut vertraulich behandeln werde: »Wenn Ihr an meiner Zuverlässigkeit zweifelt, so habt Ihr hier mein handschriftliches Versprechen, das ich mit gutem Gewissen gebe, dass ich Eure Mitteilungen geheim halten, sie keinem einzigen weitergeben werde, ohne Hintergedanken und aufrichtig.«[9]

Wie schon Mästlin vor ihm, antwortete auch Magini nicht auf Keplers Ansinnen. Magini dürfte wohl kaum verstanden haben, wieso es Kepler mit der Fertigstellung seines Werks *Weltharmonik* so eilig hatte, auch wenn Kepler dieses Buch so darstellt, als würde die ganze Astronomenzunft ihm geradezu entgegenfiebern. Aber Keplers extreme Ungeduld dürfte ihn zu der Annahme verleitet haben, andere Astronomen wären genauso erpicht auf Brahes Daten. »Es ist schon so viel Zeit vertan worden«[10], schreibt er an Magini, als tickte eine Uhr, als wäre es nicht nur für ihn persönlich, sondern auch für alle anderen unerträglich, noch einige Monate oder gar ein Jahr auf die Veröffentlichung von Brahes Material zu warten. Kepler war offensichtlich mit seiner Geduld am Ende.

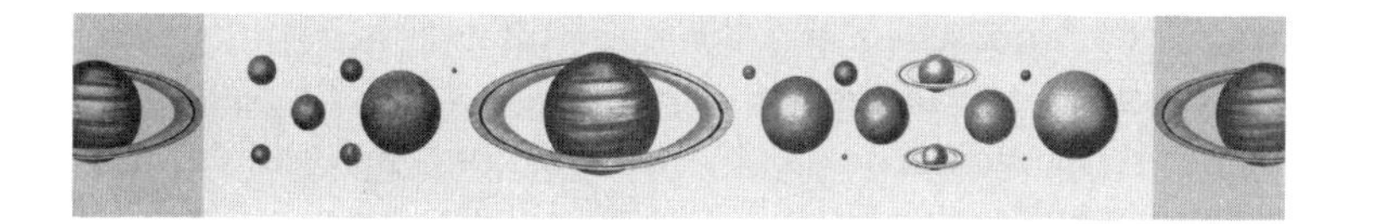

KAPITEL 20

DER TOD VON TYCHO BRAHE

Kepler kehrte Anfang September 1601 unverrichteter Dinge nach Prag zurück. Das sich auf dreitausend Gulden belaufende Erbe seiner Frau, das ihn von Brahes Mildtätigkeit unabhängig gemacht hätte, blieb zu seinem großen Verdruss für ihn unerreichbar. Mästlin hüllte sich weiter in Schweigen. Rudolf II. antwortete nicht auf seinen Brief, vorausgesetzt, der Kaiser wurde überhaupt von seinen Mitarbeitern über Keplers Begehren unterrichtet, und auch Magini blieb stumm. Keplers Hoffnungen auf finanzielle Unabhängigkeit hatten sich zerschlagen; und seine Versuche, an Brahes Daten heranzukommen, waren im Sand verlaufen. Er trat praktisch mit leeren Händen wieder in Brahes Haushalt ein, und seine Abhängigkeit von diesem war größer denn je.

Obgleich Kepler Brahes Vermittlungsdiensten zutiefst misstraute, tat der ältere Astronom nach wie vor alles in seiner Macht Stehende, um dem kaiserlichen Schatzamt endlich Keplers Besoldung zu entwinden. Einen Monat nach Keplers Rückkehr erwirkte Brahe eine Audienz bei Hofe, um Kepler dem Kaiser persönlich vorzustellen. Rudolfs Lieblingsastronom und Vertrauter trug seinen Plan vor, auf der Basis seiner vierzigjährigen astronomischen Beobachtungen neue Tabellen der Planetenbewegungen zu erstellen, die weit genauer sein sollten als die Ptolemäischen und die Kopernikanischen Tafeln, und er ersuchte untertänigst um die Erlaubnis, sie Rudolfinische Tafeln zu nennen. Wie nicht anders zu erwarten, gab der Kaiser seinem Ersuchen freudig statt. Brahe wies jedoch darauf hin, dass die Erstellung dieser Tafeln eine langwierige, mühsame Arbeit sei und dass er auf die Unterstützung seines Assistenten Kepler angewiesen wäre, um die Tafeln zu vervollständigen. Brahe kannte seinen Kaiser; er unterbreitete Rudolf II. ein, wie er wusste, unwiderstehliches, überaus prestigeträchtiges Projekt, das diesem einen Platz in der Geschichte sichern und ihn noch über den legendären Förderer der Wissenschaften, den kastilischen König Alfons X., genannt der Weise, stellen würde. Brahes Taktik ging auf: Der Kaiser erklärte sich uneingeschränkt mit Brahes Anliegen einverstanden, und dieses Mal sollte das Salär auch wirklich ausgezahlt werden.

Brahe wäre es vielleicht lieber gewesen, einen anderen Assistenten an das Projekt zu setzen, jemanden, der ausgeglichener war und mehr mit seinen eigenen kosmologischen Grundanschauungen übereingestimmt hätte, aber er hatte keine große Wahl. Sein Lieblingsassistent Longomontanus, der ihm acht Jahre lang auf der Insel Ven und zwei Jahre in Prag zur Hand ging, war im Sommer des Vorjahres mit einem überschwänglichen Empfehlungsschreiben Brahes nach Dänemark gegangen, um dort eine eigenständige wissenschaftliche Laufbahn zu verfolgen (die Ironie des Schicksals wollte es, dass er dort von Brahes ehemaligem Gegenspieler, Christian Friis, protegiert wurde, und er brachte es an der Universität Kopenhagen zu einem der bedeutendsten Astronomen Europas). Die Interessen von Brahes neuem Schwiegersohn, Tengnagel, lagen auf anderem Gebiet, in der Diplomatie und Politik. Johannes Müller, den Brahe für die Position im Auge gehabt hatte, musste Prag verlassen, bevor der Gelehrte mit dem Kaiser alles unter Dach und Fach bringen konnte. David Fabricius, einer der fähigsten Sternbeobachter nach Brahe, der sich bei diesem hoher Wertschätzung erfreute, wäre ihm vermutlich ebenfalls lieber gewesen, aber er verweilte nur kurz in Prag, und auch er war zu seiner Familie zurückgekehrt. Das Schicksal wollte es, dass Kepler in diesem Herbst als einziger Assistent in Brahes Haushalt verblieben war.

Kepler sah der neuen Bestallung mit gemischten Gefühlen entgegen. Endlich hatte er Aussicht auf ein sicheres Einkommen und eine angesehene Stellung, dafür musste er sich aber mit jener öden Rechnerei herumschlagen, die ihm zutiefst zuwider war. Dieser Mensch, der »die Arbeit hasste«, wie er selbst sagte, und sich nur dann zur Arbeit zwingen konnte, wenn ihn ein höheres Ziel antrieb, sah sich jetzt jahrelang mit schier endlosen Berechnungen zubringen. Währenddessen könnte er die erstmals im *Mysterium Cosmographicum* dargelegten Theorien, die er in seiner *Weltharmonik* weiterentwickelte, nicht vollenden. So appellierte Kepler später an andere Astronomen, die gespannt die präziseren Planetentafeln erwarteten (sie wurden erst 1627 veröffentlicht), sie sollten ihn nicht gänzlich zur Tretmühle mathematischer Berechnungen verurteilen und ihm Zeit für philosophische Spekulationen lassen, die seine einzige Freude seien.[1]

Vieles im Leben ist eine Frage von Erwartungen, und der Mann, der sich selbst als genialer Baumeister sah, verspürte nicht den leisesten Wunsch, sich als Brahes Maurer zu verdingen, zumal die Planetentafeln als Brahes Werk in die Geschichte eingingen und sein Beitrag allenfalls in einer Fußnote vermerkt würde. Dies muss für Kepler ein unerträglicher Zustand gewesen sein, räumt er doch in seiner *Selbstcharakteristik* ein, von einem starken Verlangen nach Ruhm getrieben zu sein: »Nicht Nahrung, nicht Kleidung, nicht Kummer, nicht Freude, nicht seine Arbeiten liegen ihm mehr am Herzen als die Meinung der Leute über ihn, die er sich nur groß ersehnt. Woher diese Unvernunft ...? 1. Warum liebt er nur wahren Ruhm? 2. Warum so sehr?«[2] Verstärkt hat seine Verdrossenheit noch die Tatsache, dass er die Tafeln auf der Grundlage von Brahes Theorie und nicht seiner eigenen, kopernikanischen Anschauungen berechnen sollte.

Gewiss, er hatte ein festes Gehalt und eine Anstellung, aber um welchen Preis? Sollte er etwa darauf verzichten, sein eigenes imposantes kosmologisches Lehrgebäude zu vollenden? Die vierzig Talente an alexandrinischen Geschenken mussten noch immer »vor dem Untergang gerettet werden«. Die astronomischen Beobachtungen, deretwegen er nach Prag gekommen war und um deren Aneignung er sich seither beharrlich bemühte, waren jetzt zum Greifen nahe. Nur Brahe, in Keplers Augen ein alter Mann, der schon lange keine wertvollen Beiträge zur »Erneuerung der Astronomie« mehr geleistet hatte, hielt ihn von diesem Ziel ab.

Ein paar Wochen nach der Audienz bei Rudolf II. begleitete Brahe Hofrat Ernfried von Minckwitz zu einem Festmahl in das Herrenhaus von Peter Vok Ursinus Rozmberk, das an dem Platz vor dem Hauptportal zum Hradschin lag. Dort befiel ihn beunruhigend schnell jene Krankheit, der er wenig später erliegen sollte. Während der nächsten zehn Tage litt er unerträgliche Schmerzen, und in der Nacht vor seinem Tod wiederholte er im Fieber immer wieder die Worte: »Möge doch mein Leben nicht umsonst gewesen sein!«[3] Am Morgen des elften Tages tat der berühmteste Astronom Europas seinen letzten Atemzug.

»Wahrlich, ich bekenne meinen Gram«, verkündete Jessenius in seiner Rede bei Brahes Totenfeier, »wenn ich daran denke, wie mich die plötzliche und unerwartete Nachricht von Tychos Ableben ereilte, als ich zum ersten Mal das Trauerhaus betrat, wo sich seine sehr ehrwürdige Frau an das Totenbett klammerte, selbst halb tot vor Kummer, ... sein Sohn lag, mit abgewandtem Gesicht, im Dunkeln auf dem Boden und wehklagte. Die Wände waren mit schwarzem Tuch behängt.«[4]

Als Jessenius das Trauerhaus betrat, fand er den Haushalt, in dem normalerweise reges Treiben herrschte, weitgehend verwaist. Brahes ältester Sohn war geschäftlich unterwegs. Seine zweite Tochter Elisabeth befand sich auf einer einjährigen Hochzeitsreise mit Franz Tengnagel. Kepler war, wie wir sahen, der einzige Assistent, der Brahe geblieben war (auch wenn sich der kürzlich eingetroffene Matthias Seiffert, den Brahe hauptsächlich als Kurier einsetzte, möglicherweise ebenfalls in dem Haushalt aufhielt).

Vielleicht auch um Gerüchten entgegenzutreten, Brahes »plötzlicher und unerwarteter« Tod sei auf Vergiftung zurückzuführen, beendete Jessenius seine Leichenrede mit einer detaillierten Beschreibung von Brahes tödlicher Krankheit und ihrem Verlauf. Es ist der ausführlichste medizinische Bericht über seine letzten Lebenstage, und daher möchten wir den entsprechenden Passus hier vollständig wiedergeben:

> Der Tag, an dem er erkrankte, war der 13. Oktober ... Beim Festmahl eines berühmten Mannes, bei dem er mit anderen Tischgenossen speiste, verhielt er seinen Harn, der, da sich das Bankett in die Länge zog, seine Blase derart überdehnte und verschob, dass sie, als ob sie verrenkt wäre, sich hernach nicht mehr willkürlich entleeren ließ. Nun litt er unter heftigen Schmerzen und einem völligen Versiegen des Harnflusses, so sehr, dass ihm eine Art kleiner Schröpfkopf angesetzt wurde, der eine Phlegmone [Entzündung] des Blasenblutes herauszog. Dies ging, wie gewöhnlich, mit einem Dauerfieber und, von Anfang an, einem leichten Delirium einher. ... In der Nacht vor seinem Tod ward ihm Erlösung von den Leiden seiner Erkrankung gewährt, so dass er viele Angelegenheiten in aller Ruhe und bei klarem Verstand regeln konnte.[5]

Brahe sang nun Kirchenlieder und betete mit seiner Familie. Er gemahnte sie eindringlich, sich »ohne Unterschied um alle Menschen in Not zu kümmern«[6], hielt sie zu einem gottgefälligen, rechtschaffenen Lebenswandel an und befahl sie dem Beistand Gottes. Da er um die finanziellen Nöte seiner Angehörigen wusste, war ihm besonders daran gelegen, ihnen seine Beobachtungsjournale und Instrumente – seine wertvollsten Besitztümer – zu vermachen. »Danach verabschiedete er sich zwischen Gebeten und Ermahnungen so gelassen von uns allen und von diesem Leben, dass niemand sah oder hörte, wie er verschied. Und so wurde der berühmte und hochwohlgeborene Herr Tycho Brahe, ein einzigartiges Geschenk der Natur und eine Zierde der Literatur, an diesem zwölften Tage, dem 24. Oktober, als er 54 Jahre, 9 Monate und 29 Tage gelebt hatte, hinweggerafft.«[7]

Am Ende des Leichenbegängnisses wurden Brahes Helm, Sporen, Schild und mit seinem Wappen bestickte schwarze und goldene Fahnen über sein Grab gehängt. Einige Jahre später ließen seine Kinder über seiner Krypta ein Grabmal errichten, das bis heute erhalten ist: ein lebensgroßes Relief von Brahe aus rotem Marmor, herausgeputzt in vollem Harnisch, die eine Hand am Heft seines Schwertes, die andere auf einem Globus, wohl einem Himmelsglobus, ruhend. Über dem Relief sind in lateinischer Sprache die Worte eingemeißelt: »Nicht scheinen, sondern sein.« Darunter steht der Sinnspruch, den er in den Eingang der Stjerneborg auf der Insel Ven eingravieren ließ: »Weder Reichtum noch Macht, allein Wissen überdauert.« Als Kirsten drei Jahre später, im Jahr 1604, verstarb, wurde sie neben ihrem Gatten in der Krypta beigesetzt.

Zum Abschluss seiner Grabrede sagte Jessenius: »Jetzt übergeben wir seine Rüstung und alles, was sterblich an ihm war, der Erde, durch jenen Dienst der Menschlichkeit, der als der letzte zugleich der höchste ist.«[8] Aber es war nicht der letzte. Kriege sollten über Prag hinwegfegen und die Jahrhunderte vergehen, und der Zahn der Zeit sollte Brahes sterblichen Überresten schwer zusetzen, aber manche Leichenteile widerstanden besser als andere. Vierhundert Jahre lang bewahrten sie ihr Geheimnis, jene Spuren von chemischen Substanzen, deren Bedeutung erst im letzten Jahrzehnt des 20. Jahrhunderts entschlüsselt werden sollte: Diejenigen, die argwöhnten, dass es sich um ein Verbrechen handelte, sollten Recht behalten. Tycho Brahe wurde vergiftet.

KAPITEL 21

IN DER KRYPTA

Im Rahmen der Feierlichkeiten zum dreihundertsten Todestag von Brahe am 24. Oktober 1901 beschloss der Magistrat der Stadt Prag, das marmorne Grabmal über der Gruft und die mittlerweile stark beschädigte Grabinschrift zu renovieren. Bei dieser Gelegenheit wollte man auch überprüfen, ob sich Brahes sterbliche Überreste überhaupt noch dort befanden. Der Flächenbrand des Dreißigjährigen Krieges hatte in Prag besonders heftig gewütet, und nach der Niederlage der Protestanten in der Schlacht am Weißen Berg im Jahr 1620 waren die Gebeine vieler Nicht-Katholiken aus der Teynkirche umgebettet worden. Zudem waren bei einer sehr nachlässigen Renovierung des Gotteshauses zu Beginn des 18. Jahrhunderts der Fußboden beschädigt und viele der darunter liegenden Gräber zerstört worden.

Im Sommer des Jahres 1901 öffnete eine Forschergruppe unter Leitung von Dr. Heinrich Matiegka daher Brahes Grab, neugierig auf das, was sie wohl vorfinden würden.[1] Die Gruft mit ihrer aus Ziegeln gemauerten Decke war bei der Restaurierung tatsächlich beschädigt worden: Ein Loch in der Westmauer war einfach mit Bauschutt verfüllt worden, der jetzt die beiden schwer beschädigten Holzsärge teilweise bedeckte.

In dem einen Sarg lag ein weibliches Skelett – vermutlich das von Kirsten –, ihr Totengewand hatte sich bis auf etwa zweihundert weiße Perlen, die über ihre auf der Brust gefalteten Hände verstreut waren, völlig aufgelöst. Bevor die Forscher das andere, in ein gut erhaltenes seidenes Leichentuch eingeschlagene Skelett umbetteten, maßen sie zunächst vorsichtig seine Länge – einhundertsiebzig Zentimeter –, die mit historischen Angaben über Brahes Körpergröße übereinstimmte. Die Zähne waren stark abgeschliffen, wie es bei einem Mann von Brahes Alter zu erwarten ist, aber ein noch eindeutigeres Indiz war eine halbmondförmige Aushöhlung an der Nasenbrücke, genau an der Stelle, wo Brahe als Jugendlicher bei dem Duell mit Breitschwertern die entstellende Verletzung erlitten hatte. Ein Vergrößerungsglas enthüllte neu gebildetes und grünlich verfärbtes Knochengewebe. Solche Verfärbungen entstehen, wenn Kupfer mit Knochen in Kontakt kommt. Das Kupfer war vermutlich in der Legierung enthalten, aus der Brahes berühmte Nasenprothese gefertigt war.

An dem stark beschädigten Schädel waren die Augenbrauen erhalten, und an einer Schädelseite hafteten noch Haarbüschel. Weitere, rötlich schimmernde Haare wurden in dem Barett gefunden, mit dem Brahe bestattet worden war, und die eine Hälfte von Brahes – mit etwa zehn Komma fünf Zentimetern – überlangem und zwei Zentimeter dickem Schnurrbart war ebenfalls gut erhalten.

Brahes sterbliche Überreste wurden gesäubert und zusammen mit dem verbliebenen Haupthaar in einen Metallsarg umgebettet, der in der Sakristei der Kirche beigesetzt wurde, während Stoffproben von seinem Totenhemd und sein langer Schnurrbart ins Nationalmuseum in Prag zur Aufbewahrung kamen. Für fast weitere hundert Jahre, bis zum Fall des Eisernen Vorhangs und der Befreiung Osteuropas, gerieten sie dort völlig in Vergessenheit. Im Jahr 1991, beim feierlichen Aufziehen einer neuen dänischen Flagge in der Teynkirche, überreichte der Direktor des Nationalmuseums dem dänischen Botschafter ein Kästchen mit einem Teil der sterblichen Überreste von Dänemarks eingeborenem Sohn – genauer gesagt: ein sechs Zentimeter langes Stück von Brahes Bart.

Der Botschafter, der nicht so recht wusste, was er mit dieser Geste des guten Willens anfangen sollte, reichte die Probe seinerseits an Nils Armand, den Direktor des neu gegründeten Tycho-Brahe-Planetariums in Kopenhagen, weiter. Armand gehörte zusammen mit Claus Thykier, dem Direktor des Ole-Rømer-Museums*, einer Gruppe von Brahe-Fans an, die sich selbst die »Tycho-Bande« nannte.[2] Auch sie fragten sich, was sie mit diesem Geschenk anfangen sollten. Sie zogen in Erwägung, Tychos Haar wie eine Reliquie auszustellen, verwarfen die Idee aber dann als dem Verstorbenen unwürdig. Vielleicht sollte man eine DNA-Analyse durchführen? Aber wozu? Dann fielen Thykier die sich zäh haltenden Gerüchte über Brahes Vergiftung ein. Vielleicht, so sagten sie sich, könnten sie diese Gerüchte endgültig zum Verstummen bringen. Thykier setzte sich mit Bent Kaempe in Verbindung, dem Vorstand der Abteilung für forensische Chemie am Institut für Rechtsmedizin der Universität Kopenhagen, der sich bereit erklärte, eine Probe von Brahes Haar chemisch zu analysieren.[3]

Bent Kaempe, ein hoch gewachsener Mann mit Haaren so weiß wie sein Laborkittel, ist einer der führenden europäischen Toxikologen. Seine ein halbes Jahrhundert, bis in seine Studentenzeit in den fünfziger Jahren zurückreichenden Erfahrungen mit der rechtsmedizinischen Begutachtung verdächtiger Todesfälle haben ihn eine ironische und leicht zynische Sicht auf die menschlichen Belange gelehrt. Er und seine fünfundfünfzig Mitarbeiter nehmen Blutalkoholtests bei Autofahrern vor, die im Verdacht stehen, die Promillegrenze überschritten zu haben, führen demografische Studien über die Ausbreitung von Drogen wie Ecstasy in Europa durch und untersuchen versehentliche Überdosierungen, Selbstmorde

* Ole Rømer, ein anderer berühmter dänischer Astronom, wies im Jahr 1676 nach, dass sich Licht mit endlicher Geschwindigkeit und nicht unendlich schnell ausbreitet.

und die gar nicht so seltenen Fälle von heimtückischer Vergiftung.

Kaempe war nicht nur wegen seiner überragenden Sachkompetenz eine glückliche Wahl. Er erinnerte sich daran, dass ein junger Forscher an der Universität, an der er selbst wenig später lehrte, im Selbstversuch die harntreibende Wirkung von Quecksilber untersuchen wollte und dabei an einer schweren Harnvergiftung erkrankte. Nach der Auswertung des Schrifttums über Brahes tödliche Erkrankung gelangte Kaempe zu dem Schluss, dass Brahe in seinen letzten Lebenstagen wohl ebenfalls an einer schweren Urämie gelitten hatte.

Zu einer Harnvergiftung kommt es dann, wenn die Nierenfunktion so stark beeinträchtigt ist, dass die im Blut enthaltenen Giftstoffe nicht mehr herausgefiltert werden. Die meisten dieser Giftstoffe wie etwa Harnstoff kommen von Natur aus im menschlichen Körper vor, aber wenn sie sich im Blut ansammeln, kann dies schließlich zum Tode führen. Nierenversagen hinwiederum kann vielfältige Ursachen haben – unter anderem Quecksilbervergiftung. Zu diesem Zeitpunkt hatte Kaempe nur einen leisen Verdacht. Er wusste, dass Brahe Alchemist war und dass eines seiner berühmten Elixiere Quecksilber enthielt. Vielleicht hatte sich Brahe ja, wie der junge Forscher an der Universität Kopenhagen, bei Experimenten in seinem Labor selbst vergiftet.[4]

Kaempe testete auf zwei weitere Elemente, die potenziell genauso tödlich sind wie Quecksilber. Falls Brahe einem Giftmord zum Opfer gefallen war, dann wäre Arsen das Mittel der Wahl gewesen. Wegen seiner tödlichen Wirkung, der Ähnlichkeit der Symptome einer Arsenvergiftung mit denen vieler anderer Krankheiten und der Tatsache, dass Spurenelemente in der Leiche praktisch nicht nachweisbar waren, war Arsen seit dem Mittelalter eines der beliebtesten Gifte. Mit ihm wurden Päpste, Könige und Politiker (einschließlich, nach manchen Quellen, Napoleon Bonaparte) aus dem Weg geräumt, ganz zu schweigen von unerfreulich langlebigen Eltern, weshalb man Arsen auch »Erbschaftspulver« nannte. Kaempe testete die

Haarprobe außerdem auf Spuren von Blei, mit dem so manch Unglücklicher schleichend vergiftet wurde. Blei war ein Element, das die Alchemisten häufig benutzten; es hätte sich also langsam in Brahes Körper anreichern können.

Kaempe nahm seine Untersuchungen mit einem Gerät vor, das zur Grundausrüstung der modernen Toxikologie gehört, dem so genannten Atomabsorptionsspektrometer.[5] Es kann siebzig verschiedene Elemente nachweisen und selbst Spurenkonzentrationen mit hoher Genauigkeit bestimmen. Das Spektrometer macht sich die Tatsache zunutze, dass jedes Element nur Licht einer ganz bestimmten Wellenlänge (ein eng definiertes Längenintervall) absorbiert, und je mehr Licht absorbiert wird, umso höher ist die Konzentration des entsprechenden Elements.

Brahes Haar wurde zunächst in Säure »aufgeschlossen«, das heißt verflüssigt; anschließend wurde die Lösung verdampft, und der Dampf durch eine starke Flamme geschickt. Diese zerlegt die komplexen Moleküle der Probe in ihre einzelnen Elemente. (So würde etwa ein Molekül Kochsalz, NaCl, in ein Natrium- und ein Chloratom aufgespaltet.) Durch die Atome in der Dampfphase wurden sodann Lichtstrahlen unterschiedlicher Wellenlängen geschickt, worauf bei jenen Wellenlängen, die den in der Probe vorhandenen Elementen entsprachen, dunkle Absorptionsbanden auftraten.

Die Ergebnisse waren ebenso eindeutig wie spektakulär: Arsen war nur in geringen Spuren nachweisbar. Die Bleikonzentration war erhöht, aber beide Mengen waren zu gering, um eine ernste oder gar tödliche Erkrankung zu verursachen. Der Quecksilbergehalt dagegen überstieg beinahe die obere Messgrenze: Brahes Haar enthielt einige Hundert Mal mehr Quecksilber als das Haar eines heute lebenden Dänen, den Kaempe als »Vergleichsperson« heranzog. Nach Kaempes Meinung deutete die gefundene Menge zweifelsfrei auf eine tödliche Quecksilberdosis hin. In seinem Vortrag vor der International Association of Forensic Toxicologists im Jahr 1993 zog Kaempe folgendes Fazit: »Tycho Brahes Urämie wurde vermutlich durch eine Quecksilbervergiftung verursacht, die er sich höchstwahrscheinlich bei Experimenten mit seinem Elixier elf bis zwölf Tage vor seinem Tod selbst beibrachte.«[6]

Die meisten Historiker blieben skeptisch und behaupteten, das von Kaempe nachgewiesene Quecksilber rühre vermutlich von der Einbalsamierung von Brahes Leichnam, denn dabei wurde manchmal Quecksilber verwendet. Kaempe hielt dem allerdings entgegen, dass dann weitaus größere Mengen Quecksilber – im Milligramm-, nicht im Nanogrammbereich – hätten nachgewiesen werden müssen. Doch auch diejenigen, die Kaempes Schlussfolgerung zustimmten, hielten die Annahme, Brahe sei möglicherweise an einer versehentlichen Überdosis und nicht eines natürlichen Todes gestorben, keineswegs für erwiesen. Kaempes Studie wurde als bloße historische Fußnote abgetan und weiter kaum beachtet.

Unterdessen waren die meisten Wissenschaftler und Ärzte, die den Fall untersuchten, nach wie vor fest davon überzeugt, dass Brahe eines natürlichen Todes gestorben war. Einige akzeptierten den Befund zweier Urologen vom Dänischen Zentrum für Toxikologie, Karl-Heinz Cohr und Helle Burchard Boyd, die im Jahr 2002 die Berichte über Brahes Erkrankung auswerteten und zu dem Schluss gelangten, dass eine Harnwegsinfektion die wahrscheinlichste Todesursache gewesen sei.[7] Diese Feststellung war nicht unbegründet. Brahes Symptome deckten sich weitgehend mit ihrer Diagnose. Doch um festzustellen, ob die Quecksilbervergiftung ursächlich für Brahes Tod war, mussten mehrere miteinander zusammenhängende Aspekte sehr viel gründlicher untersucht werden, etwa der zeitliche Verlauf seiner Erkrankung, die geschilderten Symptome und die auf sie hindeutende Krankheitsursache sowie die Ursache der hohen Quecksilberkonzentration, die Kaempe bei der Atomabsorptionsanalyse von Brahes Haar ermittelte.

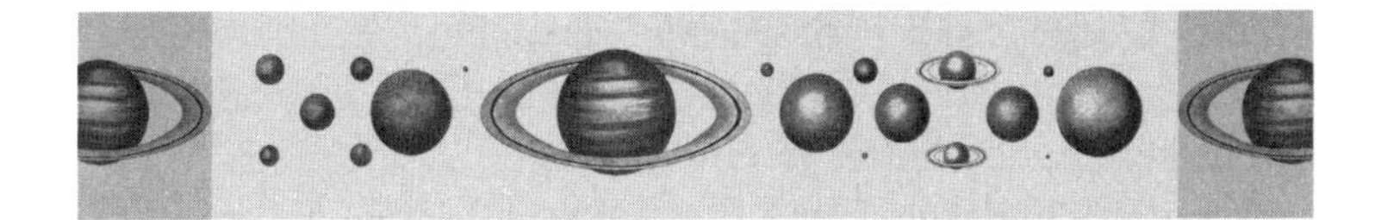

KAPITEL 22

VERRÄTERISCHE SYMPTOME

Drei zeitgenössische Berichte über Brahes Erkrankung sind überliefert. Der erste stammt von dem Arzt Johannes Jessenius, der in seiner Leichenrede Brahes letzte Lebenstage und seinen körperlichen Verfall in aller Freimütigkeit schilderte. Jessenius hielt sich zu der Zeit, als Brahe erkrankte und starb, nicht in Prag auf. Als er nach seiner Rückkehr dem Freund einen lange geplanten Besuch abstatten wollte, fand er Brahes Haushalt in tiefer Trauer. Obgleich Jessenius Brahes letzte Tage also nicht selbst miterlebte, fußt sein Bericht auf den Aussagen der Haushaltsmitglieder, die als Augenzeugen zugegen waren und den todkranken Brahe pflegten.

Die Verständigung mit der gramgebeugten Witwe, die kaum ein Wort Deutsch sprach – ebenso wie Jessenius, so weit wir wissen, kein Dänisch verstand –, dürfte sich einigermaßen schwierig gestaltet haben, zumal sie als Frau erst recht nicht der »Weltsprache« Latein mächtig war, in der sich Jessenius mit seinem verstorbenen Freund unterhalten hatte. Der Vetter des Verstorbenen, Eric Brahe, dürfte Jessenius jedoch über die Einzelheiten unterrichtet haben. Und noch mindestens ein weiteres Mitglied des Haushalts gab ihm vermutlich bereitwillig Auskunft: der Assistent, für den Jessenius als Vermittler bei den »Verhandlungen« mit Brahe aufgetreten war und für den er die Wogen wieder zu glätten versuchte, nachdem dieser gleich in den ersten Wochen in Brahes Haushalt einen Wutanfall bekommen hatte: Johannes Kepler.

Keplers Schilderung der Krankheitssymptome, die er in Brahes Beobachtungsjournal eintrug, deckt sich weitgehend mit Jessenius' Bericht. Beide beschreiben das Festmahl im Haus von Baron Rozmberk, Brahes tüchtigen Alkoholkonsum und die Tatsache, dass er plötzlich kein Wasser mehr lassen konnte. »Brahe hielt sein Wasser länger zurück, als es seine Gewohnheit war«, schreibt Kepler, »und blieb einfach [an der Tafel] sitzen. Obgleich er dem Alkohol etwas über Gebühr zusprach und einen Druck auf der Blase verspürte, stellte er die Höflichkeit der Sorge um seine Gesundheit voran. Als Brahe zu Hause ankam, konnte er kein Wasser mehr lassen. ... Fünf Nächte lang fand er keinen Schlaf. Schließlich konnte er unter fürchterlichen Schmerzen mit größter Mühe ein paar Tropfen herauspressen, doch dann war der Durchlass versperrt. Daraufhin fiel er in eine anhaltende Schlaflosigkeit bei zunehmender innerer Hitze, die allmählich in ein Delirium führte.«[1]

Der dritte, kürzeste Bericht stammt von dem sechsundzwanzigjährigen Arzt Johannes Wittich und wurde erst 1876 wieder entdeckt: »24. Oktober 1601. Tycho stirbt in Prag zwischen neun und zehn Uhr morgens. Aufgrund eines Steins kann er kein Wasser lassen. Er stirbt an einer Blasenruptur.«[2] Vermutlich hielt sich Wittich zu dieser Zeit in Prag auf, aber er suchte Brahe wohl nicht an seinem Sterbebett auf. Demnach stützte auch er sich auf Informationen aus zweiter Hand.

Trotzdem möchten wir zunächst die Blasenstein-Hypothese prüfen, weil sie mehrere Jahrhunderte lang als die plausibelste Erklärung für Brahes Tod galt. Im Jahr 1955 unterzog der dänische Urologe Edvard Gotfredsen diese Hypothese einer kritischen Würdigung und gelangte zu dem Schluss, dass sie nicht haltbar sei. Anders als viele Menschen glauben, verursachen Blasensteine nur ganz selten eine Harnstauung, und ein Platzen der Blase ist noch seltener. Die Harnblase ist ein überaus widerstandsfähiges und elastisches Organ, das praktisch unzerstörbar ist, wie man auch daran ersieht, dass die Schlagfelle von Trommeln meist aus Schweineblasen hergestellt werden. Eine gesunde Blase platzt nur nach einer heftigen äußeren Gewalteinwirkung wie etwa dem Tritt eines Pferdes. Eine kranke, vorgeschädigte Blase kann vermutlich schon bei einem leichteren Trauma reißen, aber in beiden Fällen ist die Symptomatik sehr ausgeprägt und schwer. Der Patient spürt den Riss – Brahe hätte mit Sicherheit etwas darüber verlauten lassen – und verfällt sofort in einen schockähnlichen Zustand mit typischer Symptomatik: blasse Gesichtsfarbe, kalte Gliedmaßen, schwacher und beschleunigter Puls und weitere Kollapssymptome. Wenn man bedenkt, wie detailliert Jessenius' und Keplers Berichte ansonsten sind, kann man davon ausgehen, dass sie diese Symptome, wenn sie bei Brahe aufgetreten wären, erwähnt hätten.

Da eine Blasenruptur weitgehend ausgeschlossen werden konnte, stellte Gotfredsen die Hypothese auf, Ursache des vermuteten Verschlusses der Harnröhre sei eine Prostatavergrößerung, ein gutartiges »Prostataadenom«, gewesen, eine Erkrankung, die die Medizin zu Brahes Zeiten noch nicht kannte. Die Vorsteherdrüse, die das bei der Ejakulation dem Samen beigemischte Sekret erzeugt, liegt tief im Becken und umschließt den Anfangsteil der Harnröhre am Blasenausgang. Eine vergrößerte Prostata kann die Harnröhre zusammenquetschen und so tatsächlich eine Harnstauung verursachen. Ein fortgeschrittenes Prostataadenom wäre in Brahes Alter (vierundfünfzig) zwar ungewöhnlich, aber nicht unmöglich, und Gotfredsens Hypothese war in sich schlüssig.[3] Dennoch ließ sie mehrere wichtige Fragen unbeantwortet.

Angenommen, die Harnstauung bei Brahe wurde tatsächlich durch eine Prostatavergrößerung verursacht, dann ließe sich der Verlauf von Brahes Erkrankung folgendermaßen rekonstruieren: Die Prostataschwellung behinderte die Blasenentleerung immer stärker, und die ständige Überdehnung schwächte die Blasenwandmuskulatur. Da die überdehnte Muskulatur mittlerweile zu schwach war, den Harn durch die Verengung zu pressen, führte Brahes übermäßiger Alkoholkonsum bei der Tafel – und die Tatsache, dass er sich nicht erleichterte – zu einer plötzlichen und starken Erweiterung der Blase. Hier setzt nun die Harnvergiftung ein: Je stärker sich die Blase dehnt, umso größer wird im Harnleiter der Harnrückstau, der nun seinerseits auf die Nieren drückt. Übersteigt der Druck eine gewisse Schwelle, können die Nieren ihre Funktion, Giftstoffe aus dem Blut auszuwaschen, nicht länger erfüllen.[4]

So weit, so gut. Mehrere Faktoren passen jedoch nicht zu dieser Theorie. Da ist zum einen der Umstand, dass sich eine Harnabflussstörung aufgrund einer Prostatavergrößerung schleichend, über mehrere Monate entwickelt. In dieser Zeit hätte Brahe zweifellos über Symptome geklagt, von denen heutzutage viele ältere Männer betroffen sind: dass ihm das Wasserlassen immer schwerer falle, dass der Harnstrahl schwächer werde und er an vermehrtem Harndrang leide und oft mehrmals in der Nacht aufstehen müsse, um sich zu erleichtern. Auch hätten sich die ersten Symptome einer unbehandelten Urämie wie Appetitverlust und zunehmende Lethargie gezeigt. Selbst bei einer akuten Harnverhaltung hätte es mehrere Wochen gedauert, bis sich Symptome eingestellt hätten. Doch Jessenius, der den Verlauf von Brahes Erkrankung ansonsten sehr detailliert und anschaulich schildert, erwähnt kein einziges Symptom, das auf eine Harnverhaltung oder Urämie hindeutete. Und auch in Keplers Bericht finden sich keinerlei Anhaltspunkte dafür.

Bei Brahe, der berühmt war für seine ungewöhnlich robuste Konstitution, wäre eine so einschneidende Veränderung seines Allgemeinbefindens zweifellos aufgefallen. In unserer heutigen Kultur mit ihrer starken Tabuisierung aller körperlichen Verfallserscheinungen würden solche intimen Details vermutlich stillschweigend übergangen, dagegen ist es recht unwahrscheinlich, dass ein Leichenredner, der vor dem versammelten Prager Adel ungeniert über Brahes Blasenprobleme sprach, ähnliche Symptome im unmittelbaren Vorfeld von dessen Erkrankung nicht einmal angedeutet hätte. Im Gegenteil, sowohl

Jessenius als auch Kepler berichten, Brahes Erkrankung sei plötzlich ausgebrochen, und sie datieren den Ausbruch ganz genau auf das Bankett am 13. Oktober, elf Tage vor seinem Tod.

Schwerer wiegt jedoch das, was man »den Beweis des fehlenden Katheters« nennen könnte. Wenn eine Behinderung des Harnabflusses Brahes Urämie verursacht hätte, dann wäre seine Blase sichtbar angeschwollen. Jedem, der ihn ansah, wäre sofort sein stark vorgewölbter Unterleib aufgefallen. Selbst wenn man annimmt, dass Jessenius und Kepler schlicht vergaßen, dies in ihren Berichten über seine Erkrankung zu erwähnen, hätten Brahe und sein behandelnder Arzt sogleich an zwei Erfolg versprechende therapeutische Verfahren gedacht: den Lanzettenschnitt und die Katheterisierung. Beide Methoden waren allgemein bekannt und weithin gebräuchlich.

Das weniger invasive, wenn auch gewiss nicht angenehme Verfahren war die Katheterisierung, bei der ein Röhrchen in die Harnröhre eingeführt und an der Blockade in der Blase vorbeigeschoben wird, so dass der Harn ungehindert abfließen kann. Jessenius, der einer der bedeutendsten Ärzte seiner Zeit war, verfasste einige recht detaillierte Abhandlungen über Entleerungsstörungen der Blase und ihre Behandlung. Er verfügte offenkundig über große Erfahrung auf diesem Gebiet und empfahl in einer seiner zahlreichen Veröffentlichungen: »Schließlich muss man manchmal doch silberne Röhrchen einführen; die von Fabricius de Aquapedente angewendeten dünnen Wachslichter, die er erwärmt und mit Mandelöl überstrichen einführte«, hielt Jessenius »nicht für stark genug, den Widerstand des Blasenmundes oder eines vorliegenden Steins zu überwinden«, daher gefielen ihm »die von venezianischen Wundärzten erdachten Röhrchen aus Horn besser, die durch Einlegen in warmes Wasser biegsam gemacht sind«.[5]

Wenn ein Katheter den gewünschten Erfolg versagte, musste ein Schnitt mit einer Lanzette vorgenommen werden; dieser Schnitt wurde entweder seitlich am Körper oder zwischen den Beinen gesetzt. Jessenius empfahl diese Prozedur (nachfolgend zitiert nach der Beschreibung seines Biografen Friedel Pick) aufgrund der vielen erfolgreichen Operationen, die er selbst durchgeführt hatte: »Vor der Operation hält man den Patienten gut essen und trinken, die Schamgegend mit erweichenden Mitteln einige Tage bähen, und vor dem Einschnitt den Kranken einige Mal in die Höhe hupfen und 2-3mal von einer Bank herunterspringen, dann nach der Anrufung Christi einen starken und beherzten Gesellen, der auf einem erhöhten Stuhl sitzt, den Kranken zwischen seinen Hüften umgreifen und seine angezogenen Beine mit seinen Händen zusammenbinden lassen.«[6] Dann wurde mit der Lanzette der Einschnitt gemacht, wobei, wie man sich lebhaft ausmalen kann, der Patient den Gottessohn viele weitere Male angerufen haben dürfte.

Jessenius war bekanntlich nicht anwesend, aber aus seinen Schriften geht eindeutig hervor, dass diese Verfahren in ganz Europa erprobt, verbessert und erörtert wurden, und am kaiserlichen Hof dürfte es jede Menge Ärzte gegeben haben, die sich auf einen so simplen Eingriff wie die Katheterisierung verstanden. Selbst ein ländlicher Bader beherrschte dieses Verfahren. Auch Godfredsen konnte nicht erklären, weshalb ein solcher Eingriff offenbar nicht vorgenommen wurde. Und wenn man Brahes Symptomatik auf natürliche Ursachen zurückführt, dann ist das in der Tat schleierhaft. Die Frage bleibt, weshalb Brahe, der sich in medizinischen Dingen gut auskannte und jederzeit die führenden Spezialisten Prags konsultieren konnte, eine unübersehbare, leicht zu heilende Erkrankung, die ihn schließlich das Leben kostete, nicht behandeln ließ.

Doch all diese Unstimmigkeiten verfliegen, sobald wir eine Quecksilbervergiftung in Betracht ziehen.[7] Auch Quecksilber schädigt die Nieren und verursacht – bei hinreichend hoher Dosierung – eine schwere Urämie. Allerdings führt eine Quecksilbervergiftung zu einem so genannten oligurischen Nierenversagen, bei dem nur eine geringe Menge oder gar kein Harn mehr von den Nieren an die Blase abgeleitet wird. Die Giftstoffe, die normalerweise in den Nieren ausgefiltert werden, zirkulieren weiterhin im Blut und sammeln sich dort an, also ganz ähnlich wie bei einem Harnwegsverschluss, bei dem die Nieren unter dem Druck des rückgestauten Harns allmählich ihre Funktion einstellen, aber in diesem Fall schwillt die Blase nicht an, weil sich dort kein Harn ansammelt.

Dies würde erklären, weshalb Brahe nicht katheterisiert wurde. Nämlich weil praktisch kein Harn in seiner Blase enthalten war. Außerdem entwickeln sich bei einer Quecksilbervergiftung die Symptome sehr schnell. Wenn Brahe kurz vor dem abendlichen Bankett vergiftet wurde, dann müsste er sich schon während des Essens unwohl und bei der Rückkehr nach Hause richtig krank gefühlt haben. Genau dies war der Fall. Während Quecksilber in niedriger Dosierung harntreibend wirken kann, bewirkt es in hoher Dosierung das genaue Gegenteil, nämlich ein weitgehendes Versiegen der Harnausscheidung. Bei der Abendgesellschaft erleichterte sich Brahe nicht, weil er keine Veranlassung dazu hatte.

Eine Quecksilbervergiftung verursacht auch eine schwere Entzündung des Magen-Darm-Traktes. Eine solche Entzündung, die von der Darmwand auf die Bauchhöhle übergreifen kann, würde die starken Schmerzen und das Fieber erklären, an denen Brahe litt.

Die gründliche Lektüre von Brahes »Fallgeschichte«, die sowohl die Symptome als auch die Chronologie ihres Auftretens berücksichtigt, bestätigt somit das Ergebnis der Studie von Bent Kaempe, das dieser 1993 präsentierte. Dennoch hielten die meisten Historiker weiterhin an der »Einbalsamierungshypothese« fest. Eine zweite Studie im Jahr 1996 sollte jedoch endgültig mit dieser Hypothese aufräumen und Kaempes Schlussfolgerung, dass Brahe mit Quecksilber vergiftet wurde, in spektakulärer Weise bestätigen.

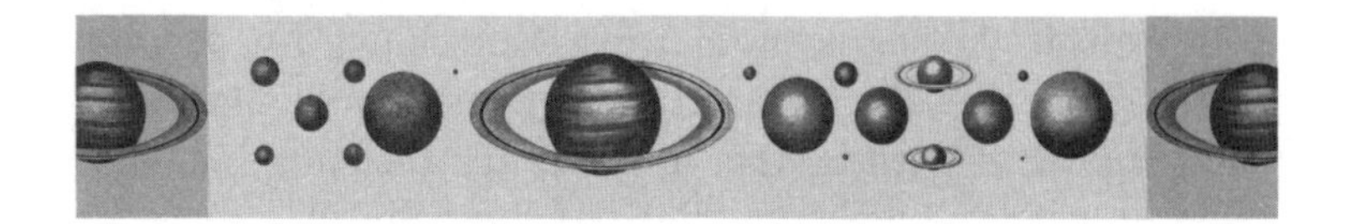

KAPITEL 23

DREIZEHN STUNDEN

An der Südspitze Skandinaviens, in der vormaligen dänischen Provinz Schonen, die heute zu Schweden gehört, liegt, nicht weit vom Stammsitz der Brahes in Knutstorp entfernt und nur etwa zwanzig Meilen südöstlich der Insel Ven, die Universitätsstadt Lund. Hier wurde vor etwas mehr als dreißig Jahren ein neues chemisches Analyseverfahren auf der Grundlage energiereicher Protonenstrahlen, die so genannte photoneninduzierte Röntgenemission oder kurz PIXE, erfunden.

Jan Pallon wirkt erstaunlich jugendlich für jemanden, der seit gut zwanzig Jahren mit dem PIXE-Verfahren forscht und sich um seine Weiterentwicklung bemüht.[1] Heute ist er einer der weltweit führenden Experten in der Analyse organischer Proben mit Hilfe des PIXE-Verfahrens. Er nutzt diese Technik bei der Lösung unterschiedlichster wissenschaftlicher Fragestellungen, angefangen von den ökologischen Auswirkungen der Umweltverschmutzung über die Wanderrouten von Fischen bis hin zu der Frage, ob sich in den unlängst entdeckten sterblichen Überresten der Mitglieder der unseligen Andree-Expedition zum Nordpol in den 1930er Jahren toxische Bleikonzentrationen (höchstwahrscheinlich durch die Lebensmittelkonserven, von denen sie sich ernährten) nachweisen lassen. Einige seiner wichtigsten Forschungsarbeiten befassen sich jedoch mit dem komplexen Organ Haut und dessen Erkrankungen. Dabei arbeitet er oft mit Haarspezialisten zusammen. Im Jahr 1996 veranstaltete das nahe gelegene Museum in Landskrona eine Tycho-Brahe-Ausstellung und stellte der Universität leihweise eine Probe von Brahes Kopfhaar zur Verfügung. Pallon sollte die Probe analysieren.

In seinem Kellerlabor steht das PIXE-Gerät, das dem Laien irgendwie behelfsmäßig zusammengeschustert vorkommt. Ein mit einem blauen Gehäuse verkleideter großer Beschleuniger, der bis an die niedrige Decke reicht, lädt Protonen mit bis zu drei Megavolt auf und schießt sie dann durch eine zwölf Meter lange Röhre, die so konstruiert ist, dass sie den auf sieben Prozent der Lichtgeschwindigkeit beschleunigten Protonenstrahl auf dem Weg in sein Ziel – in diesem Fall ein vierhundert Jahre altes Kopfhaar Brahes – mit Hilfe von Magneten ständig neu fokussiert.

Entsprechend einer computergenerierten Sequenz werden einzelne Atome in der Probe nacheinander mit einem beschleunigten Proton beschossen, das aus der innersten Schale des jeweiligen Atoms ein Elektron herauslöst. Die »Leerstelle« wird sofort von einem anderen Elektron besetzt, das von einer äußeren Schale – einem höheren Energiezustand – nach innen fällt und dabei seine überschüssige Energie in Form von Röntgenphotonen abgibt, die von einem angrenzenden Halbleiterdetektor registriert werden. Da jedes Element eine einzigartige Röntgensignatur hinterlässt, »malt« das Gerät langsam, Atom für Atom, ein pointillistisches Gemälde der chemischen Zusammensetzung der Probe.

Der gesamte Analyseprozess kann mehrere Stunden dauern. Der große Vorteil des PIXE-Verfahrens besteht darin, dass man damit nicht nur die exakte chemische Zusammensetzung der Probe, sondern auch die exakte Position jedes Elements in der Probe bestimmen kann. Pallon setzte eines von Brahes - Haaren dem Protonenstrahl aus und wartete, bis der Computer seine Sequenz vollständig durchlaufen hatte. Seine

Untersuchungsergebnisse lassen an Klarheit nichts zu wünschen übrig:

> Eine der Haarsträhnen einschließlich der Haarwurzel wies eine sehr hohe lokale Quecksilber[Hg]-Konzentration auf. Die erhöhte Quecksilberkonzentration befand sich in der Nähe der Haarwurzel. Gründliche Untersuchungen der Hg-Verteilung in der Haarsträhne ergaben zudem, dass sich das Quecksilber im Innern des Haares befand. Dieses Hg muss aus dem Blut stammen, aus dem es rasch in das wachsende Haar absorbiert wurde. Somit liefert die Verteilung der Hg-Konzentration von der Haarwurzel zur Haarspitze Aufschlüsse über die »Chronologie«. Überdies lässt sich ersehen, dass der Anstieg der Hg-Konzentration sehr schnell erfolgte, in vielleicht fünf bis zehn Minuten. Das Gleiche gilt für die Abfallzeit, die der bekannten hohen Stoffwechselaktivität von Haarwurzeln entspricht. (Dies haben Experimente an Mäusen, denen radioaktive Markiersubstanzen verabreicht wurden, bestätigt; fünf bis fünfzig Sekunden später ließ sich die Radioaktivität in den Haaren der Mäuse nachweisen.)[2]

Angesichts der Tatsache, dass Haare ab dem Zeitpunkt des Todes nicht mehr wachsen, muss das Quecksilber Tycho Brahe dreizehn Stunden vor seinem Tod verabreicht worden sein.*

Aus diesen Befunden lassen sich mehrere Schlussfolgerungen ziehen. Erstens, das Quecksilber befand sich *im Haar*. Diese Tatsache widerlegt endgültig die Hypothese, Brahes Haar sei während der Einbalsamierung mit Quecksilber verunreinigt worden. Wenn das Quecksilber von der Einbalsamierung her-

---

* Es ist eine weit verbreitete Mär, die in zahllosen Horrorfilmen Effekt haschend ausgeschlachtet wird, dass Haare nach dem Tod weiterwachsen. In Wirklichkeit hört das Haarwachstum mit dem Tode auf. Die Kopfhaut und andere Hautareale, in die die Haare eingebettet sind, ziehen sich jedoch, wenn sie austrocknen, mitunter zusammen, so dass die Haarwurzeln freigelegt werden. Dies erweckt den Anschein, als wären die Haare nach dem Tod noch weitergewachsen.

rührte, dann hätte es sich auf der Außenseite der Haare abgelagert. Dort aber wurden keine Quecksilberspuren gefunden. Daher muss auch das Quecksilber, das Kaempe nachwies, aus dem Haar*innern* kommen, und es muss, wie Pallon schreibt, aus dem »Blut [stammen], aus dem es rasch in das wachsende Haar absorbiert wurde«.

Zweitens liefert die Verteilung der chemischen Elemente über die gesamte Länge des Haares, von der Haarwurzel bis zur Haarspitze, wie Pallon darlegt, Aufschlüsse über »die Chronologie«. Je näher an der Wurzel, umso näher am Todeszeitpunkt, wenn das Haarwachstum aufhört. Je weiter man sich von der Haarwurzel Richtung Haarspitze bewegt, umso weiter »reist« man also in die Vergangenheit zurück. In enger Zusammenarbeit mit dem führenden forensischen Haarspezialisten Bo Forsling gelang es Pallon auf diese Weise, ein Diagramm zu erstellen (siehe Bildteil). Die horizontale Achse unten stellt die Zeitlinie dar; sie beginnt links bei null Stunden, dem Todeszeitpunkt, und verläuft dann nach rechts (zur Haarspitze hin). Das von Pallon untersuchte Haar lieferte Informationen bis zu vierundsiebzigeinhalb Stunden vor Brahes Tod. Die vertikalen Achsen geben die relativen Konzentrationen der nachgewiesenen Elemente an, wobei die Werte für Schwefel (S), Calcium (Ca) und Eisen (Fe) auf der linken Seite und die für Quecksilber (Hg) auf der rechten Seite angezeigt werden. Liest man das Diagramm von rechts nach links (also im Zeitablauf), dann sieht man, dass sich die Quecksilberkonzentration auf sehr niedrigem Niveau bewegt, bis sie plötzlich, dreizehn Stunden vor Brahes Tod, von null auf achtunddreißig hochschnellt. Eine so hohe Quecksilberdosis könnte einen Menschen durchaus in dieser Zeit umbringen.

Damit aber war der Fall noch nicht abgeschlossen. Wie so oft bei rechtsmedizinischen Untersuchungen beantworteten neue Beweise einige Fragen, wobei sie zugleich neue aufwarfen. Pallon analysierte die Haar*wurzel* und rekonstruierte so die »chemische Chronologie« von Brahes letzten drei Lebenstagen. Kaempe hingegen hatte angenommen, Brahe sei am

Abend des Banketts vergiftet worden. In Anbetracht der hohen Stoffwechselaktivität in den Haarwurzeln analysierte Kaempe Haarproben, die näher an der Spitze von Brahes langem Schnurrbart entnommen worden waren, um nach Quecksilber zu suchen, das sich möglicherweise elf Tage früher in den Haaren angereichert hätte. Die von ihm untersuchten Proben waren »mit einer Schere abgeschnitten worden«, daher hafteten keine Wurzeln mehr daran. Kaempe und Pallon betrachteten in ihren Studien demnach zwei verschiedene Ereignisse, die etwa zehn bis elf Tage auseinander lagen – die Zeit zwischen der Abendgesellschaft und dem spitzen Ausschlag (»Spike«) in der Hg-Konzentration dreizehn Stunden vor Brahes Tod.

Anders gesagt, Brahe wurde allem Anschein nach zweimal vergiftet: zum ersten Mal am Abend des Banketts, zum zweiten Mal am Abend vor seinem Tod. Tatsächlich deckt sich dieses Szenario weitgehend mit den zeitgenössischen Berichten über Brahes Erkrankung.

Nach Jessenius' Version litt Brahe bei seiner Rückkehr vom Bankett unter schrecklichen Schmerzen, er konnte kein Wasser lassen und fiel in einen Fieberwahn. Dann »in der Nacht vor seinem Tod ward ihm die Erlösung von den Leiden seiner Erkrankung gewährt, so dass er viele Angelegenheiten in aller Ruhe und bei klarem Verstand regeln konnte«. Brahe betete, sang Kirchenlieder, gemahnte seine Angehörigen, mildtätig gegen die Armen zu sein. Wir sollten nicht vergessen, dass er, kurz bevor er »seinen letzten Atemzug tat«, seinen Beobachtungsschatz »ernsthaft« seinen Erben »vermachte«. Dann »verabschiedete er sich zwischen Gebeten und Ermahnungen so gelassen von uns allen und von diesem Leben, dass niemand sah oder hörte, wie er verschied«.[3]

Jessenius schreibt, dass Brahe in seiner letzten Nacht *»die Erlösung von den Leiden seiner Erkrankung gewährt«* wurde. Anders gesagt, das Fieber klang völlig oder doch weitgehend ab. Er war bei klarem Bewusstsein und konnte mit denjenigen sprechen, die sich an seinem Bett versammelt hatten. Dies hört sich so an, als hätte sich sein Zustand gebessert. Die Harnvergiftung war offenbar überwunden, und er erholte sich. Die erste Vergiftung hatte ihn an die Schwelle des Todes geführt, aber der Däne war unverwüstlich, und seine robuste Konstitution überstand diesen ersten heftigen Angriff.

Pallons grafische Darstellung seiner Analyseergebnisse, die drei Tage vor Brahes Tod (und damit sieben Tage nach dem Bankett) beginnt, zeigt eine geringe Quecksilberkonzentration in seinem Körper – vermutlich Rückstände von der ersten Vergiftung –, die etwa dreißig Stunden vor seinem Tod auf null abfällt. In seinem Körper ließ sich zu diesem Zeitpunkt kein Quecksilber mehr nachweisen; es ging ihm besser. Dann wurde er ein zweites Mal vergiftet, und zwar mit einer sehr hohen Dosis Quecksilber, die ihn dreizehn Stunden später tötete. Laut Auskunft der von uns befragten Toxikologen fällt ein Erwachsener, der eine Quecksilberdosis aufgenommen hat, die innerhalb von dreizehn Stunden tödlich wirkt, praktisch unmittelbar nach der Einnahme des Giftes in ein Koma.

»*Niemand sah oder hörte, wie er verschied.*«

Wenn Brahe nicht aufblieb, um Sterne zu beobachten, ging er normalerweise um acht oder neun Uhr abends zu Bett (und stand meist gegen vier Uhr auf). Da er an diesem Abend noch geschwächt war, dürfte er seiner Familie etwa um diese Zeit eine gute Nacht gewünscht haben. Brahe tat irgendwann zwischen neun und zehn Uhr am nächsten Morgen seinen letzten Atemzug. Da die »Spitze« in Pallons Diagramm dreizehn Stunden vor seinem Ableben auftritt, entspricht dies genau der Zeit, zu der Brahe aller Wahrscheinlichkeit nach den Umstehenden bedeutete, er wolle nun schlafen.

Mit diesen Informationen können wir den wahrscheinlichen weiteren Verlauf dieses Abends rekonstruieren: Brahe fühlte sich besser, sein Körper hatte das Quecksilber ausgeschieden, er betete mit den Seinen und legte sich schlafen. Doch aus irgendeinem Grund nahm er eine zweite, sehr hohe Dosis Quecksilber zu sich, fiel in ein Koma und wachte nicht mehr auf. »Er starb friedlich«, wie Kepler schrieb.[4] Einem Außenstehenden mochte Brahes Koma in der Tat friedlich anmuten. Doch sein Körper wurde von dem Gift zersetzt, und alle physiologischen Funktionen brachen zusammen. Dies war alles andere als ein friedlicher Prozess.

Brahe starb an einer Quecksilbervergiftung. Aber fiel er wirklich einem Verbrechen zum Opfer? Wurde Brahe von jemandem vergiftet, der ihn aus dem Weg räumen wollte? Oder vergiftete sich der eingefleischte Alchemist mit einem seiner Elixiere selbst, wie viele vermuten? Die Antwort auf diese Frage können wir nur in der geheimnisumwobenen Welt der paracelsischen Iatrochemie finden.

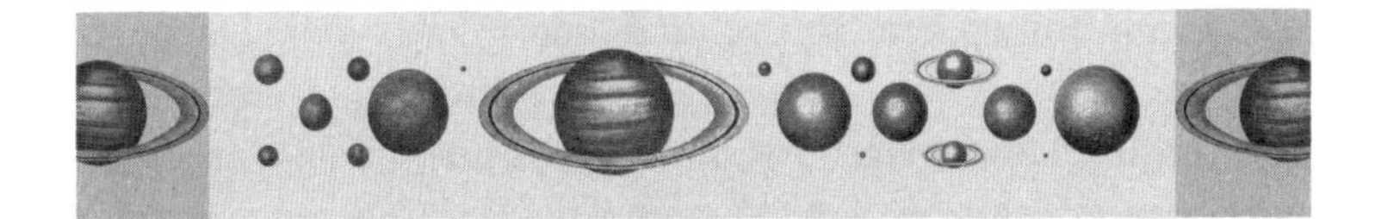

KAPITEL 24

DAS ELIXIER

Es galt als eine magische Substanz: ein schimmerndes Metall, das bei Raumtemperatur flüssig ist, Perlen bildet und bei Berührung zerstäubt. Kein Wunder, dass die Römer es *argentum vivum* (»lebendiges Silber«) nannten und wir im Anschluss an sie Quecksilber. Schon bald wurde es mit dem flinkfüßigen Götterboten Merkur und kraft einer ähnlichen Assoziation mit jenem Planeten gleichgesetzt, der die Sonne am schnellsten umläuft.

Das Hindi-Wort für Alchemie, *rasasiddhi*, bedeutet, »Kenntnis des Quecksilbers«, und von Anfang an stand das Quecksilber im Mittelpunkt der alchemistischen Experimente: angefangen bei dem Chinesen Ko Hung im 4. Jahrhundert, der glaubte, Menschen, die sich die Fußsohlen mit Quecksilberpräparaten bestrichen, könnten übers Wasser wandeln, bis zu Brahes unmittelbarem Vorfahren, dem bombastischen Paracelsus, der glaubte, dass Quecksilber neben Schwefel und Salz eines der drei Urelemente (der »tria prima«) sei, aus denen sich alle übrigen Elemente zusammensetzten.[1]

Häufig wird fälschlich angenommen, erst in der Neuzeit habe man um die Giftigkeit von Quecksilber gewusst. Dabei verdanken wir der bis in die Antike zurückreichenden Faszination des Metalls eine Fülle recht detaillierter Erkenntnisse über seine nützlichen und schädlichen Wirkungen. Darunter fällt auch das Wissen darum, welche Quecksilberverbindungen vergleichsweise harmlos und welche hochgiftig waren. Sowohl der griechische Arzt Dioskurides Pedanios als auch der römische Naturphilosoph Plinius der Ältere beschrieben im 1. Jahrhundert n. Chr. die Giftwirkungen von Quecksilbersulfid. Der große römische Arzt Galen, der im 2. Jahrhundert n. Chr. wirkte, hielt Quecksilber für ein Gift, dem keinerlei heilkräftige Wirkung eigne.

Im 9. Jahrhundert führte der persische Arzt Rhazes (Al-Razi) bereits erste Tierversuche durch, um die Giftigkeit von reinem Quecksilber und verschiedenen Quecksilberverbindungen zu überprüfen. In seinem berühmtesten Experiment verabreichte er einem Affen eine große Menge reines Quecksilber. »Ich selbst gab einem Affen Quecksilber zu trinken«, berichtete er, »und ich beobachtete nur die Wirkungen, die ich soeben erwähnte (Bauch- und Eingeweideschmerzen). Ich schloss aus seinem Verhalten, dass er an Schmerzen litt: Der Affe wand sich und presste seine Hände auf Bauch und Mund.« Rhazes folgerte daraus, dass die Aufnahme von elementarem Quecksilber relativ harmlos sei, da es »unverändert ausgeschieden wird, insbesondere wenn sich der Kranke bewegt«.[2]

Jene Leser, denen von ihren Müttern eingebläut wurde, sich vor zerbrochenen Thermometern in Acht zu nehmen, werden wohl erleichtert vernehmen, dass Rhazes grundsätzlich Recht hatte. Tatsächlich wurde Quecksilber in den folgenden Jahrhunderten oft als Abführmittel verwendet; die Schwere des Metalls, so glaubte man, bewirke, dass sich damit vermengte Stoffe stetig nach unten, Richtung Erdboden, bewegten. Selbst wenn man sich an einem zerbrochenen Thermometer den Finger schneidet, hat man wenig zu befürchten. In einem Bericht aus dem Jahr 1954 über einen Mann, der Selbstmord begehen wollte, indem er sich metallisches Quecksilber spritzte (nicht unbedingt zur Nachahmung empfohlen!), heißt es, der Mann habe sich in den darauf folgenden zehn Jahren bester Gesundheit erfreut und keinerlei Symptome einer Quecksilbervergiftung gezeigt.[3]

Die unterschiedliche Giftigkeit von reinem metallischen Quecksilber einerseits und zahlreichen Quecksilberverbindungen andererseits hängt vor allem mit ihrer relativen Löslichkeit zusammen. Elementares Quecksilber ist praktisch nicht löslich und wird daher wieder vollständig vom Körper ausgeschieden, ohne größere gesundheitliche Schäden zu verursachen. Je löslicher eine Quecksilberverbindung ist, umso toxischer ist sie. Die höchste Toxizität besitzen die Quecksilbersalze (man denke nur daran, wie leicht sich Kochsalz in Wasser löst), und von diesen wiederum ist Quecksilberchlorid, auch Sublimat oder Ätzsublimat genannt, am giftigsten. Schon der altpersische Arzt Rhazes wusste dies, auch wenn er den Grund dafür wohl nicht kannte. Er beschreibt sublimiertes Quecksilber als »sehr schädlich, ja sogar tödlich. Seine ätzende Schärfe ruft schwere Leibschmerzen, Koliken und blutigen Stuhl hervor.«[4] Hundert Jahre später schrieb der persische Arzt Avicenna, »Ätzsublimat« sei das stärkste aller Gifte.[5]

Sechshundert Jahre nach Avicenna war die Giftigkeit von Quecksilberchlorid so allgemein bekannt, dass Brahes langjähriger Freund und Korrespondent, der Landgraf von Hessen-Kassel, einen Tierversuch durchführte, um die Wirksamkeit eines Gegenmittels zu prüfen – in diesem Fall Tonerde. Unter der Anleitung des Landgrafen unternahmen seine Ärzte einen »Versuch mit besagter Erde, worauf die besagten Doktores der Heilkunde, getreu dem Wunsch ihres Fürsten, eine doppelte Dosis der tödlichsten Gifte herstellten, als da wären Merkur Sublimat, Aconitum (Eisenhut) und Nereum Apocinum. Sie verabreichten acht Hunden ein halbes Dram [eine achtel Unze, etwa 3,5 g] je eines dieser Gifte, vier Hunden gaben sie nach dem Gift Erde und den anderen vieren das Gift allein. Der erste Hund, dem Aconitum verabreicht wurde, starb nach einer halben Stunde, der zweite, der Nereum einnahm, ging nach vier Stunden ein, und der dritte, der Merkur schluckte, starb innerhalb von neun Stunden.«[6] Den vier Hunden, die zusammen mit dem Gift Tonerde erhielten, ging es zwar einen Tag lang recht elend, aber alle waren am nächsten Tag offenbar wieder völlig genesen: »Sie fraßen gierig ihr Fleisch und zeigten keinerlei Vergiftungserscheinungen.«[7]

Im 16. Jahrhundert wütete die Syphilis (von wo auch immer sie ihren Ausgang nahm) in ganz Europa, und da sie vor allem mit Quecksilberpräparaten behandelt wurde, gab es reichlich Gelegenheit für »Menschenversuche«. Ein beliebtes »Heilverfahren« war Einräuchern mit Zinnoberdämpfen. Der Patient wurde in einen großen, normalerweise als Pökelfass für Fleisch und Wurst dienenden Holzbottich mit Deckel gesetzt, den man von unten erhitzte, um den Betreffenden zum Schwitzen zu bringen und die konzentrierten Quecksilberdämpfe zirkulieren zu lassen. Ein weiteres Behandlungsverfahren war das Einreiben mit quecksilberhaltigen Salben und Pasten. Oft wurden beide Methoden zusammen angewandt.

Ein Apotheker im 16. Jahrhundert beschrieb die Prozedur in einem längeren Gedicht, aus dem wir nachfolgend einen Auszug wiedergeben:

Die großen Pocken [Lues], das wissen sie genau,
sie kennen alles, ohne dass ich's sagen müsst:
Man holt sie sich in fremden Betten,
wo Mädchen haften wie die Kletten,
beim Kuscheln an den sanften Zügen,
bei Klängen, die die Augen trügen.
Die Reue kommt etwas zu spät.
Die Prozedur ist dann diskret:
Wie ein erlegtes Kalb in seiner Blöße,
Gebunden und gestaucht auf halbe Größe,
stößt man uns in ein überinfernalisch' Feuer.
Da rösten wir, uns selbst nicht ganz geheuer
Und rufen unsern Gott – doch ganz vergebens,
den Füßen schon entfleucht die Kraft des Lebens.
Gleich ist der zweite Teil der Kur gefällig:
Eingewalkt die Salbe tüchtig,

läutert unsern Leib so richtig.
Das Arkan' löst schnell die Schmerzen,
Klag' verstummt in den kurierten Herzen.[8]

Allerdings zeitigten die »Heilmittel« keine schnelle Wirkung, und vielfach wurden sie so häufig angewandt, dass schwere Vergiftungserscheinungen auftraten, wie sie Rabelais in seinem Roman *Gargantua und Pantagruel* beschreibt: »O wie oft sahen wir sie, gleich nachdem sie gesalbt und gründlich eingeschmiert worden waren, bis ihre Gesichter glänzten wie das Schlüsselloch eines Pökelfasses, ihre Zähne klapperten wie die Hämmerchen eines Spinetts oder Virginals und ihnen der Schaum vor dem Munde stand wie wilden Ebern.«[9] Die lockeren Zähne und die Entzündung der Atemwege sind klassische Symptome einer Vergiftung durch Quecksilberdämpfe.

Behandlungsverfahren, ganz ähnlich dem oben beschriebenen »Schwitzkasten«, wurden noch zu Beginn des 20. Jahrhunderts angewandt, und die Syphilis wurde bis zur Entdeckung wirksamerer Antibiotika wie Penicillin in den 1940er Jahren noch weithin mit Quecksilberpräparaten in unterschiedlichster Darreichungsform behandelt. Wenngleich die therapeutische Wirksamkeit von Quecksilberpräparaten bei Syphilis fraglich ist, ist Quecksilber, gerade weil es so gefährlich ist, auch ein wirksames Antibiotikum: Es tötet Zellen ab. Aus diesem Grund wurde es für unterschiedlichste Zwecke verwendet, als Fungizid bei Nutzpflanzen ebenso wie als lokales Antiseptikum. Einige Leser erinnern sich vielleicht sogar noch aus ihrer Jugend an die knallroten Mercurochromtinktur, die in sommerlichen Zeltlagern immer griffbereit stand und die nicht nur bei Kratzwunden, sondern auch bei Hautausschlägen und Fällen von akuter ansteckender Bindehautentzündung reichlich aufgetragen wurde (und die laut einer Internetsite in Frankreich noch immer rezeptfrei erhältlich ist).

Wie Paracelsus zutreffend bemerkte, macht allein die Dosis das Gift. Und obwohl seine Kritiker ihn nur allzu bereitwillig mit Badern, Wundärzten und sonstigen Quacksalbern, die oft unbedarft und unbekümmert Quecksilberpräparate verabreichten, ohne sich um deren potenziell tödliche Wirkung zu scheren, in einen Topf warfen, war Paracelsus bestrebt, die von diesen Mitteln ausgehenden Gesundheitsgefahren abzuschwächen und zugleich ihre heilkräftige Wirkung zu erhalten. Oder, um es einfacher zu formulieren: den Krankheitserreger abzutöten, ohne dessen menschlichen Wirt gleich mit unter die Erde zu bringen.

Eine Generation später hatte es Brahe mit seinen alchemistischen Experimenten so weit gebracht, dass er das Quecksilber »von seiner Giftigkeit befreien« konnte, wie er schrieb.[10] Alle, die herausfinden möchten, wie Brahe starb – durch versehentliche eigenhändige Zufuhr von Quecksilber oder durch heimtückische Vergiftung –, stehen praktisch vor der Frage, wie gut Brahe dies gelang, und dieser Erfolg lässt sich nur beurteilen, wenn man die einzelnen chemischen Reaktionen bei der Zubereitung seines Quecksilberelixiers genauer betrachtet.

Bislang wurde eine solche Analyse nicht unternommen, zum einen weil dies bis zur Veröffentlichung von Kaempes und Pallons Befunden nicht notwendig war, zum anderen wegen der damit verbundenen Schwierigkeiten. Etliche Wissenschaftler haben uns durch bahnbrechende Forschungsarbeiten, in denen sie die Alchemie in ihrem vielschichtigen religiös-philosophischen Kontext und ihrer symbiotischen Beziehung zur vorneuzeitlichen Naturwissenschaft untersuchten, faszinierende Einblicke in die Wissenschaftsgeschichte eröffnet.[11] Doch die Entschlüsselung der Brahe'schen Arzneirezepturen stellt selbst Experten vor große Schwierigkeiten, denn dazu muss man sich nicht nur in der esoterischen Begrifflichkeit der Alchemie auskennen, sondern diese Terminologie auch noch in die chemische Formelsprache unserer Zeit übersetzen.

Lawrence Principe, ein junger Professor an der Johns-Hopkins-Universität, der sowohl in Chemie als auch in Wissenschaftsgeschichte promoviert ist, gehört zu den ganz wenigen, die beides können. Fasziniert von der Alchemie, kehrte Principe ins Labor zurück, wo er – gleich einem modernen Adepten der Alchemie – viele der geheimnisumwobenen Verfahren und Rezepturen aus dieser Frühzeit der Chemie sorgfältig rekonstruierte. Bei seinen alchemistischen Studien entwickelte Brahe mehrere Arzneimittel, mit denen sich seines Erachtens eine Vielzahl von Erkrankungen kurieren ließen. In Briefen an Freunde, die sein Interesse an der Alchemie teilten, beschrieb er die Rezepturen für diese Arzneien, ihre Zubereitung, ihre Indikationen und die Form ihrer Verabreichung. Eines von Brahes Elixieren enthielt Quecksilber, und dank Principes Übersetzung von Brahes Rezeptur können wir heute die Zubereitung seines Quecksilberpräparats Schritt für Schritt nachvollziehen. (Die vollständige Übersetzung von Brahes Rezept, zusammen mit Erklärungen der betreffenden chemischen Reaktionen, findet sich im Anhang.)

Brahe zählt zunächst die Krankheiten auf, gegen die sein Elixier verordnet werden soll, und betont ausdrücklich, dass es sich von anderen Quecksilberpräparaten unterscheide. Wir werden sehen, ob diese Einschätzung richtig ist.

> Die Zubereitung von Arzneien
>
> Gegen Haut- und Blutkrankheiten wie Krätze, Lues venerea, Elephantiasis [Lymphogranuloma venerum] und Ähnliches.
>
> Diese und andere Krankheiten dieser Kategorie werden vornehmlich mit Merkur geheilt, aber nicht in seiner üblichen Zubereitungsweise oder in schädlichen oder gefährlichen Salben oder auch in Präzipitaten [Fällungsmitteln] und ätzenden Turpethumverbindungen sowie ähnlich verderblichen Ausfällungen, die häufig mehr Schaden als Nutzen stiften. Diese [nachfolgende beschriebene] richtige Zubereitung sollte es [Merkur] verbessern, es von seiner giftigen Natur befreien, und es wird, wo es als schädlich gilt, sich als Medikament erweisen.[12]

Anschließend schildert Brahe das Herstellungsverfahren. Zunächst gilt es, die »äußeren Verunreinigungen«[13] (*exteriores faeces*) zu entfernen, höchstwahrscheinlich Blei- und Zinnoxide, welche in den von Apothekern feilgebotenen Quecksilberpräparaten enthalten waren. Zu diesem Zweck wurde das Quecksilber »durch eine Tierhaut gepresst (wie es üblich ist) und mit Salz und Essig gewaschen«[14]. Dies war ein seit dem Mittelalter altbewährtes Verfahren.

Sodann wurde das Quecksilber »in gewohnter Weise sublimiert« (*more solito sublimetur*).[15] Auch dies war ein gängiges Verfahren, bei dem das Quecksilber mit Vitriol (Schwefelsäure), Salpeter und Salz versetzt wurde. Dabei werden Blei, Zinn und Quecksilber in Salze umgewandelt und die Quecksilbersalze sublimiert, das heißt so lange erhitzt, bis sie verdampfen. Der Dampf schlägt sich an dem kühleren Teil des Reaktionsgefäßes nieder, während die Blei- und Zinnsalze, die nicht so leicht verdampfen, zusammen mit anderen Abfallprodukten auf dem Boden des Kolbens zurückbleiben. So wird aus dem Gemisch relativ reines Quecksilberdichlorid ($HgCl_2$) abgeschieden.

Aus diesem Grund wurde Quecksilberdichlorid gelegentlich auch »Sublimat« genannt. Wie schon erwähnt, verdankte es seinen anderen Namen »Ätzsublimat« dem Umstand, dass es eines der stärksten damals bekannten Gifte war.

Das Quecksilberdichlorid wird anschließend »in Süßwasser, dem kleine Eisenplättchen [Eisenspäne] beigemengt sind, wiederbelebt«[16]. Das Eisen wirkt als Reduktionsmittel, das dem Quecksilberdichlorid die Chloratome entreißt und reines Quecksilber und Eisensalz zurücklässt. Dieses Gemisch wird »abermals getrocknet, sublimiert und wiederbelebt«, und diese Behandlung wird »mindestens vier Mal« wiederholt, bis das Quecksilber »weitestgehend von seinen inneren Verunreinigungen entschlackt ist«.[17]

Das reine Quecksilber wird nun zusammen mit Vitriolöl (konzentrierter Schwefelsäure) in eine Phiole gegeben und acht Tage lang – langsam erhitzt – »digeriert« [aufgeschlossen]. Dabei entsteht Quecksilbersulfat, das sich in Wasser löst und einen Rückstand bildet, Brahes Endprodukt: unlösliches basisches Quecksilbersulfat.

Dies ist Brahes Arznei, eine der ungiftigeren Quecksilberverbindungen. Tatsächlich firmierte sie bis ins 20. Jahrhundert hinein in den Arzneibüchern unter dem Namen »Turpethum minerale«. Ob alle, die das Medikament einnahmen, einen gesundheitlichen Nutzen daraus zogen, ist indes ebenso fraglich wie seine möglichen gesundheitsschädlichen Wirkungen. Um sich damit umzubringen, hätte sich Brahe zweifellos eine starke Überdosis seines Medikaments verabreichen müssen. Er empfiehlt »zwei bis drei Gran«, »einzunehmen in einem geeigneten Vehikulum« – er meint vermutlich aufgelöst in Bier oder Wein –, oder, falls der Patient die Arznei aufgrund der Überproduktion von »zähem Schleim« nicht trinken könne, »befreit sie ihn gefahrlos durch die Nasenlöcher«.[18]

Wenn man bedenkt, wie verbreitet die Behandlung in »Schwitzkästen« war, bei denen die in »Pökelfässern der Schande«[19], die mit Holzscheiten befeuert wurden, eingesperrten Patienten mit vermeintlich heilkräftigen Quecksilberdämpfen eingeräuchert wurden, dann kommen einem Brahes »zwei oder drei Gran« relativ harmlos vor. Und als überzeugter Paracelsist dürfte Brahe genau gewusst haben, dass die Giftigkeit sämtlicher Stoffe von ihrer Dosis abhängt.

Ein Mensch kann bis zu einem halben Gramm des tödlichen Quecksilberdichlorids aufnehmen, ohne sich in Lebensgefahr zu bringen.[20] Ein Gran – ursprünglich abgeleitet von dem Gewicht eines Weizenkorns – entspricht heute etwa sechs hundertstel Gramm (0,0648, um genau zu sein). Drei Gran, wie sie Brahe empfiehlt, würden etwa 0,19 Gramm entsprechen. Auch wenn die Maßeinheiten seit Brahes Zeiten zweifellos schwankten, handelt es sich auf jeden Fall um sehr geringe Mengen einer der weniger toxischen Quecksilberverbindungen.

In ähnlicher Weise müssen wir auch davon ausgehen, dass Brahe, nachdem er dreißig Jahre lang als Iatrochemiker tätig gewesen war, genügend Erfahrung besaß, um seine Krankheit nicht mit der falschen Arznei zu kurieren. Er verordnet das Elixier spezifisch gegen Krankheiten wie Krätze (eine Parasiteninfektion der Haut), Lues und Elephantiasis [der Genitalien], eine ansteckende Geschlechtskrankheit. Später behauptet er, dass sein Elixier, zusammen mit zwei anderen, die er hergestellt hat (und die beide kein Quecksilber enthalten), die meisten Krankheiten kurieren könne: »Wer gelernt hat, die drei oben genannten Substanzen auf rechte Weise zuzubereiten, wird, so könnte man sagen, praktisch drei Viertel aller Krankheiten des menschlichen Körpers kurieren können, sofern er sie zur rechten Zeit anzuwenden weiß. ... *Übrig bleiben* lediglich jene Erkrankungen, deren Ursache in gichtigen und wassersüchtigen Fluxionen und Ähnlichem und in der unnatürlichen und übermäßigen [*intempestiva*] Auflösung von Salzen oder in ihrer unzeitigen Erstarrung liegt.«[21] Unter Wassersucht, auch Ödem genannt, versteht man eine Gewebeschwellung aufgrund vermehrter Flüssigkeitsansammlung. Es handelt sich um ein Symptom, das auch bei Brahes Urämie aufgetreten sein könnte, aber in diesem Fall hätte er sich selbst eine Arznei verabreicht, die seines Erachtens kontraindiziert war. Wir wissen heute, dass Quecksilber in hoher Dosierung zu einem weitgehenden Versiegen der Harnbildung führt, geringer dosiert dagegen harntreibend wirkt.[22] Zu Brahes Zeiten war dieser Effekt jedoch noch unbekannt; er wurde erst 1741, also fast hundertfünfzig Jahre später, zum ersten Mal beschrieben.

Zwei weitere Möglichkeiten einer versehentlichen Vergiftung – eine schleichende Intoxikation über einen längeren Zeitraum bei der Arbeit in seinen alchemistischen Labors und das Einatmen von Quecksilberdämpfen – lassen sich ebenfalls ausschließen. Nach den hundertjährigen Erfahrungen mit Schwitzkästen und Quecksilbersalben in der Behandlung von Syphilitikern wusste man, dass diese Präparate zu einer schleichenden Vergiftung führen konnten, aber Brahe zeigte keines der typischen Symptome. Und nach allen zeitgenössischen Quellen entwickelte sich seine Krankheit nicht allmählich, vielmehr brach sie im Verlauf eines Abends plötzlich aus. Dies deutet auf eine starke, auf einmal aufgenommene Dosis hin. Dergleichen könnte durch Einatmen geschehen sein – Quecksilber ist leicht flüchtig, und Quecksilberdämpfe können tödlich sein –, dann aber wäre die Symptomatik viel ausgeprägter gewesen. Hätte sich in seinem Labor ein Unfall ereignet, bei dem Brahe einer der Schwere seiner Erkrankung entsprechenden Menge an Quecksilberdampf einatmete, dann hätte er sich schwere Verätzungen im Mund-, Nasen- und Rachenraum zugezogen und seine Schleimhäute und andere Gewebe wären geschwürig zerfallen. Es wäre zu einer fulminanten Entzündung seiner Atemwege gekommen. Ein derartiger Unfall beziehungsweise entsprechende Symptome sind jedoch nicht überliefert; außerdem kann man mit Sicherheit davon ausgehen, dass Brahe, hätte er an einer solchen Krankheit gelitten, kaum dazu aufgelegt gewesen wäre, in Rozmberks Haus an einem festlichen Mahl teilzunehmen.

Die Unfallhypothese lässt sich nur aufrechterhalten, wenn man eine Verkettung unwahrscheinlicher Ereignisse unterstellt: Tycho Brahe, einer der kundigsten Iatrochemiker seiner Zeit, hätte sich nicht nur über Paracelsus' grundlegende Erkenntnis, dass die Dosis das Gift macht, hinwegsetzen, sondern auch alles vergessen müssen, was er selbst über die Gefährlichkeit von Quecksilber wusste, und eine extrem starke Überdosis der bei seiner Erkrankung *kontraindizierten Arznei* einnehmen müssen. Denn dieses Präparat konnte die Symptome seiner Urämie nicht lindern, wie er ganz genau wusste. Kurz und gut, ein Mann, dessen Lebenswerk sich durch äußerste Sorgfalt und strenge Detailgenauigkeit auszeichnete, hätte sich eine wahrhaft unglaubliche Serie schwerster Schnitzer leisten müssen.

Pallons Schaubild liefert uns jedoch Hinweise darauf, um welches Gift es sich handelte und woher es stammte, denn unmittelbar nach der Quecksilberspitze kommt es zu einer drastischen Zunahme der Eisenkonzentration.

Vergegenwärtigen wir uns noch einmal die Rezeptur für Brahes Elixier: Es zeigt sich, dass in der Mitte des Veredelungsprozesses eine hochgiftige Quecksilberchloridlösung anfällt. Dieser mengte er Eisenspäne bei, die dem Quecksilberchlorid das Chlor entziehen, wobei Eisensalz und reines Quecksilber zurückbleiben. Augenscheinlich handelte es sich um einen recht langwierigen Prozess, denn das Gemisch musste mindestens viermal getrocknet, sublimiert und »wiederbelebt« werden. Dies dürfte leicht etliche Tage gedauert haben, in denen jeder, der Zugang zu Brahes Labor hatte, sich ungehindert an der tödlich giftigen Quecksilberchloridlösung vergreifen konnte – einer Lösung, die zu diesem Zeitpunkt einen hohen Eisengehalt aufwies. Die »Eisenspitze« in Pallons Diagramm ist ein deutliches Indiz dafür, dass Brahe von dieser Lösung getrunken hat.

Interessanterweise gehen mit den Eisen- und Quecksilberspitzen hohe Calciumkonzentrationen einher. Milch ist reich an Calcium. Und sie war überdies das bevorzugte Medium von Giftmischern, die mit Quecksilber arbeiteten, da Milch den Geschmack von Quecksilberdichlorid überdeckt und die ersten Verätzungen im Magen-Darm-Trakt dämpft. So bemerkte das Opfer nicht sofort, dass ein Giftanschlag auf es verübt wurde.

In diesem Fall ging die Rechnung des Täters auf, da es vierhundert Jahre dauerte und unvorstellbarer Fortschritte in der Rechtsmedizin bedurfte, um das Mordwerkzeug zu »entdecken«. Es war nicht Brahes Elixier, aber das Gift war zweifellos in seinem Labor gebraut worden.

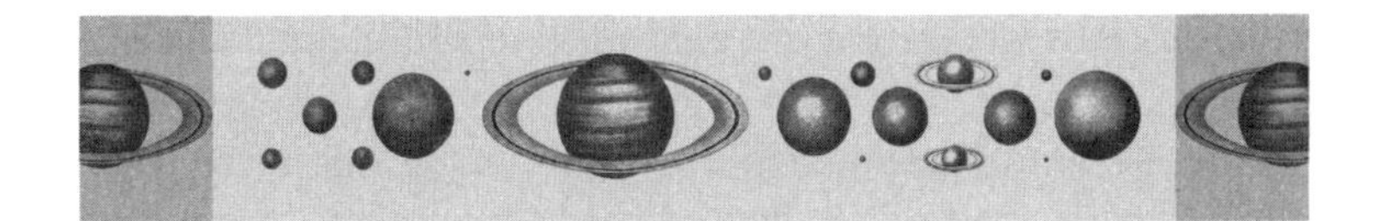

KAPITEL 25

DAS MOTIV UND DIE MITTEL

Natürlich ist es unmöglich, vierhundert Jahre nach der Tat absolute Gewissheit hinsichtlich der Identität von Brahes Mörder zu erlangen. Wenn man aber alle alternativen Hypothesen eingehend prüft (und glaubhaft widerlegen kann) und den Kreis der Verdächtigen anhand der drei altbewährten kriminalistischen Kriterien Gelegenheit, Tatwerkzeug und Motiv sukzessive einschränkt, dann bleibt schließlich nur eine Person übrig, auf die alle Indizien weisen.

Doch zunächst wollen wir die anderen Hypothesen prüfen. Am unwahrscheinlichsten ist es, dass sich Brahe mit einem Produkt aus seinem Labor vorsätzlich selbst vergiftete. Die Vorstellung, Brahe habe Selbstmord begangen, widerspricht allem, was wir über seinen Charakter und seinen Lebensstil wissen. Unmittelbar im Anschluss an seine Verbannung scheint er an einer leichten Depression gelitten zu haben. Jessenius erwähnt in seiner Grabrede, dass Brahe, während er bei ihm in Wittenberg weilte, gelegentlich heitere Gespräche abbrach, um sich in philosophischen Betrachtungen über den Tod zu ergehen. Es wäre in der Tat verwunderlich gewesen, wenn er, kurz nach der Vertreibung aus seinem Heimatland, wo er die Uranienburg und alles, was er dort aufgebaut hatte, zurücklassen musste, nicht wenigstens ein paar düstere Momente durchlebt hätte.

Aber Jessenius bezog sich auf Äußerungen, die zwei Jahre zurück lagen, und wir haben gesehen, wie schnell sich Brahe von Schicksalsschlägen erholte. Brahe war ein Mann der Tat, der nur selten vertanen Gelegenheiten nachtrauerte und ungeachtet vielfältiger Rückschläge und Enttäuschungen nie verzagte. Als er erkannte, dass ihm die Rückkehr nach Dänemark verwehrt war, schmiedete er sogleich Pläne, um einen neuen Gönner zu finden, der, wie der Zufall es wollte, seinen einstigen Schutzherrn sogar noch weit an Majestät überragte. Was die weltlichen Ehren anlangte, so hätte er kaum eine höhere Stellung als die am Hof des Habsburgerkaisers finden können.

Die Aufgabe seiner Pläne, eine zweite Uranienburg in Benatek zu errichten, muss ebenfalls eine herbe Enttäuschung für ihn gewesen sein. Allerdings wusste Brahe im Jahr 1601 ganz genau, dass er die allermeisten Sternbeobachtungen, die er brauchte, bereits unter Dach und Fach hatte. Nun ging es ihm vor allem darum, seine Arbeiten zu veröffentlichen – einschließlich der unvollendeten Bücher über die Supernova von 1572 und den Kometen von 1577 sowie seine Mondtheorien, Planetentafeln und, natürlich, sein tychonisches Weltsystem. Diese Werke – der krönende Abschluss von vierzig Jahren herausragender, bahnbrechender Forschungen – sollten seinen Ruhm für die Nachwelt begründen, und es ist kaum anzunehmen, dass er dieses Projekt just zu dem Zeitpunkt aufgab, da alles Früchte trug. Im Herbst 1601 hatte Brahe allen Grund mit seinem Leben zufrieden zu sein: Der Kaiser hatte ihm ein erbliches Lehen und die faktische Erhebung seiner Frau und seiner Kinder in den Adelsstand versprochen, so dass er seine Tochter standesgemäß dem adligen Tengnagel zur Frau geben konnte und er sich nicht mehr um die materielle Absicherung seiner Familie sorgen musste. Ab und an verspürte er mit Sicherheit Heimweh, aber dieses wurde ganz erheblich durch das Bewusstsein gemildert, dass sein und seiner Familie Schicksal in Prag eine ungemein glückliche Wende genommen hatte.

Das vielleicht schlagendste Argument gegen einen Selbstmord mit Quecksilber sind Brahes profunde Kenntnisse in Chemie. Eine Quecksilbervergiftung bewirkt einen äußerst qualvollen Tod. Wie jedem guten Alchemisten war dies auch Brahe bekannt. Die Vorstellung, er habe diesen Gifttrunk, der furchtbare Schmerzen hervorruft, nicht nur einmal, sondern, nach einer Woche höllischer Pein, noch ein zweites Mal zu sich genommen, ist völlig abwegig.

Wie bei vielen Mordfällen gibt es auch hier einen großen Kreis möglicher Tatverdächtiger. Dieser Kreis schrumpft jedoch in dem Maße, in dem man allgemeine Plausibilitäts- und Wahrscheinlichkeitserwägungen anstellt. So hatten etwa die dänischen Höflinge, die Brahe in die Verbannung trieben, ihr Ziel längst erreicht. Die ganze Affäre lag über vier Jahre zurück, und Brahe, der kein Interesse daran hatte, sie wieder aufleben zu lassen, war immer sorgsam darauf bedacht, den dänischen König Christian in seinen Briefen und Gesprächen in einem möglichst günstigen Licht erscheinen zu lassen.

Außerdem stellt sich die Frage, wie ein dänischer Agent einen solchen Giftanschlag überhaupt hätte ausführen können, da er sich zunächst einmal Zugang zu Brahes Haushalt hätte verschaffen müssen, in dem jeder jeden kannte. Abgesehen von Brahes Familie und seinen Bediensteten, hielten sich jedoch zum Zeitpunkt des Giftanschlags im Kurtz'schen Hause keine Dänen auf. Brahes schwedischer Verwandter, Eric Brahe, der damals als polnischer Gesandter in Prag weilte, hatte ihn ins Herz geschlossen und kümmerte sich liebevoll um den Kranken. Doch einmal abgesehen von der innigen Verbundenheit zwischen den beiden Männern, ist es mehr als zweifelhaft, ob sich ein Schwede – dessen Land sich quasi in einem permanenten Kriegszustand mit Dänemark befand – für die Dänen die Hände schmutzig gemacht hätte. Als Brahe erkrankte, hatten bis auf Kepler all seine Assistenten Prag verlassen. Möglicherweise hielt sich der junge Matthias Seiffert damals in seinem Haushalt auf, aber Seiffert war Deutscher, der, nach allem, was man weiß, keine Verbindungen nach Dänemark hatte.

Es ist denkbar, dass einer der Dienstboten bestochen wurde, den Mordanschlag auszuführen. Wir wissen so gut wie nichts über Brahes Dienstpersonal, außer dass ihn der größte Teil seines Hausstandes aus Dänemark ins Exil begleitete. Aber wir zählen das Jahr 1601, und damals war ein Domestik auf Gedeih und Verderb von seinem Herrn abhängig. Brahe war der Wohltäter seiner Bediensteten, der ihnen ein sicheres Auskommen, buchstäblich ihr täglich Brot gab. Damals war es für ungelernte Arbeitskräfte nicht leicht, eine neue Anstellung zu finden. Sie liefen Gefahr, durch Brahes Tod in einem fremden Land obdachlos zu werden und völlig zu verarmen, falls sich die finanziellen Nöte seiner Hinterbliebenen weiter verschlimmerten und sie gezwungen wären, ihre Bediensteten zu entlassen.

Die Bediensteten dürften daher eine Art »Palastwache« gebildet habe, der, und sei es auch aus purem Eigennutz, das Wohl ihres Herrn sehr am Herzen lag. In Brahes Haushalt, in dem immer geschäftiges Treiben herrschte und wo es zu Keplers großem Verdruss praktisch keine privaten Rückzugsmöglichkeiten gab, hätten die Dienstboten jeden Eindringling aufmerksam registriert und vermutlich scharf im Auge behalten. All dies deutet darauf hin, dass die Tat von jemandem begangen wurde, dessen Anwesenheit keinerlei Argwohn erweckte.

Der Vollständigkeit halber müssen wir noch die Möglichkeit erwägen, dass der Mörder aus den Reihen der Höflinge Rudolfs II. stammte, die Brahe seine üppige Besoldung oder seinen Einfluss auf den Kaiser neideten. Doch jeder, der eine so hohe Stellung innehatte, dass er sich hätte Hoffnung auf Brahes Salär machen können, wusste ganz genau, dass dies weitgehend illusorisch war. Denn Brahe hatte in den letzten fünfzehn Monaten seines Lebens keinen Heller mehr vom Hofschatzamt erhalten. Was den angeblichen Neid auf Brahes Einfluss beim Kaiser anlangt, so finden sich bemerkenswerterweise kaum Anhaltspunkte dafür. Jeder Fürstenhof ist eine Brutstätte von Klatsch und Tratsch, und es kursierten offenbar gegenstandslose Gerüchte, wonach Brahe Rudolf ermuntert habe, seinen Aufenthalt in Pilsen zu verlängern und vorerst nicht nach Prag zurückzukehren. Brahe selbst beteuerte nachdrücklich, er habe alles getan, um nicht in politische Machenschaften hineingezogen zu werden. Diese Behauptung wird durch die Tatsache untermauert, dass er sowohl in Dänemark als auch in Prag sehr darauf bedacht war, sich von höfischen Intrigen fern zu halten. Zwei tschechische Historiker, Dr. Zdenek Hodja und Dr. Martin Solc, die sich eingehend mit dieser Epoche befasst haben, bestätigen, dass Brahe sich aus politischen Angelegenheiten völlig heraushielt. Es ist vorstellbar, dass der eine oder andere Höfling Brahes vertrauliche Zwiegespräche mit dem Kaiser – die laut Brahe eher psychologische Beratungsgespräche waren – mit Argwohn verfolgte, aber solche Verdächtigungen hätten schon eine ganz handfeste Grundlage haben müssen, um in dem Neider den Vorsatz reifen zu lassen, Brahe zu beseitigen. Dafür gibt es jedoch keinerlei Anhaltspunkte.

So bleibt die eine Gruppe übrig, die fest davon überzeugt war, dass Brahe ein Komplott gegen sie schmiede: die Kapuziner. Könnten sie den Entschluss gefasst haben, Brahe aus Rache für ihre wenn auch nur vorübergehende Verbannung aus Prag zu ermorden? Auch das ist eher unwahrscheinlich. Sofern die fromme Speerspitze der Gegenreformation in Prag den Entschluss gefasst hätte, jemanden aus dem Weg zu räumen, um ihre Sache zu befördern, dann hätte es aus ihrer Sicht weit lohnenswertere Zielpersonen als Brahe gegeben. Kaiser Rudolf hatte sich, hauptsächlich aus seinem tiefen Misstrauen gegen die politischen Ziele des Vatikans mit vornehmlich protestantischen Beratern umgeben, die alle über größeren Einfluss auf ihn geboten als Brahe und ihn bekanntlich in seiner feindseligen Haltung gegen den Vatikan bestärkten.

Da ein katholischer Mönch in dem protestantischen Hause Brahe nicht willkommen gewesen wäre, hätte wohl irgendein Agent von außen den Giftanschlag ausführen müssen. Dies bringt uns abermals zu der Frage nach der Gelegenheit zur Tatbegehung zurück. Brahe wurde zweimal Gift verabreicht. Beim zweiten Mal, in der Nacht vor seinem Tod, wurde ihm das Gift in seinem Schlafgemach eingeflößt, wo sich seine Angehörigen und seine Bediensteten um ihn versammelt hatten. Wer immer den Giftanschlag ausführte, muss eine für den Hausstand vertraute Person gewesen sein, die kein Misstrauen erregte, jemand, der unbehelligt ein und aus ging. Niemand passt so gut in dieses Raster wie Kepler.

Kepler hatte demnach die Gelegenheit, aber verfügte er auch über die Tatwerkzeuge? Er war Mathematiker und Astronom, kein Alchemist. Wusste er von dem Giftgemisch in Brahes Labor?

Während seines Aufenthalts in Graz hatte sich Kepler mit dem bekannten Arzt und Iatrochemiker Johann Oberndorffer angefreundet, der mitgeholfen hatte, seine Heirat mit Barbara einzufädeln, und dem er anschließend viele Jahre eng verbunden blieb. Oberndorffer wurde 1622 Pate von Keplers Tochter Cordula. Im Jahr 1610, mitten in einem öffentlichen Streit mit einem anderen berühmten Alchemisten, Martin Ruland, der ein *Lexicon Alchemiae* (»Lexikon der Alchemie«)[1] verfasste, erklärte Oberndorffer, er verwende bereits seit dreißig Jahren chemische Arzneien. Dies schlösse den Zeitraum ein, in dem er gemeinsam mit Kepler in Graz weilte. Allem Anschein nach hat sich Oberndorffer in seinen chemischen Forschungen auf ein eng umgrenztes Gebiet spezialisiert. Im Jahr 1597 empfahl Kepler seinen Freund, der offenkundig eine neue Anstellung suchte: »Jo: Oberndorffer, der Arzt, sendet Euch herzlichste Grüße ... und ich nehme an, dass ihm an der Stelle als Professor bei Euch sehr viel liegt. Er schreibt Bücher über Gifte und erstellt eine Nomenklatur der Simplicia [Heilkräuter]. Auch ist er sehr berühmt wegen seiner Kunstfertigkeit.«[2]

Nach Brahes Tod freundete sich Kepler mit Ruland an (dessen Grabrede er im Jahr 1611 schrieb) und korrespondierte mit dem paracelsistichen Alchemisten Joachim Tanckius, der als Professor für Medizin an der Universität Leipzig lehrte. Nach Ansicht der renommierten Wissenschaftshistorikerin Karin Figala, die sich eingehend mit der Alchemie dieser Epoche befasst hat, war »Kepler über die Experimente der zeitgenössischen Alchemisten (zum Beispiel über die Experimente, die Tycho Brahe am Hof Rudolfs II. in Prag durchführte) genauestens im Bilde«.[3]

Kepler scheint selbst keine alchemistischen Experimente durchgeführt zu haben, aber wir wissen aus seinen Schriften, dass er sich während seiner Zeit in Brahes Haushalt lebhaft für dessen alchemistische Forschungen interessierte und so häufig in dessen Labor zu Gast war, dass er die dortigen Aktivitäten recht ausführlich beschreiben konnte. In seiner Schrift *Tertius Interveniens* (1610) kritisierte Kepler den Arzt D. Feselius und dessen Beschreibung der chemischen Extraktion aus roten Rosenblättern: »... weil ich bei Herrn Tycho Brahae gesehen, dass er den allerschärpffesten, hitzigsten, und auff der Zungen gantz subtil brennenden Brandtwein auss rohten Rosenblätter ohne Maceration in einen anderen Brandtwein extrahirt. Item möchten Sie sagen, mann soll nicht eben auf die Farb sehen, oder man soll Blüht und Frucht voneinander unterscheiden.«[4]

Anders gesagt, Kepler besaß durchaus alchemistische Kenntnisse, überdies kannte er sich bestens in Brahes Labor aus. Die Mittel standen ihm also zweifellos zu Gebote, falls er sich entschloss, sie anzuwenden.

Dies bringt uns zu der Frage nach dem Tatmotiv. Ironischerweise hat Brahe womöglich die tödliche Saat selbst gesät, als er in seinem ersten, aufmunternden Brief an Kepler höflich darauf hinwies, dass man die von Kepler in seinem *Mysterium Cosmographicum* dargelegten Hypothesen nur dann zuverlässig überprüfen könne, »wenn man die wahren Werte ... wie ich sie mir in einer Reihe von Jahren verschafft habe, anwenden würde«.[5] Kepler wusste nur zu gut, dass Brahe Recht hatte. Er war davon überzeugt, dass ihm das Geheimnis der göttlichen Schöpfung gleichsam offenbart worden sei, wenn er aber eine skeptische Öffentlichkeit jemals von der Richtigkeit seiner Theorien überzeugen wollte, dann musste er sie durch Brahes vierzigjährige empirische Beobachtungen untermauern, durch jene »vierzig Talente an alexandrinischen Geschenken«, wie er in einer Glosse zu Brahes Brief bemerkte, die »vor dem Untergang gerettet werden sollten«.[6] Dies bedeutete nichts anderes, als dem betagten Astronomen seinen Datenfundus zu entreißen, wie Kepler bald darauf unmissverständlich erklärte.

Sobald Kepler den Plan, sich Brahes Beobachtungsmaterials zu bemächtigen, gefasst hatte, ging er mit skrupelloser Zielstrebigkeit ans Werk. So unstet er sonst in seinem Verhalten war, ließ er sich in diesem Vorhaben nicht beirren und wandte jede erdenkliche List an, um die Beute, die ihm Brahe, wie er glaubte, zu Unrecht vorenthielt, an sich zu reißen. Wenn er nicht aus Graz vertrieben worden wäre oder wenn, wie es sein größter Wunsch war, seine ehemaligen Lehrer ihren verlorenen Sohn wieder mit offenen Armen in Tübingen aufgenommen hätten, dann wäre alles vielleicht ganz anders gekommen. Seine wiederholten, verzweifelten Bitten an Mästlin, ihm eine Anstellung an seiner ehemaligen Alma Mater zu besorgen, deuten darauf hin, dass seine gequälte Seele dort Labsal und Trost gefunden hätte. Vielleicht wäre dann seine Arbeit und sein Leben in ruhigeren, versöhnlicheren Bahnen verlaufen. Aber dies sollte nicht sein: Er war und blieb ein Verfemter, dem die Rückkehr verwehrt war.

Es ist bemerkenswert, wie schnell Keplers Einstellung zu Brahe in anhaltende, erbitterte Feindseligkeit umschlug. Brahe, so klagte er gegenüber Mästlin, nachdem er Brahes ersten Brief erhalten hatte, habe versucht, ihn von seiner Theorie der fünf platonischen Körper abzubringen, weshalb er jetzt die größte Lust verspüre, »Tycho mit seinem eigenen Schwert zu schlagen«.[7] Vielleicht war dies nur eine besonders blumige Metapher, dennoch war es bezeichnend für die heftigen Gefühle, die dicht unter der ausgeglichenen Fassade Keplers tobten. Brahe hatte seine Hilfe und seine Unterstützung angeboten, doch Kepler sah in ihm von Anfang ein Hindernis, das ihm im Wege war, jemanden, der durch List, Ränke oder Druck dazu gebracht werden musste, seine Beobachtungen auszuhändigen.

Schon nach wenigen Wochen in Brahes Haus fasste Kepler den Plan, mit dem Beobachtungsfundus nach Prag zu fliehen, wo er die Daten in aller Ruhe, ohne dass ihm ständig vorwitzige Augen über die Schulter spähten, abschreiben könnte. Später dann bemühte er sich, Mästlin und Magini für seine Intrigen zu gewinnen. Ganz zu schweigen von seinen wiederholten Versuchen, hinter Brahes Rücken Erzherzog Ferdinand und sogar Rudolf II. auf seine Seite zu ziehen, was ein eklatanter Verstoß gegen den Revers war, den er erst kurz zuvor unterzeichnet hatte. Und jedes Mal, wenn es nicht nach seinem Kopf ging, konnten Neid und Wut unvermittelt aus ihm hervorbrechen.

Viele persönliche Beziehungen pflegte Kepler allein deshalb, weil er sich einen Vorteil davon versprach. Er hatte die Frau geheiratet, von der er hoffte, dass sie ihn reich machte; mit fast all seinen Schulkameraden hatte er es sich verdorben, weil er sie anschwärzte, und anderthalb Jahre hatte er Ränke geschmiedet, um Brahe zu hintergehen. Wann immer sich dieser ihm gegenüber großzügig zeigte, heckte er eine neue Intrige aus, um ihm seine Daten zu »entreißen« oder ihn zu überlisten.

»Je nachdem das Glück antwortet«, schrieb Kepler in seiner *Selbstcharakteristik* über sich, »hält er irgendeine Sache für gut oder schlecht.«[8] Er schien keine festen moralischen Wertmaßstäbe, keine Gewissensskrupel zu kennen, und er sah nur auf das, was seinen augenblicklichen Interessen dienlich war: »Und solange, bis das Begonnene zu Erfolg oder Misserfolg führt, hat er kein echtes Urteil darüber. Wenn er im geheimen etwas falsch gemacht hat, betrachtet er das fast gelassen.«[9] Es mag unfair erscheinen, Keplers eigene Worte zu benutzen, um ihn des Mordes zu bezichtigen. Aber das moralische Vakuum, das er in seiner *Selbstcharakteristik* mit so kühl analysierender Detailversessenheit beschreibt, ließ er auch in seinem Verhalten erkennen: »Deshalb übt er sich in

Gedanken gegen die Feinde«,[10] schrieb er, und aus seiner Antwort auf Brahes ersten, freundlichen Brief von 1599 geht eindeutig hervor, dass Brahe mittlerweile die Liste seiner Feinde anführte. In den folgenden Jahren frönte Kepler seiner angeborenen »Lust zur Verstellung, zur Täuschung, zur Lüge«.[11]

»Wenn Mars ihn [den Merkur] aspiziert, wie bei mir«, bemerkt Kepler in seiner *Selbstcharakteristik*, »scheucht er ihn zu sehr auf. Er drängt folglich den Geist und reißt ihn zum Zorn hin, zu Spielen, zu Unbeständigkeit, von da zu Geschichten, zu Kriegen, zu entschlossenem Handeln, zu Kühnheit, zu Vielgeschäftigkeit, was von Geburt schon alles angelegt ist, zum Widersprechen, zum Anfeinden, zum Anfechten aller Ordnungen, zu kritischem Charakter. Denn es ist bemerkenswert, dass dieser Mensch alles, was er in der Wissenschaft getan hat, auch im Umgang tut, die schlechten Sitten eines Menschen, wer es auch sei, anzugreifen, zu verspotten, herauszufordern. ... Es ist Zorn in ihm, eifriges Suchen nach List, Wachsamkeit, unvermutetes und urplötzliches Anstürmen, würde auch das Glück nicht fehlen.«[12]

Das »Glück« sollte ins Spiel kommen, als Brahe Kepler aufforderte, ihn zu einer Audienz beim Kaiser zu begleiten. Brahe hoffte bei dieser von ihm arrangierten Unterredung mit Rudolf eine Lösung für das drängende praktische Problem zu finden, seinem Assistenten ein Salär und eine feste Anstellung zu sichern, die nach übereinstimmender Auffassung aller Beteiligten mit hohem Ansehen verbunden wäre. Er konnte nicht ahnen, dass dies Kepler nicht dankbar stimmte, sondern ihn im Gegenteil in dem Vorsatz bestärkte, zur Tat zu schreiten. Kepler hatte eine verbindliche Zusage über seine Besoldung erhalten, aber Brahe stand ihm nach wie vor im Weg. Brahe hielt die Beobachtungsdaten weitgehend unter Verschluss und passte ganz genau auf, dass Kepler die ihm zugewiesene nervtötende Aufgabe, die Rudolfinischen Tafeln zu berechnen, geflissentlich ausführte.

Schlimmer noch, er musste seinen Berechnungen die Brahe'schen Theorien zugrunde legen und durfte sich nicht auf die von ihm weiterentwickelten kopernikanischen Anschauungen stützen. Auch würde selbstverständlich Brahe und nicht er den Ruhm und das Ansehen ernten, die mit dem Vorhaben verbunden waren. Und was würde aus seinen Werken *Mysterium Cosmographicum* und *Harmonice Mundi*? Er müsste sie auf Eis legen, obwohl das Zahlenmaterial, das er brauchte, zum Greifen nahe war und nur darauf wartete, ausgewertet zu werden.

Gelangte Kepler zu dem Schluss, dies sei der rechte Moment, um gegen Brahe loszuschlagen? Falls ja, dann lag er mit seiner Einschätzung richtig. Da die anderen Assistenten fort waren, konnte Kepler das Gift jetzt leichter als sonst unbemerkt in einen Trank mischen (in den Häusern dänischer Adliger floss der Alkohol reichlich und stetig, und Brahes Haus bildete da sicherlich keine Ausnahme). Als der zähe alte Mann daraufhin sein Leben einfach nicht aushauchen wollte, legte er nach und verabreichte ihm am Abend vor seinem Tod mit der Milch, die er ihm vorgeblich einflößte, um die schmerzhafte Entzündung seines Magen-Darm-Trakts zu lindern, eine zweite tödliche Dosis.

Kepler hätte auch ganz richtig vermutet, dass der Kaiser keine allzu lange Verzögerung bei dem prestigeträchtigen Projekt seiner Rudolfinischen Tafeln wünsche. Für den Kaiser war Kepler jetzt kein Unbekannter mehr. Durch Vermittlung Brahes war es zu einer persönlichen Begegnung zwischen den beiden gekommen, was für jemanden von Keplers Standeszugehörigkeit ungewöhnlich war. So weit es Rudolf und seine Berater beurteilen konnten, war die Tatsache, dass Brahe Kepler zu dieser letzten Audienz mitbrachte, ein Zeichen höchster Wertschätzung. Und da alle anderen Assistenten Brahes in ihre Heimatländer zurückgekehrt waren, war Kepler der »natürliche« und zugleich der einzig verfügbare Nachfolger Brahes.

Und wirklich suchte der kaiserliche Rat Barwitz zwei Tage nach Brahes Tod Kepler im Kurtz'schen Haus auf, um ihn davon in Kenntnis zu setzen, dass ihn Rudolf II. zum Nachfolger Brahes als Kaiserlicher Mathematikus bestellt habe. Man erwarte von ihm, dass er in diesem Amt die Arbeit an den Rudolfinischen Tafeln vollende. Kepler hatte mehr erreicht, als er sich je zu erhoffen gewagt haben dürfte; er war in eine der höchsten, angesehensten und ruhmreichsten Positionen, die es in der europäischen Wissenschaft gab, berufen worden. Nur eine Kleinigkeit musste noch erledigt werden: Der Beobachtungsschatz befand sich nach wie vor im Besitz von Brahes Erben. Aber Kepler ließ sich dadurch nicht abschrecken. Während die Mitglieder von Brahes Haushalt vor Trauer wie gelähmt waren und seine nächsten Angehörigen sich vor Gram verzehrten, entwendete Kepler kurzerhand den Schatz, auf den er es seit seiner Ankunft in Prag abgesehen hatte.

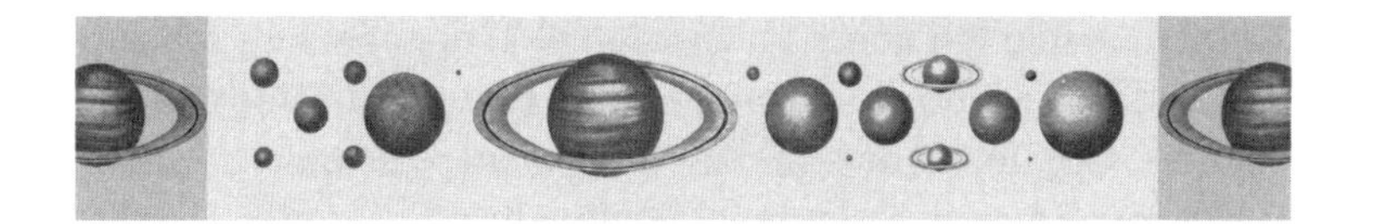

KAPITEL 26

DIEBSTAHL

Das Ärgernis von Keplers Diebstahl sollte nicht einfach in Vergessenheit geraten. Zwar konnte Kepler die scharfe Kritik, die Jessenius in seiner Grabrede an der widerrechtlichen Aneignung übte, weitgehend ungestraft ignorieren, doch bei Tengnagel war das anders. Als Brahes Schwiegersohn im Sommer 1602 nach Prag zurückkehrte, nahm er sich sogleich seiner neuen Verwandten an.

Brahe hatte sich zu Recht Sorgen wegen ihrer finanziellen Absicherung gemacht. Ein Jahr nach seinem Tod hatte das kaiserliche Schatzamt das Gehalt für sein letztes Lebensjahr noch immer nicht ausgezahlt, und Kirsten und ihre unverheirateten Kinder hatten die Kurtz'sche Residenz räumen und eine kleinere Wohnung in der Prager Altstadt beziehen müssen. Um sich über Wasser zu halten, hatten sie Brahes astronomischen Briefwechsel und die Holzschnitte und Stiche, die er in der *Mechanica* verwendet hatte, verkauft, aber der Großteil ihres Erbes bestand aus seinen Instrumenten und den vierunddreißig Beobachtungsjournalen, die sich jetzt in Keplers Besitz befanden.[1]

Schon bald trieb der tatkräftige Tengnagel Brahes ausstehendes Salär ein und sicherte sich obendrein einen Vorschuss auf dessen Instrumente, zuzüglich Zinsen. Mit diesem Geld konnte Kirsten ein neues Haus kaufen. Tengnagel half schließlich auch, für Brahes ältesten Sohn, Tyge, und seine jüngste Tochter, Cecilie, standesgemäße Ehepartner zu finden. Außerdem verstand er sich als treuer Sachwalter des großen Gelehrten, dem er einen gebührenden Platz in der Geschichte sichern wollte, indem er die meisten seiner unveröffentlichten Werke herausgab.

Unterdessen hatte Tengnagel nach heftigem Gezerre Kepler zur Rückgabe der Beobachtungsjournale gezwungen. Doch als er sich an die Aufgabe machte, die Rudolfinischen Tafeln zu vollenden (er hatte beim Kaiser erreicht, dass dieser ihn damit beauftragte), musste er feststellen, dass Kepler heimlich das Material über den Mars, das er so dringend benötigte, zurückbehalten hatte. Die Marsdaten waren für Keplers Projekt von entscheidender Bedeutung. So schrieb er an Magini: »Ich bat ihn [Tycho] um seine verbesserte Darstellung der Planetentheorien, die Exzentrizitäten, die Verhältnisse der Bahnhalbmesser zur Prüfung meiner harmonischen Untersuchungen ... und ich ersuchte ihn hauptsächlich um seine Ergebnisse in der Theorie des Mars.«[2]

Während des Streits mit Tengnagel schrieb Kepler einen Brief an seinen Freund David Fabricius, in dem er seine Verachtung für Brahes Familie ausdrückte und den Diebstahl im Wesentlichen einräumte: »Aus sumpfigem Gelände steigen immer kleine Wolken auf. ... Die üble Gesittung und der Argwohn der Familie sowie mein Ungestüm und meine Spottlust befördern Streitigkeiten. Daher hatte Tengnagel verständlicherweise keine unzureichenden Gründe, mir arg zu misstrauen. Ich war im Besitz der Beobachtungen, und ich weigerte mich, sie auszuhändigen.«[3]

Drei Jahre später, 1605, äußerte sich Kepler in einem Brief an den englischen Astronomen Christoph Heydon noch unverblümter: »Ich leugne nicht, dass ich nach Tychos Tod infolge der Abwesenheit oder mangelnden Kenntnis der Erben mir die Sorge für die hinterlassenen Beobachtungen dreist sicherte und vielleicht anmaßend in Besitz nahm, entgegen dem

Willen der Erben, jedoch auf das nicht missverständliche Geheiß des Kaisers. Denn als dieser mir die Sorge über die Instrumente übertrug, übernahm ich in weiter Auslegung seines Auftrags vor allem die Sorge für die Beobachtungen.«[4]

Tengnagel machte auf diversen diplomatischen Posten und in hohen Staatsämtern rasch Karriere, und er war schon bald einer der führenden Politiker des Habsburgerreiches. Als solches fehlte ihm schlicht die Zeit, sich weiterhin mit Kepler herumzustreiten. Der Beichtvater des Kaisers, Johannes Pistorius, wurde als Unterhändler eingeschaltet, und im Jahr 1604 gelangte man zu einer Übereinkunft, die Kepler Zugang zu Brahes Beobachtungen gewährte, allerdings unter der Auflage, die Daten ausschließlich für die Erstellung der Rudolfinischen Tafeln und ohne Zustimmung von Brahes Familie für keinen anderen Zweck zu nutzen. In seinem Brief an Heydon kritisiert Kepler diese Absprache als »ungerechte Übereinkunft«.[5]

Doch Kepler vergaß sogleich die Bedingungen dieser »ungerechten Übereinkunft«. Endlich besaß er den Schatz, den er so lange begehrt hatte. Auch wenn es viele Jahre gedauert hatte, war sein Plan, Brahe seinen Schatz zu entreißen, endlich und uneingeschränkt von Erfolg gekrönt.

KAPITEL 27

DIE DREI GESETZE

Brahes Beobachtungsschatz erwies sich als genau so wertvoll, wie Kepler es erhofft hatte. Vor Brahe konnten sich die Kosmologen immer auf den »Unschärfefaktor« herausreden: Eine Abweichung von ein paar Grad zwischen den beobachteten und den errechneten Planetenbewegungen wurden hingenommen, ja sogar erwartet, da die bis dahin vorgenommenen Messungen bekanntlich mit dieser Fehlerspanne behaftet waren. Doch der Umfang und die Genauigkeit von Brahes Beobachtungsjournalen ließen den Theorien von nun an keinerlei Spielraum mehr. Da Brahes Messungen einen Maßstab setzten, hinter den man nicht mehr zurückkonnte, musste das Räderwerk der Astronomie immer feiner mahlen.

Die Schlüsselbeobachtungen bezogen sich, wie gesagt, auf den Mars: Seine Exzentrizitäten waren am größten, weil seine Umlaufbahn die ausgeprägteste elliptische Form unter den bekannten äußeren Planeten besaß. Daher ließen sich die beobachteten Positionen (Örter) des Mars in das ausgeklügeltste System aus vollkommenen Kreisen, Epizyklen und exzentrischen Bahnen nur mit allergrößter Mühe hineinquetschen. Es sollte fast fünf Jahre dauern, ehe Kepler seinen »Krieg gegen den Mars« gewann.

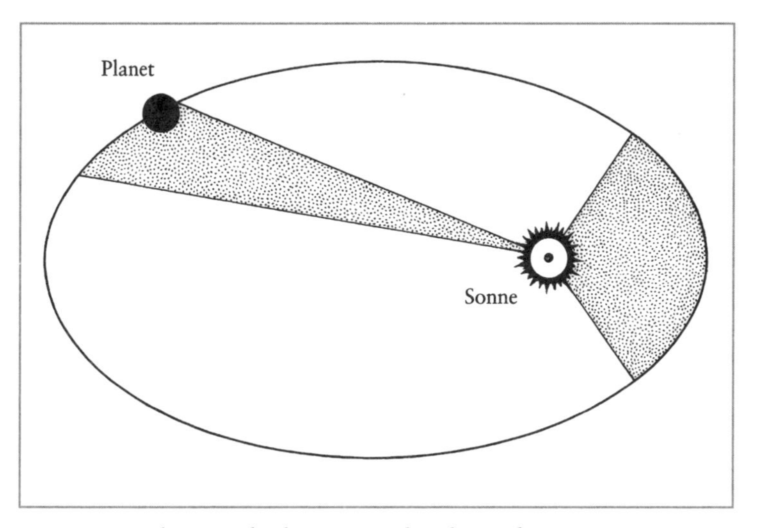

Keplers erste beiden Gesetze der Planetenbewegungen

In gewisser Hinsicht führte er auch einen Krieg gegen sich selbst. Der platonische Idealist, der sich die Welt als ein vollkommenes Gefüge aus regelmäßigen Polyedern und Kugelschalen vorstellte, gab den Kreis nicht so ohne weiteres preis. Mehrere Jahre verbrachte er mit vergeblichen Versuchen, die Marsbahn aus verschiedenen Kombinationen von Kreisen, Epizyklen und exzentrischen Bahnen zu konstruieren. Aber wie »ganz und gar verhasst die Arbeit«[1] ihm auch war, so war er doch viel zu beharrlich und gründlich, um sich mit Hilfskonstruktionen zufrieden zu geben, und wie ein Hund, der an einem harten Knochen herumnagt, prüfte er in einem schier endlosen Prozess des praktischen Ausprobierens eine Lösung nach der anderen. Dabei füllte er etwa neunhundert Folioblätter mit kleinen Rechenskizzen. Als Kepler endlich gezwungen war, den Kreis aufzugeben und durch ein Oval zu ersetzen, klagte er, seine Plackerei habe bloß »einen einzigen Wagen voll Mist« zurückgelassen.[2]

Das Oval führte ihn schließlich zu der Entdeckung, dass die Planeten elliptische Umlaufbahnen beschreiben, wobei die

Sonne in einem Brennpunkt der Ellipse steht. Dies wird heute nicht ganz korrekt das Erste Keplersche Gesetz der Planetenbewegung genannt, denn in Wahrheit war dieses Gesetz seine zweite Entdeckung. Seine erste wegweisende Entdeckung bezog sich auf die Bahnbewegung (auch wenn er sie damals auf eine exzentrische Kreisbahn anwandte): Die gerade Verbindungslinie zwischen der Sonne und den sie umlaufenden Planeten überstreicht in gleichen Zeiträumen gleiche Flächen.

Die ersten beiden Gesetze veröffentlichte Kepler 1609 in seiner *Astronomia Nova* (»Neue Astronomie«), die gemeinhin als sein Meisterwerk gilt. (Das dritte Gesetz – das sich auf den Zusammenhang zwischen der Entfernung der Planeten von der Sonne und ihren Umlaufzeiten bezieht – findet sich eingestreut zwischen spekulativen Betrachtungen in der 1619 erschienenen *Weltharmonik*.)

Einmal abgesehen von Keplers Hartnäckigkeit, hätte noch so viel Rechnerei oder Herumprobieren mit verschiedenen Bahnformen wohl nicht zu den wegweisenden neuen Erkenntnissen geführt, wenn Brahes Zertrümmerung der Kristallsphären das mechanische Verständnis der Planetenbewegung nicht erschüttert und damit das Firmament für die über große Entfernungen wirkenden physikalischen Kräfte geöffnet hätte. Brahe selbst lotete die Konsequenzen seiner Überlegungen niemals in ihrer ganzen Tiefe aus, obgleich er offenbar der Ansicht war, dass die Gezeiten von einer vom Mond ausgehenden magnetischen Anziehungskraft verursacht würden.[3] Kepler hingegen, der in der Sonne ein Ebenbild des Schöpfergottes sah, hielt sie wie selbstverständlich für den Sitz der fundamentalen Antriebskraft im Kosmos. In diesem Fall stimmten Keplers mystische Anschauungen so weit gehend mit der Wirklichkeit überein, dass sie konkrete wissenschaftliche Früchte trugen.

Kepler war fest davon überzeugt, dass es sich um eine magnetische Kraft handele, und in der ausgearbeiteten Fassung dieser Theorie vergleicht er die Wirkung dieser von der Sonne ausgehenden Kraft mit Ranken, welche die Planeten über ihre

Bahnen ziehen. Dieses Modell erklärte unter anderem, weshalb sich die Planeten in Sonnennähe, wo die magnetische Anziehung naturgemäß stärker sein sollte, schneller bewegten, während sie fern der Sonne, wo die Anziehung am schwächsten war, langsamer wurden. Wir wissen heute, dass dies nicht zutrifft; die Theorie litt von Anfang an unter vielfältigen Unzulänglichkeiten (Kepler musste eine komplexe Folge von Anziehungs- und Abstoßungskräften postulieren, um zu erklären, weshalb die Planeten nicht einfach in die Sonne stürzten), aber für seine Zeit war es ein kühner Wurf, der eine vollkommen neue Herangehensweise an kosmologische Fragestellungen ermöglichte.

Keplers Theorie erschöpfte sich nicht in einer neuen grafischen Darstellung des Sonnensytems, vielmehr eröffneten seine drei Gesetze völlig neue Horizonte, zumal die Tatsache, dass er als Erster ein wirklichkeitsgetreues Grundmodell erarbeitete, schon an sich eine eindrucksvolle Leistung war. Kepler hatte den Bewegungen, die seine Gesetze beschrieben, neues Leben eingehaucht, indem er den Begriff von Ursache und Wirkung, von dynamischen physikalischen Systemen, von der Erde auf die Gestirne übertrug. Mästlin hatte am *Mysterium Cosmographicum* moniert, dadurch, dass Kepler den Himmel für die Physik öffne, richte er die Astronomie zugrunde. Stattdessen führte er die Astronomie aus ihrer geistigen Unmündigkeit heraus. Das Firmament war keine reine Abstraktion mehr, und fortan war es mit einem Planetenmodell, das bloß »den Anschein rettete« und die beobachteten Planetenbewegungen beschrieb, nicht mehr getan. Diese Bewegungen waren jetzt genauso real wie das Hinfallen und Aufstehen, wie eine Kanonenkugel, die durch die Luft fliegt. Und wiewohl erst Newton die Weiterentwicklung der Physik zu einer exakten Naturwissenschaft abschließen und das Massenanziehungsgesetz formulieren sollte, ebnete Kepler den Weg, indem er den Erdkreis mit der erhabenen Sphäre der Gestirne vereinigte.

Sofern man in der Geschichte überhaupt einen klaren Trennungsstrich zwischen dem Ende einer Epoche und dem Beginn einer neuen Ära ziehen kann, nahm die Physik der Neuzeit hier ihren Ausgang. Sie ist vor allem das Produkt von Brahes kompromisslosem Beharren auf reproduzierbaren empirischen Befunden und seiner Bereitschaft, die herrschenden aristotelischen Theorien preiszugeben, sofern sie nicht mit seinen Beobachtungen übereinstimmten, sowie der eigentümlichen Mischung aus Mystizismus, zielstrebiger Beharrlichkeit und durchdringendem intuitiven Verstand in der Person Keplers. Diese persönliche Eigenart veranlasste ihn dazu, seine drei Gesetze auf eine solide theoretische Grundlage zu stellen, von der ein direkter Weg zu den fortgeschrittensten physikalischen Theorien der Gegenwart führt.

In einem jüngst erschienenen Buch zieht der Physiker Stephen Barr eine direkte Verbindungslinie von Keplers elliptischen Planetenbahnen zu Newtons »quadratischem Abstandsgesetz« (das besagt, dass sich die Stärke der Massenanziehungskraft umgekehrt proportional mit dem Quadrat des Abstandes zwischen zwei sich gegenseitig anziehenden Körpern verändert): »Das Abstandsgesetz ist ein ganz besonderes Gesetz, das sich von der Tatsache herleitet, dass das Teilchen, welches die Gravitation vermitteln soll, das so genannte Graviton, masselos ist. Diese Masselosigkeit des Gravitons wiederum ist zurückzuführen auf eine Gesamtheit universeller Symmetrien, die ›allgemeine Koordinateninvarianz‹ oder ›lokale Lorentz-Symmetrie‹ genannt werden.«[4] Diese modernen Weiterentwicklungen sprengen natürlich den Rahmen dieses Buches, dennoch erkennt man ganz deutlich, dass die Pforte zu dem naturwissenschaftlichen Neuland, das heute erkundet wird, vor vierhundert Jahren durch die schwierige Zusammenarbeit zweier grundverschiedener Männer aufgestoßen wurde, deren permanente Reibereien schließlich einen tödlichen Ausgang nahmen.

Tatsächlich kam Kepler einer Gravitationstheorie erstaunlich nahe. Während seines Streits mit Tengnagel, als er Brahes Beobachtungsjournale eine Zeit lang zurückgeben musste, wandte er sich der Optik zu, und dies mit atemberaubendem Erfolg. In dem vierhundertfünfzig Seiten umfassenden Buch mit dem Titel *Dioptrice*, das man das grundlegende Werk der modernen Optik genannt hat, beschrieb er zutreffend die Funktionsweise des menschlichen Auges. Dort legte er dar, dass Bilder nicht, wie man bis dahin glaubte, irgendwie in dem gallertigen Glaskörper des Auges eingefangen wurden, sondern von der Linse auf die Netzhaut im Augenhintergrund projiziert werden, wo sie, wie von einem Lichtbündel aufgemalt, auf dem Kopf stehend erscheinen. Kepler formulierte auch als Erster das fotometrische Grundgesetz, wonach der Lichtstrom (die Lichtstärke) mit dem Quadrat der Entfernung abnimmt – es handelt sich zufälligerweise um die gleiche invers-quadratische Beziehung, die auch für die Massenanziehung gilt.[5]

Kepler nahm außerdem an, dass sich Licht von einer Punktquelle aus dreidimensional ausbreite, wobei es gleichsam aufeinander folgende Kugelschalen durchlaufe, und dass die Lichtstärke von der Fläche der Kugelschale abhängig sei. Je weiter die Kugelschale von der Lichtquelle entfernt sei, umso größer sei sie und damit auch ihre Fläche. Je größer die Kugelfläche, umso stärker die Streuung des Lichts, das umso schwächer erscheine. Da eine doppelt so weit (von der Lichtquelle) entfernte Kugelschale eine viermal so große Fläche besitzt, verringere sich die Lichtstärke auf ein Viertel ihres Ausgangswertes. Doch übertrug Kepler seinen Erklärungsansatz für die Ausbreitung von Licht nicht auf die Kraft, die seines Erachtens von der Sonne ausging und ihre Wirkung nur in zwei statt in drei Dimensionen entfalten sollte. In seinem fiktionalen Werk *Somnium* sagte er dennoch zutreffend vorher, dass es einen Punkt im Weltraum gebe, wo die Anziehungskraft des Mondes genau gleich der Anziehungskraft der Erde sei, so dass sein imaginärer Weltraumreisender dort festgehalten würde.

Keplers tiefe innere Zerrissenheit spiegelte sich auch auf dem Schlachtfeld seines Intellekts wider, wo sein durchdringender analytischer Verstand mit einem tiefen, zwanghaften Mystizismus rang, von dem er die ersehnte vollkommene Welterkenntnis erhoffte. Mit der *Neuen Astronomie* hatte er in der

Tat die Grundlagen für die Erneuerung der Astronomie gelegt, aber schon bald wurde der Naturwissenschaftler Kepler von dem mystischen Seher Kepler in die Schranken gewiesen, der das tiefste Weltgeheimnis in seiner lange geplanten *Harmonice Mundi* lüften wollte. Dieses 1619 erschienene Werk ist im Wesentlichen eine ausführliche Rekapitulation und Weiterentwicklung der Theorie der fünf platonischen Körper und der harmonischen Beziehungen der Planeten, die er erstmals im *Mysterium Cosmographicum* darlegte. Es ist, als hätte er, nachdem er in der *Astronomia Nova* vorübergehend »aus seinem Traum gerissen« wurde, beschlossen, die Lichter zu löschen und wieder schlafen zu gehen.

Die Theorie der fünf platonischen Körper verlangte Kugelschalen, keine Ellipsen, so dass die problematischen Bahnen kurzerhand »weggepackt« wurden, dorthin, wo sie die Kepler ungemein am Herzen liegende Ordnung nicht störten. Sie wurden einfach neuen Sphären einbeschrieben, deren »Haut« so elastisch war, dass sie deren äußere elliptische Form überziehen konnte. Der Platoniker hatte seine vollkommenen regulären Körper und Sphären wieder, aber es musste einen höheren Grund für die Ellipsenform geben, eine Möglichkeit, sie harmonisch in den göttlichen Schöpfungsplan einzupassen, und dieses Problem löste er, indem er verschiedene Verhältniszahlen der Planetenbewegungen mit den seit Pythagoras bekannten Verhältnissen musikalischer Intervalle in Beziehung setzte (so zeichnet sich eine Oktav durch ein Frequenzverhältnis von 2 : 1 aus, eine Quint durch ein Verhältnis von 3 : 2, eine Quart durch 4 : 3 und eine Dur-Terz durch 5 : 4)

Er betrachtete zunächst die Umlaufzeiten sämtlicher Planeten (ihre »Perioden«), fand dort aber nichts, was für seine Zwecke geeignet gewesen wäre. Die Zahlen ergaben keine harmonischen Verhältnisse und waren offenbar irrational. Er jonglierte in unterschiedlichster Weise mit den Zahlen, bis sich eine Lösung abzeichnete: »Wenn man jedoch die extremen Abstände verschiedener Planeten miteinander vergleicht, so leuchtet bereits der erste Lichtschein einer Harmonik auf. Denn die extremen Werte von Saturn und Jupiter bilden etwas mehr als eine Oktav.«[6]

Wenn man in einer großen Datenmenge irgendein beliebiges, im Voraus festgelegtes Grundprinzip nachweisen will (und dabei, wie Kepler, eine recht große Fehlerspanne zulässt), gelingt dies fast immer, und obgleich Kepler die Zahlenmystik verachtete, kommt die Beweisführung in der *Harmonik* numerologischer Spekulation gefährlich nahe. Aber für Kepler grenzte dies an Weissagung, denn »die Harmonien von vier Planeten verteilen sich bereits über Jahrhunderte hin, die von fünf Planeten über Myriaden von Jahren. Die Fälle, in denen alle sechs Planeten zusammenklingen, sind durch ewig lange Zeiträume voneinander geschieden; ich weiß nicht, ... ob nicht vielmehr eine solche Harmonie den Anfang der Zeit bezeichnet, von dem aus sich das Alter der Welt herleitet.« In einer »sechsfachen Harmonie ... könnte man zweifellos die Konstellation bei der Erschaffung der Welt erblicken«.[7]

Daraus folge, wie Kepler schreibt, dass »der Schöpfer, der Quell jeglicher Weisheit, der ständige Wahrer der Ordnung, der ewige, überwesentliche Ursprung der Geometrie und Harmonik ... die harmonischen Proportionen, die sich aus den ebenen regulären Figuren ergeben, mit den fünf räumlichen regulären Figuren verbunden hat, um aus den beiden Figurenklassen das vollkommenste Urbild des Himmels zu formen.«[8]

Seine Entdeckungen preisend, verfällt Kepler in ein schwülstiges Pathos: »Jetzt, nachdem vor achtzehn Monaten das erste Morgenlicht, vor drei Monaten der helle Tag, vor ganz wenigen Tagen aber die volle Sonne einer höchst wunderbaren Schau aufgegangen ist, hält mich nichts zurück. Jawohl, ich überlasse mich heiliger Raserei. Ich trotze höhnend den Sterblichen mit dem offenen Bekenntnis: Ich habe die goldenen Gefäße der Ägypter geraubt, um meinem Gott daraus eine heilige Hütte einzurichten weitab von den Grenzen Ägyptens. Verzeiht ihr mir, so freue ich mich. Zürnt ihr mir, so ertrage ich es. Wohlan, ich werfe den Würfel und schreibe ein Buch für die Gegenwart oder die Nachwelt. Mir ist es gleich. Es mag hundert Jahre seines Lesers harren, hat doch auch Gott sechstausend Jahre auf den Beschauer gewartet.«[9]

Nach sechstausend Jahren hat Gott endlich Seinen Propheten gefunden, und es ward ... Kepler.

NACHWORT

Zur gleichen Zeit, als Kepler letzte Hand an seine *Weltharmonik* legte (1618), begann mit der Erhebung des protestantischen böhmischen Adels gegen die Herrschaft der Habsburger die erste Phase des Dreißigjährigen Krieges. Rudolf II. war längst tot, und der Flächenbrand, der im Rückblick unvermeidlich erscheint, war entfacht. Als die protestantischen Truppen 1620 in der Schlacht am Weißen Berg vor den Toren Prags besiegt wurden, kam für den steirischen Erzherzog Ferdinand, der bald als Ferdinand II. den Thron des Heiligen Römischen Reichs besteigen sollte, die Stunde der Abrechnung. Im Juni 1620 wurden siebenundzwanzig herausragende protestantische Führungspersönlichkeiten auf dem Marktplatz von Prag öffentlich hingerichtet. Unter ihnen befand sich auch Brahes Freund Jessenius, dem man die Zunge herausschnitt, bevor er geköpft und gevierteilt wurde. Ein Viertel seines Leichnams wurde an einem Pfahl auf dem Pferdemarkt ausgestellt, während sein aufgespießter Kopf an der Spitze des Turmes auf der Karlsbrücke abschreckend zur Schau gestellt wurde. Dort verweste er langsam, und erst nach zehn Jahren fielen die letzten Reste in den Fluss.

Der Krieg sollte sich noch lange hinziehen und auf den ganzen Kontinent übergreifen, als nacheinander verschiedene ausländische Mächte die inneren Wirren im Habsburgerreich für ihre Interessen auszunutzen versuchten. Christian IV. von Dänemark, der Brahe einst außer Landes getrieben hatte, war dabei wohl der größte Pechvogel. Sein Feldzug nach Deutschland endete in einer vernichtenden Niederlage und hatte zur Folge, dass Dänemark fortan in den deutschen Streitigkeiten keine Rolle mehr spielte. Dagegen gelang es den nunmehr dominierenden Schweden, weite Gebiete Norddeutschlands unter ihre Kontrolle zu bringen. Der Dreißigjährige Krieg forderte einen gewaltigen Tribut an Menschenleben: Den Gemetzeln, Plünderungen und Seuchen, die in den verwüsteten Landstrichen ausbrachen, fiel etwa ein Viertel der Reichsbevölkerung (ungefähr acht Millionen Menschen) zum Opfer.

Kepler überstand die Verheerungen dieses Krieges bemerkenswert unbeschadet. Seine Ernennung zum Kaiserlichen Mathematikus wurde von Ferdinand bestätigt, der ihm seine Gunst auch dadurch bezeigte, dass er ihm für die endlich fertig gestellten Rudolfinischen Tafeln viertausend Gulden (das Zehnfache von Keplers Jahressalär) zuwandte. Außerdem wurde Kepler ausdrücklich von zwei kaiserlichen Erlässen ausgenommen, in denen Ferdinand, wie schon zuvor in der Steiermark, die Zwangsbekehrung oder Vertreibung sämtlicher Protestanten aus den Provinzen seines Reiches verfügte. Später erschloss sich Kepler eine weitere Einnahmequelle, indem er Horoskope für den astrologiegläubigen Heerführer Albrecht von Wallenstein erstellte, der es durch seine erfolgreichen Feldzüge zu großem persönlichen Reichtum gebracht hatte.

Dennoch scheint Kepler nie wirklich glücklich gewesen zu sein. Sein ganzes Leben hindurch quälten ihn mannigfaltige körperliche Gebresten und hypochondrische Ängste, und seine Briefe berichten von seinem unwiderstehlichen Drang, sich selbst zur Ader zu lassen, manchmal, weil es die Gestirne forderten, und manchmal, weil er dem Impuls nicht widerstehen konnte. »Nach dem Blutverlust«, schreibt er über eine Episode, »fühlte ich mich ein paar Stunden wohl; am Abend jedoch warf mich ein böser Schlaf wider Willen aufs Bett und schnürte meine Därme zusammen. Zweifellos stieg mir die Galle wieder ins Hirn, an den Eingeweiden vorbei ... Ich glaube, zu den Leuten zu gehören, deren Gallenblase eine direkte Öffnung in den Magen besitzt; solche Leute sind in der Regel kurzlebig.«[1] Obgleich Kepler den Tod hinter jeder Ecke lauern sah, sollte er viele seiner scheinbar robusteren Zeitgenossen überleben.

Im Jahr 1612 zeigte seine Frau Anzeichen einer Geistesstörung und starb bald darauf. Sogleich begann sich Kepler mit einer selbst für ihn ungewöhnlich zwanghaften Beharrlichkeit nach einer neuen Braut umzuschauen. Über zwei Jahre lang überlegte er hin und her, welche unter elf Kandidatinnen die Geeignete sei. Schließlich fiel seine Wahl auf »Nummer fünf«, die vierundzwanzigjährige Susanna Reuttinger, eine Waise, die eine mit Kepler bekannte Adlige in ihre Obhut genommen hatte. Susanna gebar ihm sieben Kinder, von denen drei noch im Kindesalter starben.

Keplers anhaltende Ablehnung der lutherischen Glaubenslehre führte schließlich zu seinem Ausschluss vom Abendmahl, und der verzweifelte Versuch, seine einstigen Tübinger Professoren dazu zu bewegen, sich für ihn einzusetzen, trug ihm erneut eine, diesmal endgültige, Abfuhr ein.

Im Jahr 1615 warf das Schicksal Johannes Kepler wieder in jene düsteren Anfänge zurück, aus denen er sich so lange zu befreien versucht hatte. Seine Mutter, Katharina Kepler, wurde wegen Hexerei angeklagt, und das sechsjährige Gerichtsverfahren war der längste Hexenprozess in der deutschen Geschichte. Die Prozessakten zeichnen das Porträt einer verschrobenen, absonderlichen Frau, die Heiltränke und andere Kräuterheilmittel zubereitete, zu später Abend- und früher Morgenstunde durch ihr heimatliches Dorf irrte, über krankem Vieh Segenssprüche murmelte und ungebeten die Krankenstuben kleiner Kinder betrat, wo sie unverständliche Gebete und Zauberformeln aufsagte. Der Prozess wäre vermutlich nie so weit gediehen, hätten Katharina nicht die eigenen Söhne

Heinrich und Christoph durch ihre Aussage, sie hielten es für möglich, dass ihre Mutter eine Hexe sei, belastet. Johannes Kepler hingegen war überzeugt davon, dass sich seine Mutter dieses »beklagenswerte Missgeschick« durch ihre Rastlosigkeit und geschwätzige Aufdringlichkeit gegenüber jedermann im Dorf selbst zuzuschreiben hatte. Letztlich wurde Katharina nur dank seinem Einfluss als Kaiserlicher Mathematikus vor dem Scheiterhaufen gerettet, obgleich er im Verlauf des Prozesses selbst bezichtigt worden war, ihr in den verbotenen Künsten Beistand geleistet zu haben.

Kepler selbst war der Ansicht, der Ursprung dieser üblen Verdächtigungen sei in seinem Werk *Somnium* (»Mondtraum«)[2] zu suchen, von dem noch zu seinen Lebzeiten unter der Hand mehrere Abschriften zirkulierten. Es ist ein kurzes Märchen über eine imaginäre Reise zum Mond, das in der ersten Person geschrieben ist und zahlreiche autobiografische Elemente enthält. Die allein erziehende Mutter des Helden bestreitet ihren Lebensunterhalt mit dem Verkauf magischer Kräutermischungen. Als der Sohn ihr ein Geschäft verdirbt, übergibt sie ihn zornentbrannt einem Schiffskapitän, der den kleinen Jungen auf Tycho Brahes Insel Ven aussetzt. Dort erlernt er die Astronomie. Die Beschreibung der Hexe im Märchen deckt sich in beunruhigender Weise mit seiner bedrängten Mutter oder doch zumindest mit dem Bild, das die meisten Nachbarn von der geschwätzigen, streitsüchtigen Vettel hatten. Dieser Zusammenhang wird schon auf den ersten Seiten des Werkes betont, wo die Mutter mit geheimen Ritualen Geister beschwört und ihren Sohn mit den Dämonen bekannt macht, die ihn schließlich auf den Mond bringen.

Kepler beteuerte später, er habe in seinem *Mondtraum* ein krasses Zerrbild seiner Mutter gezeichnet. Doch in der ersten Hälfte des 17. Jahrhunderts erreichten Hexenwahn und Hexenverfolgung in Nordeuropa ihren Höhepunkt. Zwischen 1615 und 1629 wurden allein in Keplers Geburtsort Weil der Stadt achtunddreißig Frauen auf dem Scheiterhaufen verbrannt – wobei der Ort nur tausend Einwohner zählte. Die Frage drängt sich auf, wieso er seine Mutter in einer Zeit, in der ältere Frauen nachgerade pauschal der Hexerei und schwarzen Magie verdächtigt wurden und verleumderische Vorwürfe der Hexerei nicht auf die leichte Schulter genommen werden durften, ausgerechnet in dieser Weise karikierte. Jedenfalls begann er in der zweiten Hälfte der 1620er Jahre, den *Mondtraum* zu überarbeiten; er fügte etwa fünfzig Seiten mit ausführlichen Anmerkungen hinzu, mit denen er den Vorwurf abergläubischer Geister, er habe seine Mutter verblümt, aber unmissverständlich der Hexerei bezichtigt, zu entkräften suchte. Es war das letzte größere Werk, das er fertig stellte.

Vielleicht rundet dies sein Charakterbild ja auch ganz gut ab, denn während er in seiner *Weltharmonik* durch eine Art ästhetischen »Generalschlüssel« nach der ultimativen Welterkenntnis strebte, fanden die Schattenseiten seiner Seele im *Somnium* ihren reinsten Ausdruck. Keplers Mond wird von einem »Geschlecht von Riesenschlangen beherrscht«. Diese haben »keine festen, sicheren Behausungen«, und sie »durchziehen in Horden ihre gesamte Welt«. Sie kriechen in Höhlen und fliehen auf den Grund tiefer Gewässer, um der glühenden Sonne zu entgehen, denn »diejenigen, die an der Oberfläche bleiben, werden von der Mittagssonne gekocht und dienen den herankommenden Nomadenhorden zur Nahrung«.[3]

Im Herbst 1630, bevor er die Veröffentlichung des *Somnium* unter Dach und Fach bringen konnte, verließ der einst (von seinem Vater) verlassene Junge, der jetzt ein alter Mann war, seine Familie. Wir wissen nicht genau, was ihn zu dieser letzten Reise bewog, aber in seiner Schwermut und Verzagtheit ahnte er offenbar, dass er nicht zurückkehren würde. In einer Notiz in dem Jahreshoroskop, das er sich selbst erstellte, hatte Kepler angemerkt, dass sich alle Planeten sehr bald in der gleichen Stellung befänden wie zum Zeitpunkt seiner Geburt.[4] Er nahm all seine Bücher, seine Kleidung und seine Schriften, »in denen all sein Vermögen begriffen war«[5], mit und ließ seine Familie mittellos zurück. Kepler sei »völlig unerwartet«[6] aufgebrochen, schrieb sein Schwiegersohn später, in einer Verfassung, dass seine Frau und seine Kinder eher den Jüngsten Tag als seine Rückkehr erwartet hätten.

Am 2. November traf er in Regensburg ein, wo er vielleicht Schulden einzutreiben hoffte. Doch schon bald warf ihn ein Fieber nieder, das er durch Aderlass vergeblich zu lindern suchte. Wenig später fiel er in ein Delirium und verlor bald gänzlich das Bewusstsein. Am 15. November starb er und wurde auf dem Regensburger Friedhof beigesetzt. Seinem Wunsch gemäß gravierte man in seinen Grabstein den von ihm selbst verfassten Spruch:

> Mensus eram coelos, nunc terrae metior umbras.
> Mens coelestis erat, corporis umbra iacet.
> (Himmel hab ich vermessen, jetzt mess ich die Schatten der Erde/
> War himmlisch erhoben der Geist, sinkt nieder des Körpers Schatten)[7]

Laut einem Augenzeugen soll Kepler in seinem Delirium mehrmals mit dem Zeigefinger bald an die Stirn, bald auf den Himmel gedeutet haben, und unmittelbar nach seinem Tod seien feurige Kugeln – Meteoriten – vom Himmel gefallen.[8] Als schwedische Truppen, von Norden kommend, auf die Stadt anrückten, wurde der Friedhof umgegraben, um Verteidigungsanlagen zu errichten. Von Keplers letzter Ruhestätte fehlt bis heute jede Spur.

ANHANG

Brahes Rezeptur für sein Quecksilberelixier
TBOO 9, S. 165–66. Mit erklärenden Einschüben von Lawrence Principe.

Die Herstellung von Arzneien

Gegen Haut- und Blutkrankheiten wie Krätze, Lues venerea, Elephantiasis [Lymphogranuloma venerum] und Ähnliches.

Diese und andere Krankheiten dieser Kategorie werden vornehmlich mit Merkur behandelt, aber nicht in seiner üblichen Zubereitungsweise oder in schädlichen oder gefährlichen Salben oder in Präzipitaten und ätzenden Turpethumverbindungen sowie ähnlich verderblichen Ausfällungen, die häufig mehr Schaden als Nutzen stiften. Diese [nachfolgend beschriebene] richtige Zubereitung sollte es [Merkur] verbessern, es von seiner giftigen Natur befreien, und es wird, wo es als schädlich gilt, sich als Medikament erweisen.

Zunächst wird der Merkur durch ein Tierfell gepresst (wie es üblich ist) und mehrere Male mit Salz und Essig gewaschen, um so seine äußeren Verunreinigungen zu entfernen [die festen

Verunreinigungen – normalerweise Metalloxide, mit denen das Quecksilber versetzt ist – werden auf diese Weise mechanisch ausgefiltert], sodann wird er in gewohnter Weise sublimiert [das Quecksilber wird mit Vitriol ($FeSO_4$), Salpeter (KNO_3) und Kochsalz ($NaCl$) vermengt, und das Gemisch wird anschließend zum Verdampfen gebracht, wobei Quecksilberdichlorid ($HgCl_2$) entsteht] und in Süßwasser, das mit kleinen Eisenplättchen versetzt wird, wiederbelebt. [Das Quecksilberdichlorid wird in Wasser gelöst, dem anschließend Eisen beigemischt wird. Das Eisen reduziert das Quecksilbersalz zu metallischem Quecksilber: $3\ HgCl_2 + 2\ Fe \rightarrow 3\ Hg + 2\ FeCl_3$.] Er wird ein weiteres Mal getrocknet, sublimiert und wiederbelebt, und das Ganze muss mindestens viermal wiederholt werden, bis der größte Teil seiner inneren Verunreinigungen entfernt wurde. [Die mehrfache Wiederholung dieser Behandlung bewirkt, dass sämtliche metallischen Verunreinigungen im Quecksilber, wahrscheinlich überwiegend Zinn und Blei, beseitigt werden.] Sodann soll man ihn in eine gläserne Langhalsphiole geben, deren Boden mit Kitterde verstärkt wurde. Dann bedecke man den Merkur mit reinstem Vitriolöl [Schwefelsäure], die viermal so schwer ist wie das Quecksilber. Man verschließe das Glasgefäß und lasse es acht Tage lang in heißer Asche kochen. Nachdem man dann das Vitriolöl in heißem Sand herausdestilliert hat, scheidet sich der Merkur weiß wie Schnee auf dem Boden ab. [Bei der Reaktion von Quecksilber mit Schwefelsäure entsteht Quecksilbersulfat: $Hg + H_2SO_4 \rightarrow HgSo_4 + H_2$.] Gießt man nun destilliertes Wasser wie etwa Rosenwasser oder ein anderes derartiges Wasser zwei- bis dreimal darüber, dann zieht es [das Wasser] jegliches Salz von dem Vitriol, das dem Quecksilber anhaftet, an sich, und durch wiederholtes Abklären und Trocknen süßt das Wasser den Merkur vollständig, so dass er von allen Ätzstoffen gereinigt wird. [Nichtsaures Wasser spaltet das weiße Quecksilbersulfat in unlösliches basisches Quecksilbersulfat, das gelb und geschmacklos ist: $2\ HgSO_4 + H_2O \rightarrow HgO.HgSO_4 + H_2SO_4$. Dieser Stoff wurde meist unter dem Namen *Turpethum minerale* bis ins 20. Jahrhundert hinein als Arzneimittel verwendet.] Wiederholt man dies drei oder vier mal, wird der Merkur immer stabiler und reiner, bis er sich schließlich bei mäßiger Hitze wie Wachs (ohne Rauch) verflüssigt; dann ist er nicht mehr gefährlich. Nimmt man nun zwei oder drei Körnchen in einem geeigneten Corpus ein [womit wohl ein Medium (Trägersubstanz) wie Wein, Bier oder Ähnliches gemeint ist, in dem das Quecksilberpräparat aufgeschwemmt und getrunken wird], dann heilt er die besagten Krankheiten allein durch Schwitzen, es sei denn, es wird zu viel zähflüssiger Schleim produziert. In diesem Fall befreit er [den Patienten] von den gleichen Krankheiten ohne Risiko durch Ausschneuzen. Doch lässt sich seine hervorragende Wirkung als Heilmittel noch steigern und seine Anwendbarkeit noch erweitern, wenn man ihn mit dem gleichen Gewicht gebundenem Antimonpulver vermengt, das ich bereits erwähnt habe, und mit extrahiertem Gold oder mit nicht ätzendem Schweißpulver, und zwar so, dass diese drei Stoffe zu je gleichen Gewichtsteilen miteinander gemischt werden. Nun gieße man abermals reinstes Vitriolöl darauf und koche das Ganze bei gleich bleibender mäßiger Hitze einen Monat lang. Nun destilliere man das Öl wie zuvor heraus und süße den Rückstand, indem man ihn mehrfach, wie bereits beschrieben, mit reinem destillierten Wasser abklärt, bis das getrocknete rötliche Pulver seine Bitterkeit verliert und bekömmlich wird. Durch seine vortreffliche Wirkung heilt es die Krankheiten, die ich beschrieben habe, reinigt das Blut, verzehrt schädliche Säfte und beseitigt alle Geschwüre und Hautdefekte an den Gliedmaßen. Es übertrifft sogar noch das bereits erwähnte Antimonpulver, obwohl dieses hervorragend wirkt.

Wer es versteht, die drei vorerwähnten Substanzen kunstgerecht zuzubereiten, kann praktisch drei Viertel sämtlicher Krankheiten des menschlichen Körpers heilen, solange er sie zur rechten Zeit anzuwenden weiß. Übrig bleiben nur jene Erkrankungen, die ihre Ursache in gichtigen und wässrigen Fluxionen und Ähnlichem und in der unnatürlichen und übermäßigen Auflösung von Salzen oder ihrer unzeitigen Erstarrung haben. Diese lassen sich größtenteils mit anderen Mitteln behandeln und lindern, sofern die Krankheit noch keine allzu tiefen Wurzeln geschlagen und noch nicht alle natürlichen Kräfte zerstört hat, so dass sie völlig unheilbar geworden ist, was sich im Übrigen von selbst verstehen sollte. Denn solche Gebresten, die eigens von Gott auferlegt werden, werden auch nur von Gott geheilt, sofern dies sein Ratschluss ist.

Nachdem ich mich bemüht hatte, diese Dinge in Heinrich Rantzaus Buch unterzubringen, wo sie an geeigneter Stelle zwischen medizinischen Ausführungen in deutscher Umgangssprache drei Folioseiten füllten, bevor eine neue Abhandlung zu diesem Thema begann, sorgte ich dafür, dass die folgenden Worte von einem anderen Teil dieser Seite darunter gesetzt wurden. Das Verspaar und mein Name, die folgen, habe ich eigenhändig hinzugefügt: »Mein werter Heinrich Rantzau, mein hoch geschätzter Schwager und Freund, hier teile ich Euch jene Dinge mit, die ich geruhe, Euch und den Euren jetzt aus den Geheimnissen der pyronomischen Kunst zu eröffnen. Obgleich sie sich nicht jedem Geist erschließen (da sie Erfahrung und Übung in ihrer Anwendung erfordern), werden sie doch vielleicht einem Eurer Nachfolger, wenn nicht gar Euch selbst, von Nutzen sein. Ein Tag lehrt den nächsten, und alles hat seine Zeit. Wenn Ihr die übrigen Dinge wissen möchtet, die ich durch göttliche Großmut, tägliche Arbeit, Aufwand und Erfahrung herausgefunden habe, so werde ich sie nicht vor Euch verstecken. Ich verlange nur, dass sie (so, wie sie sind) von Euch und Euern engsten Vertrauten geheim gehalten werden, denn

Um dieser Dinge willen verließ ich meine Heimat.
Daher schadet es, geholfen zu haben, und hilft, niemandem geschadet zu haben.
Von Tycho Brahe, Ottos Sohn,
eigener Hand.
13. Dezember AD 1597, an meinem 51. Geburtstag.

ANMERKUNGEN

Wir führen nachfolgend einige Abkürzungen für häufig zitierte Werke ein:

JKOO: die von Christian Frisch im 19. Jahrhundert herausgegebene Werkausgabe *Joannis Kepleri Astronomi Opera Omnia*, 8 Bde., Frankfurt am Main und Erlangen: Heyder und Zimmer, 1858–71.

JKGW: die aktuelle, noch nicht abgeschlossene Gesamtausgabe der Werke und Briefe Keplers, *Johannes Kepler: Gesammelte Werke*, im Auftrag der Deutschen Forschungsgemeinschaft und der Bayerischen Akademie der Wissenschaften hg. von der Kepler-Kommission, 25 Bde., München: C. H. Beck, 1937–.

TBOO: die Gesamtausgabe der Werke und Briefe Brahes, *Tychonis Brahe Opera Omnia*, hg. von J. L. E. Dreyer, 15 Bde., Kopenhagen: Copenhagen Libraria Gyldendaliana, 1913–29.

Aus den lateinischen Urtexten zitierte Stellen wurden, sofern nicht auf vorhandene deutsche Übersetzungen zurückgegriffen werden konnte, vom Übersetzer und von Stefan Trzeciok ins Deutsche übertragen und von den Verfassern autorisiert.

Mechanica: Tychonis Brahe, *Astronomiae Instauratae Mechanica*, in: ders., *Opera Omnia, Tomi Quinti*, hg. von

J. L. E. Dreyer unter Mitwirkung von Hans Raeder, Kopenhagen: Libraria Gyldendaliana, 1921.

Den folgenden Werken (vgl. auch die Bibliografie) haben wir viele hilfreiche Informationen über das Leben von Tycho Brahe entnommen: John Robert Christianson, *On Tycho's Island: Tycho Brahe and His Assistants, 1570–1601* [zitiert als: Christianson, *On Tycho's Island*]; Victor E. Thoren, *The Lord of Uraniborg: A Biography of Tycho Brahe* [zitiert als: Thoren, *Lord*]; Philander von der Weistritz, *Lebensbeschreibung des berühmten und gelehrten dänischen Sternsehers Tycho von Brahes* [zitiert als: Weistritz, *Lebensbeschreibung*] J. L. E. Dreyer, *Tycho Brahe: A Picture of Scientific Life and Work in the Sixteenth Century*, und Arthur Koestler, *Die Nachtwandler*. In der deutschen Ausgabe wird zudem häufig aus folgenden deutschen Übersetzungen original lateinischer Werke Keplers zitiert: *Johannes Kepler in seinen Briefen*, hgg. von Max Caspar und Walther von Dyck, Bd. 1, München u. Berlin 1930 [zit. als: Caspar, *Briefe I*], und aus Keplers »Selbstcharakteristik«, in: *Johannes Kepler – Selbstzeugnisse*, ausgewählt und eingeleitet von Franz Hammer, Stuttgart-Bad Cannstatt 1971, S. 16–30 [zit. als: Hammer, *Selbstcharakteristik*]. Eingriffe in den Wortlaut dieser Übersetzungen werden in den Anmerkungen eigens vermerkt.

In Koestlers Werk finden sich überdies viele nützliche biografische Informationen über Johannes Kepler, das Gleiche gilt für Max Caspar, *Johannes Kepler*, Bertold Sutter, *Johannes Kepler und Graz*, und für Mechthild Lemcke, *Johannes Kepler.*

Kitty Ferguson befasst sich in ihrem Buch *Tycho and Kepler: The Unlikely Partnership That Forever Changed Our Understanding of the Heavens* eingehend mit der Arbeitsbeziehung zwischen Kepler und Brahe.

Kapitel 1 – Das Leichenbegängnis (S. 15–19)

[1] Über Brahes Leichenbegängnis vgl. Weistritz, *Lebensbeschreibung* ..., Bd. 2, S. 356–62; Thoren, *The Lord of Uranienburg*, S. 469 f., und Dreyer, *Tycho Brahe*, S. 310–12.
[2] Vgl. für die Trauerrede von Johannes Jessenius bei der Totenfeier für Tycho Brahe, [*TBOO* Bd. 14, S. 234–40].
[3] Ebd., S. 238.
[4] Ebd., S. 238.
[5] Weistritz, *Lebensbeschreibung*, Bd. 1, S. 195.
[6] Rosen, *Three Imperial Mathematicians* ..., S. 314.

Kapitel 2 – Eine Chronik der Seelenqual (S. 20–35)

[1] *JKOO* Bd. 8, S. 672.
[2] Ebd.
[3] Ebd., S. 670f.
[4] Ebd., S. 671.
[5] Ebd., S. 671.
[6] Ebd., S. 671.
[7] Ebd., S. 671.
[8] Ebd., S. 672.
[9] Ebd., S. 672.
[10] Brief an Michael Mästlin, 7./17. Mai 1595, in: Max Caspar und Walther von Dyck (Hg.), *Johannes Kepler in seinen Briefen*, 2 Bde., 1. Band, München und Berlin 1930 [nachfolgend zitiert als: M. Caspar »*Briefe I*«]; [*JKGW* Bd. 13, Nr. 18].
[11] Notiz für Besprechung mit Tycho Brahe, April 1600 [*JKGW* Bd. 19, Nr. 2.2].
[12] Brief an einen anonymen Adligen, 23. Oktober 1613 [*JKGW* Bd. 17, Nr. 669].
[13] *JKOO* Bd. 8, S. 671.
[14] Ebd., S. 672.
[15] Ebd., S. 672.
[16] Ein Großteil der Informationen über den Alltag auf den Klosterschulen stammt aus Sutter, *Johannes Kepler und Graz*, Graz 1975, S. 99–101.
[17] *JKOO* Bd. 8, S. 672–673.
[18] *Selbstcharakteristik,* in: Franz Hammer (Hg.), *Johannes Kepler – Selbstzeugnisse*, Stuttgart-Bad Cannstatt 1971, S. 16–30, hier: S. 26 [fortan: Hammer, *Selbstcharakteristik*], [*JKGW* Bd. 19, Nr. 7.30].
[19] Ebd., S. 26f., mit leichten Änderungen.
[20] Ebd., S. 26 u. 28, mit leichten Änderungen.
[21] *JKOO* Bd. 8, S. 676.
[22] Ebd.
[23] Hammer, *Selbstcharakteristik*, S. 27 [*JKGW* Bd. 19, Nr. 7.30].
[24] Ebd., S. 29, mit leichten Änderungen [*JKGW* Bd. 19, Nr. 7.30].
[25] Ebd., S. 18f., [*JKGW* Bd. 19, Nr. 7.30].
[26] Max Caspar, *Johannes Kepler*, [fortan: Caspar, *Kepler*] Stuttgart 1995, S. 45.
[27] Ebd., S. 48f.
[28] Hammer, *Selbstcharakteristik*, S. 16f., mit leichten Änderungen [*JKGW* Bd.

19, Nr. 7.30].
[29] Ebd., S. 23.

Kapitel 3 – Vertreibung (S. 36–40)

[1] *JKOO* Bd. 8, S. 677.
[2] Ebd.
[3] Caspar, *Kepler*, S. 59.
[4] Für die theologische Kontroverse, die um das kopernikanische Weltsystem entbrannte, vgl. Peter Barker, »The Role of Religion in the Lutheran Response to Copernicus«, in: Osler, M. (Hg.), *Rethinking the Scientific Revolution*, New York 2000, S. 59–88.

Kapitel 4 – Den Himmel vermessen (S. 41–54)

[1] Brahe, *Mechanica*, S. 107.
[2] Über den dänischen Adel zu Brahes Zeiten vgl. Thoren, *Lord*, S. 1.
[3] Die Informationen über den dänischen Reichsrat und die Familie Brahes stammen aus Thoren, *Lord*, S. 1,43.
[4] Die Informationen über die Sitte des Duellierens in Dänemark stammen aus Thoren, *Lord*, S. 23f.
[5] Zu Brahes Verletzung und seiner Nasenprothese vgl. Thoren, *Lord*, S. 25f.
[6] Über die Beziehung zwischen Brahe und Manderup Parsberg vgl. Christianson, John Robert, *On Tycho's Island*, New York 2000, S. 173.
[7] Brahe, *Mechanica*, S. 107.
[8] Zu den Alfonsinischen Tafeln vgl. Timothy Ferris, *Coming of Age in the Milky Way*, New York 1989, S. 58f.
[9] Zu den Prutenischen Tafeln vgl. Owen Gingerich, *The Eye of Heaven*, New York 1993, S. 171.
[10] Brahe, *Mechanica*, S. 107.
[11] Ebd., S. 108.
[12] Thoren, *Lord*, S. 28.
[13] Brahe, *Mechanica*, S. 89.
[14] Ebd., S. 89.
[15] Ebd., S. 89.

Kapitel 5 – Der Alchemist (S. 55–66)

[1] Über das dänische Erbrecht zu Brahes Zeiten vgl. Christianson, *On Tycho's Island*, S. 13.
[2] Brahe, *Mechanica*, S. 118.
[3] Es besteht eine gewisse Unsicherheit, ob Basilius Valentinus eine reale Person war oder ein Pseudonym von zwei oder möglicherweise vier im Übrigen anonymen Autoren.
[4] Basilius Valentinus, »Von den natürlichen und übernatürlichen Dingen, Auch Von der ersten Tinctur-Wurtzel und Geiste der Metallen und Mineralien, wie

dieselbe empfangen, ausgekocht, gebohren, verändert und vermehret werden«, in: ders., *Chymische Schriften*, 5. Edition, Hamburg 1740 [S. 205-285], hier: S. 208f. u. 257.

[5] Ebd., S. 257.

[6] Theophrast von Hohenheim »Paragranum. Vorrede und erste zwei Bücher. Entwürfe und 1. Ausarbeitung in Berezhausen 1529/30«, in: Theophrast von Hohenheim gen. Paracelsus, Sämtliche Werke, 1. Abteilung, Medizinische, naturwissenschaftliche und philosophische Schriften, hg. von Karl Sudhoff, 8. Band, *Schriften aus dem Jahr 1530, geschrieben in der Oberpfalz, Regensburg, Bayern und Schwaben*, München 1924 [S. 31–113], hier: S. 63 u. 65.

[7] Über die Syphilis vgl. Goldwater, Leonard J., *Mercury: A History of Quicksilver*, Baltimore 1972, S. 53.

[8] Theophrast von Hohenheim, »Die drei (vier) Bücher des Opus Paramirum«, in: Theophrast von Hohenheim gen. Paracelsus, Sämtliche Werke, 1. Abteilung, Medizinische, naturwissenschaftliche und philosophische Schriften, hg. von Karl Sudhoff, 9. Band, *»Paramirisches« und anderes Schriftwerk der Jahre 1531–1535 aus der Schweiz und Tirol*, München 1925 [S. 37–230], hier: S. 170 u. 220.

[9] Tycho an Rothmann, 17. August 1588 [*TBOO* Bd. 6, S. 145].

[10] Ebd.

[11] Theophrast von Hohenheim, »Neun Bücher Archidoxis (Decem libri Archidoxis) (1525/26)«, in: Theophrast von Hohenheim gen. Paracelsus, Sämtliche Werke, 1. Abteilung, Medizinische, naturwissenschaftliche und philosophische Schriften, hg. von Karl Sudhoff, 3. Band, München und Berlin 1930 [S. 89–200], hier: S. 118 u. 119.

[12] Vgl. Stefan Winkle, *Geißeln der Menschheit – Kulturgeschichte der Seuche*, Düsseldorf und Zürich 1997, S. 551.

[13] Brahe, *Mechanica*, S. 118.

Kapitel 6 – Ein explodierender Stern (S. 67–76)

[1] Zit. nach Ferris, *Coming of Age*, S. 71.

[2] Für das Beispiel, das die parallaktische Verschiebung veranschaulicht, möchten wir Kitty Ferguson danken.

[3] Über die »Sternparallaxe« vgl. Thoren, *Lord*, S. 88.

[4] Ferris, *Coming of Age*, S. 71.

[5] Weistritz, *Lebensbeschreibung*, Bd. 2, S. 64f.

[6] Brahe, *Mechanica*, S. 117.

[7] *TBOO* Bd. 1, S. 163.

[8] Brahe, *Mechanica*, S. 117.

[9] Ebd.

Kapitel 7 – Eine eigene Insel (S. 77–86)

[1] Brahe, *Mechanica*, S. 109.

[2] *TBOO* Bd. 7, S. 27.

[3] Dreyer, *Tycho Brahe*, S. 86f.

[4] Über die Sinekuren, die Frederick II. Brahe zuwies, vgl. Christianson, *On Tycho's Island*, S. 24

[5] Die Angaben über die Gesamthöhe der Jahreseinnahmen Brahes stammen aus Thoren, *Lord*, S. 188.

[6] Brahe, *Mechanica*, S. 108.

[7] Der von uns befragte Brahe-Experte Klas Hylten-Cavallius meinte, möglicherweise habe eine Pumpe oder ein Druckmechanismus sämtliche Stockwerke der Uranienburg mit fließendem Wasser versorgt. Er hielt es jedoch für wahrscheinlicher, dass Brahes Bedienstete jeden Morgen eimerweise Wasser zu einem Speicher brachten, der sich vermutlich im Dachgeschoss des Gebäudes befand.

[8] Über Brahes Ruhm vgl. Weistritz, *Lebensbeschreibung* Bd. 1, S. 77f.

[9] Brahe, *Mechanica*, S. 29.

[10] Zur Frage der Genauigkeit der Messungen Brahes vgl. Thoren, *Lord*, S. 191.

Kapitel 8 – Das tychonische Weltsystem (S. 87–95)

[1] Vgl. zu diesen antiken Vorstellungen über die Bewegung der Erde Owen Gingerich, *The Eye of Heaven*, New York 1993, S. 5.

[2] Übersetzung von Hugh Thurston, *Early Astronomy*, New York 1996, S. 138.

[3] Aristoteles, *Vom Himmel,* in: ders., *Vom Himmel, Von der Seele, Von der Dichtkunst*, übers., hg. und mit einer neuen Vorbemerkung versehen von Olof Gigon, München 1987, S. 135.

[4] Zu Kopernikus' Theorie über die achte Sphäre vgl. Rhonda Martens, *Keplers Philosophy and the New Astronomy*, Princeton 2000, S. 28.

[5] *TBOO* Bd. 4, S. 156.

[6] Der Vergleich mit einem Karussell geht auf Arthur Koestler zurück.

[7] *TBOO* Bd. 4, S. 156.

[8] Der Astronom und Historiker Owen Gingerich von der Harvard-Universität entdeckte vor kurzem im Vatikan Rohentwürfe eines Weltsystems, das große Ähnlichkeit mit dem tychonischen Modell hat. Sie stammen offenbar von Brahes Freund, dem Mathematiker Paul Wittich, was darauf hindeutet, dass Wittich Brahe zu seinem endgültigen Modell inspirierte.

[9] Thoren, *Lord*, S. 254.

Kapitel 9 – Verbannung (S. 96–104)

[1] Christianson, *On Tycho's Island*, S. 126. Auch die Informationen über den dänischen Klerus stammen aus dieser Quelle.

[2] Über den Parteienstreit innerhalb des Protestantismus vgl. Thoren, *Lord*, S. 202.

[3] Christianson, *On Tycho's Island*, S. 126.

[4] Ebd., S. 203.

[5] Weistritz, *Lebensbeschreibung*, Bd. 1, S. 131.

[6] Ebd.

[7] Christianson, *On Tycho's Island*, S. 217.

[8] Brahe, *Mechanica*, S. 62f.

[9] Thoren, *Lord*, S. 387.

[10] Brahe, *Mechanica*, S. 63. Manche Persönlichkeiten der Geschichte haben einfach Pech mit ihren Biografen, und Brahes Ruf litt unverdientermaßen unter der 1890 erschienenen Darstellung seines Lebens und Werks durch J.L.E. Dreyer. Dreyer war zweifellos ein begabter Astronom und Historiker, aber die Qualität seiner Brahe-Biografie – das erste größere Werk seiner Art in englischer Sprache – wird durch die Tatsache beeinträchtigt, dass es ihm offenkundig an Verständnis für die von ihm porträtierte Person mangelte. So behauptete er etwa, Brahe habe die Uranienburg und Dänemark aus Verärgerung verlassen. Und bis auf den heutigen Tag wird Brahe in vielen historischen Darstellungen als »jähzornig« und »aufbrausend« charakterisiert, obwohl alles darauf hindeutet, dass das genaue Gegenteil der Fall war. Neuere wissenschaftliche Monografien, insbesondere von Victor Thoren und J. R. Christianson, haben die Unhaltbarkeit der Schlussfolgerungen Dreyers nachgewiesen. Thoren und Christianson zeigen anhand von Fakten, die Dreyer einfach unterschlug, dass Brahes Flucht eine kluge Reaktion auf eine lebensbedrohliche Situation war und dass die Schritte, die er in der Verbannung unternahm, um eine Annäherung an König Christian zu erreichen, wohl überlegt und vernünftig waren. Erst als ihm die unversöhnliche Feindseligkeit des dänischen Hofes entgegenschlug, machte er seinen wahren Gefühlen in besonnener Weise Luft. Vielleicht war er stolz, aber ein Hitzkopf war er auf keinen Fall.

Kapitel 10 – Das Geheimnis der Welt (S. 105–120)

[1] Brief an Michael Mästlin, 8./18. Januar 1595, in: M. Caspar, *Briefe I*, S. 16 [*JKGW* Bd. 13, Nr. 16].
[2] Ebd.
[3] Franz Hammer, *Selbstcharakteristik*, S. 23 [*JKGW* Bd. 19, Nr. 7.30].
[4] Ebd., S. 22, mit Änderungen [*JKGW* Bd. 19, Nr. 7.30].
[5] Johannes Kepler, *Das Weltgeheimnis – Mysterium Cosmographicum*, übers. und eingeleitet von Max Caspar, München und Berlin 1936, S. 23.
[6] Ebd., S. 27.
[7] Ebd., S. 6.
[8] Ebd., S. 23.
[9] Ebd., S. 23.
[10] Ebd., S. 23.
[11] Ebd., S. 23.
[12] M. Caspar, *Briefe I*, S. 24.
[13] Joh. Kepler, *Das Weltgeheimnis*, S. 53.
[14] Ebd., S. 53.
[15] Johannes Kepler, in: *Eine Unterredung mit dem Sternenboten* (ein offener Brief an Galileo Galilei), Prag 1610 [*JKGW* Bd. 4, S. 308].
[16] Joh. Kepler, *Das Weltgeheimnis*, S. 6.
[17] Brief an Herwart von Hohenburg, 9./10. April 1599, in: Caspar, *Briefe I*, S. 103 [*JKGW* Bd. 13, S. 117].
[18] Joh. Kepler, *Das Weltgeheimnis*, S. 31.
[19] Ebd., S. 11.

Kapitel 11 – Heirat (S. 121–128)

[1] Hammer, *Selbstcharakteristik*, S. 28 [*JKGW* Bd. 19, Nr. 7.30].
[2] Ebd., S. 27f.
[3] Ebd., S. 28.
[4] Ebd., S. 28.
[5] Ebd., S. 28, mit leichten Änderungen.
[6] Max Caspar, *Johannes Kepler*, a.a.O., S. 60.
[7] Ebd., S. 61.
[8] Ebd., S. 60.
[9] *JKOO* Bd. 8, S. 683.
[10] Ebd.
[11] Hammer, *Selbstcharakteristik*, S. 28 [*JKGW* Bd. 19, Nr. 7.30], mit leichten Änderungen.
[12] Ebd., S. 28, mit leichten Änderungen.
[13] Ebd., S. 17f.
[14] Brief an Mästlin, 2. April 1597, in: Caspar, *Briefe I*, S. 51 [*JKGW* Bd. 13, Nr. 64].
[15] *JKOO* Bd. 8., S. 689.
[16] Brief an Mästlin, 19./29. August 1599, in: Caspar, *Briefe I*, S. 112; letzter Satz direkt aus dem lat. Original übersetzt [*JKGW* Bd. 14, Nr. 132].
[17] Brief an Herwart von Hohenburg, 9./10. April 1599, in: Caspar, *Briefe I*, S. 106 [*JKGW* Bd. 13, Nr. 117], mit leichten Änderungen.
[18] Brief an eine anonyme Frau, 1612, *JKGW* Bd. 17, Nr. 643.

Kapitel 12 – Die Ursus-Affäre (S. 129–141)

[1] Übersetzung aus Christianson, *On Tycho's Island*, S. 90.
[2] Übersetzung aus Arthur Koestler, *Die Nachtwandler*, Bern u.a. 1959, S. 300.
[3] Übersetzung aus Thoren, *Lord*, S. 393.
[4] Ebd.
[5] Brief an Ursus, 15. November 1595, in: Caspar, *Briefe I*, S. 24 [*JKGW* Bd. 13 Nr. 26].
[6] Ursus' Antwortschreiben vom 29. Mai 1597 ist abgedruckt in: *JKGW* Bd. 13, Nr. 69.
[7] Brief an Brahe, 13. Dezember 1597, in: Caspar, *Briefe I*, S. 61f. [*JKGW* Bd. 13, Nr. 82], mit leichten Änderungen.
[8] Brief an Mästlin, 21. April/ 1. Mai 1598, in: Caspar, *Briefe I*, S. 64f. (hier mit Datum »1. Mai«) [*JKGW* Bd. 13, Nr. 94].
[9] Brief an Kepler, 1./11. April 1598, in: Caspar, *Briefe I*, S. 63 (ergänzt) [*JKGW* Bd. 13, Nr. 92].
[10] Ebd.
[11] Ebd.
[12] Ebd., S. 64.
[13] *JKGW* Bd. 13, Nr. 92.
[14] Ebd.
[15] Brief an Kepler, 4./14. April 1598, *JKGW* Bd. 13, Nr. 101.

[16] Ebd.
[17] Hammer, *Selbstcharakteristik*, S. 24f. [*JKGW* Bd. 19, Nr. 7.30], mit leichten Änderungen.
[18] Kepler schrieb am [16./] 26. Februar 1599 an Mästlin: »... so wäre zu befürchten, dass dann auch Ursus, um mich noch mehr zu schmähen, weitere Briefe von mir veröffentlichen ... würde«, in: Caspar, *Briefe I*, S. 99 [*JKGW* Bd. 13, Nr. 113].
[19] Brief an Brahe, [19.] Februar 1599, in: Caspar, *Briefe I*, S. 93f. [*JKGW* Bd. 13, Nr. 112].
[20] Ebd., S. 97.
[21] Randbemerkung von Keplers Hand zu Zeile 41 des Briefes, den Brahe ihm am 1. April 1598 schickte, *JKGW* Bd. 13. Nr. 92, S. 201.
[22] Brief an Mästlin, 26. Februar 1599, *JKGW* Bd. 13, Nr. 113.
[23] Brief an Mästlin, 26. Februar 1599, in: Caspar, *Briefe I*, S. 101; [*JKGW* Bd. 13, Nr. 113], mit Änderungen.

Kapitel 13 – Kaiserlicher Mathematikus (S. 142–154)

[1] Brief an Rosenkrantz, 30. August 1599 a. St. [*TBOO* Bd. 8, S. 163–66.]
[2] Ebd.
[3] Ebd.
[4] Ebd.
[5] Ebd.
[6] Ebd.
[7] Ebd.
[8] Robert J. W. Evans, *Rudolf II – Ohmacht und Einsamkeit,* Graz u.a. 1980, S.16
[9] Über den Transport von Brahes Instrumenten vgl. Dreyer, *Tycho Brahe*, S. 285.
[10] Evans, *Rudolf II*, S. 206, Anm. 10.
[11] Ebd., S. 38.
[12] Ebd., S. 135.
[13] Brief an Kepler, 9. Dezember 1599 [*JKGW* Bd. 14, Nr. 145].
[14] Ebd.
[15] Ebd.
[16] Ebd.

Kapitel 14 – Religiöse Toleranz (S. 155–162)

[1] Brief an Mästlin, 1./11. Juni 1598, in: Caspar, *Briefe I*, S. 76 [*JKGW* Bd. 13, Nr. 99], mit leichten Änderungen.
[2] Ebd., S. 77f., mit leichten Änderungen.
[3] Brief an Mästlin, 8. [bei Casp.: 9.] Dezember 1598, in: Caspar, *Briefe I*, S. 84 [*JKGW* Bd. 13, Nr. 106].
[4] Ebd. S. 85.
[5] Max Caspar, *Johannes Kepler*, S. 93.
[6] Über Kepler und das Christentum vgl. ebd., S. 92–94.
[7] Über Keplers Beziehung zu Herwart von Hohenburg vgl. ebd., S. 101.

[8] Brief an Mästlin, 19./29. August 1599, in: Caspar, *Briefe I*, S. 116f. [*JKGW* Bd. 14, Nr. 132].
[9] Brief an Mästlin, 12./22. November 1599, in: Caspar, *Briefe I*, S. 121f. [*JKGW* Bd. 14, Nr. 142].
[10] Dreyer, *Tycho Brahe*, S. 292.
[11] Brief an Herwart von Hohenburg, 12. Juli 1600, in: Caspar, *Briefe I*, S. 136f. [*JKGW* Bd. 14, Nr. 168].

Kapitel 15 – Konfrontation in Prag (S. 163–175)

[1] Brief an Kepler, 26. Januar 1600 [*JKGW* Bd. 14, Nr. 157].
[2] Brief an Johann Friedrich Hoffmann, 6. März 1600 [*JKGW* Bd. 14, Nr. 157].
[3] Brief an Brahe, April 1600, zit. nach Caspar, *Briefe I*, S. 127f. [*JKGW* Bd. 14, Nr. 162].
[4] Hammer, *Selbstcharakteristik*, S. 21 [*JKGW* Bd. 19, Nr. 2.1].
[5] Brief an von Hohenburg, 12. Juli 1600, in: Caspar, *Briefe I*, S. 136 [*JKGW* Bd. 14, Nr. 168].
[6] Ebd., S. 137.
[7] Johannes Kepler, *Neue Astronomie*, übers. und eingeleitet von Max Caspar, München 1990, Widmungsschreiben an Kaiser Rudolf II, S. 5.
[8] Keplers erste Liste mit Forderungen, April 1600, in: Caspar, *Johannes Kepler*, S. 117 (ergänzt) [*JKGW* Bd. 19, Nr. 2.1].
[9] *JKGW* Bd. 19, Nr. 2.1.
[10] Ebd.
[11] Ebd.
[12] Ebd.
[13] Brahes Antwort auf Keplers erste Forderungsliste ist abgedruckt in: *JKGW* Bd. 19, Nr. 2.1.
[14] Keplers zweite Liste mit Forderungen, April 1600 in: *JKGW* Bd. 19, Nr. 2.2.
[15] Brahes Antwort auf Keplers zweite Forderungsliste ist abgedruckt in: *JKGW* Bd. 19, Nr. 2.3.
[16] Keplers dritte Forderungsliste, 5. April 1600 [*JKGW* Bd. 19, Nr. 2.3].
[17] Ebd.
[18] Brahes Antwort auf Keplers dritte Forderungsliste, 5. April 1600 [*JKGW* Bd. 19, Nr. 2.4].
[19] Ebd.
[20] Synopsis der Kepler-Kommission [*JKGW* Bd. 19, Nr. 2.5].
[21] Brief an Jessenius, 8. April 1600 [*JKGW*, Bd. 14, Nr. 161].
[22] Brief an Brahe, April 1600, in: Caspar, *Briefe I*, S. 126 [*JKGW*, Bd. 14, Nr. 162], mit leichten Änderungen
[23] Ebd., S. 127, mit leichten Änderungen.
[24] Ebd., S. 127, mit leichten Änderungen.
[25] Ebd., S. 127, mit leichten Änderungen.
[26] Ebd., S. 128, mit leichten Änderungen.
[27] Ebd., S. 128f., mit leichten Änderungen.

Kapitel 16 – Arglist (S. 176–183)

[1] Die Rosenkrantz' gehörten wie die Brahes zu den mächtigsten Adelsfamilien Dänemarks. Friedrich war jedoch das Missgeschick unterlaufen, eine junge Hofdame zu schwängern. Man verzichtete darauf, ihm deswegen die Finger abzuhacken und den Adelstitel abzuerkennen, stattdessen wurde er an die ungarische Front entsandt, wo er gegen die Türken kämpfen musste. Auf dem Weg dorthin hatte er einen Zwischenaufenthalt in Prag eingelegt, um seinen Vetter Brahe zu besuchen. Dieser schickte ihn mit einem Empfehlungsschreiben zu Erzherzog Matthias, Rudolfs Bruder (der später den Kaiserthron an sich reißen sollte), den Befehlshaber der österreichischen Truppen. Rosenkrantz und ein weiterer Verwandter Brahes, Knud Gyldenstierne, gehörten der dänischen Gesandtschaft an, die 1592 nach England reiste, und beide ernteten später den zweifelhaften Ruhm, dass William Shakespeare das unselige Duo in seinem *Hamlet* nach ihnen benannte. Im wirklichen Leben erging es Rosenkrantz nicht viel besser: Bald nachdem er sich von Brahe verabschiedet hatte, wurde er bei dem Versuch, zwei Duellanten auseinander zu bringen, getötet. Vgl. Thoren, *Lord*, S. 428f.

[2] Brahes Empfehlungsschreiben für Kepler, Anfang Juni 1600 [*JKGW* Bd. 19, Nr. 2.6].

[3] Keplers Bericht über seinen Empfang in Graz ist abgedruckt in: *JKGW* Bd. 14, Nr. 168.

[4] Brief an von Hohenburg, 12. Juli 1600, in: Caspar, *Briefe I*, S. 136 [*JKGW* Bd. 14. Nr. 168].

[5] Synopsis der Kepler-Kommission bezüglich Keplers Brief an den Erzherzog Ferdinand: »Kepler sucht sich unter Hinweis auf Brahes Stellung bei Kaiser Rudolph dem Erzherzog Ferdinand zu empfehlen (wohl in der Absicht, sich bei dem Fürsten eine ähnliche Stellung zu verschaffen) und legt einen Aufsatz über die am 10. Juli zu erwartende Sonnenfinsternis vor. Er unterzieht darin Brahes Mondtheorie, die ihm dieser mündlich mitgeteilt hatte, einer eingehenden Kritik.« [*JKGW* Bd. 14, S. 474].

[6] Brief an Erzherzog Ferdinand, Anfang Juli 1600 [*JKGW* Bd. 14, Nr. 166].

[7] Keplers Verpflichtungserklärung vom 5. April 1600 ist abgedruckt in: *JKGW* Bd. 19, Nr. 2.5.

[8] Caspar, *Briefe I*, S. 132 [*JKGW* Bd. 14, Nr. 166].

[9] Keplers Brief an Christian Longomontanus ist verloren gegangen. Longomontanus' Antwortschreiben vom 3. August 1600 ist abgedruckt in: *JKGW* Bd. 14, Nr. 170.

[10] Caspar, *Briefe I*, S. 127.

[11] Hammer, *Selbstcharakteristik*, S. 19f. [*JKGW* Bd. 19, Nr. 7.30], mit Änderungen.

[12] Ebd., S. 20, mit leichten Änderungen.

[13] Brief an Mästlin, 9. September 1600, in: Caspar, *Briefe I*, S. 141f. [*JKGW* Bd. 14, Nr. 175].

[14] Brief an Kepler, 28. August 1600 [*JKGW* Bd. 14, Nr. 173].

[15] Ebd.

[16] Brief an Mästlin, 9. September 1600, in: Caspar, *Briefe I*, S. 141 [*JKGW* Bd. 14, Nr. 175].
[17] Brief an Brahe, 17. Oktober 1600 [*JKGW* Bd. 14, Nr. 177].

Kapitel 17 – Tycho und Rudolf (S. 184–189)

[1] Die Information über den Briefwechsel zwischen Brahe und dem Herzog von Mecklenburg stammt von Thoren, *Lord*, S. 217.
[2] Brief an einen Anonymus, 20. Januar 1600 [*TBOO* Bd. 8, S. 240f.].
[3] Brief an Georg Rollenhagen, 16.–26. September 1600 [*TBOO* Bd. 8, S. 373f.]
[4] Das ganze Ausmaß der Geldnot geht aus einem Brief hervor, den Brahes Tochter Magdalena ein Jahr nach Brahes Tod an ihre Großmutter in Dänemark schrieb. Sie teilt darin mit, dass die Familie die ausstehenden Gehaltszahlungen an Brahe und das seit langem versprochene Entgelt für Brahes Instrumente und Beobachtungsjournale noch immer nicht erhalten habe, und sie erkundigt sich in Mitleid erregender Weise, ob sich vielleicht »das Vieh und Ähnliches auf der Insel Ven, unser Haus in Kopenhagen und sonstiges Vermögen in Dänemark, von dem Ihr Kenntnis habt, oder auch [Außenstände, die Brahe geschuldet sind]« verwerten ließen und man ihnen den Erlös daraus zukommen lassen könne. Vgl. Thoren, *Lord*, S. 471–75.

Kapitel 18 – Die Mästlin-Affäre (S. 190–196)

[1] Über Ursus' Tod vgl. Rosen, *Three Imperial Mathematicians*, S. 307.
[2] Über die juristischen Schritte, die Brahe gegen Ursus einleitete, vgl. Brahes Brief an Kepler, 28. August 1600 [*JKGW* Bd. 14., Nr. 173].
[3] Brief an von Hohenburg, 30. Mai 1599 [*JKGW* Bd. 13, Nr. 123].
[4] Brief an Kepler, 9./19. Oktober 1600 [*JKGW* Bd. 14, Nr. 178].
[5] Ebd.
[6] Brief an Mästlin, 6./16. Dezember 1600, in: Caspar, *Briefe I*, S. 148 [*JKGW* Bd. 14, Nr. 180], mit Änderungen.
[7] Zahlreiche lateinische Quellen belegen diese Bedeutung von *induxi animum*. Ein Beispiel ist Sallusts Monografie *Bellum Catalinae*, Abschnitt 53. Sallust, der schildert, wie Julius Cäsar und Cato der Jüngere zu herausragenden Führungsfiguren wurden, schreibt über Cäsar: *Postremo, Caesar in animum induxerat laborare, vigilare; negotiis amicorum intentus, sua neglegere.* (»Endlich entschloss sich Cäsar, sich ins Zeug zu legen und auf der Hut zu sein, bedacht auf die Belange seiner Freunde, sich selbst gering achtend.«)
[8] *JKGW* Bd. 14, Nr. 180.
[9] Brief an Mästlin, 8. Februar 1601, in: Caspar, *Briefe I*, S. 152f. [*JKGW* Bd. 14, Nr. 183], mit Änderungen.

Kapitel 19 – Der Zorn kocht über (S. 197–202)

[1] Brief an Kepler, 13. Juni 1601 [*JKGW* Bd. 14, Nr. 191].
[2] Ebd.
[3] Ebd.
[4] Brief an Kaiser Rudolf II., Mai 1601 [*JKGW* Bd. 14, Nr. 189].
[5] Ebd.
[6] Brief an Johann Anton Magini, 1. Juni 1601, in: Caspar, *Briefe I*, S. 157 [*JKGW* Bd. 14, Nr. 190].
[7] Ebd.
[8] Ebd., S. 158.
[9] Ebd., S. 158, mit leichten Änderungen.
[10] *JKGW* Bd. 14, Nr. 190.

Kapitel 20 – Der Tod von Tycho Brahe (S. 203–208)

[1] Vgl. James R. Voelkel, *Johannes Kepler and the New Astronomy*, New York 2001, S. 108.
[2] Hammer, *Selbstcharakteristik*, S. 25, mit leichten Änderungen.
[3] Aus Keplers Bericht über Tycho Brahes Krankheit [*TBOO* Bd. 13, S. 255].
[4] *TBOO* Bd. 14 [S. 234–40], hier: S. 235.
[5] Ebd., S. 240; der »Schröpfkopf«, den Jessenius erwähnt, war eine Methode des Aderlasses, die das Gleichgewicht der »galenischen Körpersäfte« wiederherstellen sollte und die nichts mit der Katheterisierung zu tun hatte.
[6] Ebd.
[7] Ebd.
[8] Ebd.

Kapitel 21 – In der Krypta (S. 209–214)

[1] Über die Exhumierung von Brahes Leichnam vgl. Heinrich Matiegka, *Bericht über die Untersuchung der Gebeine Tycho Brahe's*, Prag 1901.
[2] Wir danken Claus Thykier, Direktor des Ole-Rømer-Museums, Göran Nyström, Direktor des Tycho-Brahe-Museums, und Björn Jörgensen, Direktor des Tycho-Brahe-Planetariums, dass sie ihr unschätzbares Wissen über Tycho Brahe mit uns geteilt haben.
[3] Wir möchten Dr. Bent Kaempe, Vorstand des Instituts für Rechtsmedizin an der Universität Kopenhagen, dafür danken, dass er uns sein Labor zeigte und ausführlich die wissenschaftlichen Grundlagen und die Methodik des Analyseverfahrens erklärte.
[4] Solche Selbstversuche waren offenbar keine Seltenheit. Disulfiram (Antabus), das Erbrechen auslöst, wenn es zusammen mit Alkohol eingenommen wird, und das gelegentlich zur Behandlung von schwerem Alkoholismus verwendet wird, wurde von zwei Forschern der Universität Kopenhagen zufällig entdeckt, als sie sich den Wirkstoff für andere Zwecke selbst verabreichten. Anschließend gingen sie nichts ahnend zu zwei getrennten Partys, auf denen reichlich Alkohol

floss. Dies hatte für die Betroffenen unerwartet unangenehme, aber für die Wissenschaft überaus positive Konsequenzen.

[5] Kaempe benutzte ein Perkins-Elmer-Atomabsorptionsspektrometer mit einer Messempfindlichkeit von 0,05 bis 0,01 Teile auf eine Million.

[6] Bent Kaempe, Claus Thykier und N.A. Petersen, »The Cause of Death of Tycho Brahe in 1601«, *Proceedings of the 31st TIAFT Congress 15–23 August 1993 in Leipzig* [S. 309–15], hier: S. 314. Der Originalwortlaut ihres Fazits lautet: »Daher sind wir zu dem Schluss gelangt, dass die Urämie, an der Tycho Brahe litt, vermutlich durch eine Quecksilbervergiftung verursacht wurde, die aller Wahrscheinlichkeit nach auf seine Experimente mit seinem Elixier elf bis zwölf Tage vor seinem Tod zurückzuführen ist.«

[7] Bent Kaempe und Claus Thykier trafen sich im Mai 2002 mit Karl-Heinz Cohr und Helle Burchard Boyd, um über die Ursache von Brahes Urämie zu diskutieren.

Kapitel 22 – Verräterische Symptome (S. 215–221)

[1] *TBOO* Bd. 13, S. 283.

[2] Edvard Gotfredsen, »Tyge Brahe sidste sygdom og død«, *Fund og Farksning* 2 (1955) [S. 33–38], hier: S. 35.

[3] Für Gotfredsens Hypothese vgl. ebd.

[4] Der Verschluss der Harnröhre könnte auch durch einen bösartigen Tumor verursacht worden sein. Aber in diesem Fall hätten sich die Symptome allmählich entwickelt, und es wäre obendrein zu einem starken Gewichtsverlust gekommen. In den zeitgenössischen Berichten finden sich jedoch keine Hinweise darauf. Es gibt eine Vielzahl weiterer Erkrankungen, die mit geringerer Wahrscheinlichkeit als Ursache für Brahes Urämie in Betracht kommen. Zu den prärenalen Krankheiten gehören dekompensierte Herzinsuffizienz oder Nierenarterienstenose. Diabetes kann zu einem allmählichen Nierenversagen führen. Aber in all diesen Fällen würden sich die Symptome der Grunderkrankung nach und nach herausbilden. In ähnlicher Weise würde der Patient die unangenehmen Symptome der Urämie selbst wie Schläfrigkeit, Appetitverlust und Hautjucken nach und nach empfinden. Harn, der durch Löcher in den Harnwegen ins umliegende Gewebe aussickert, würde wieder resorbiert werden und keine Urämie verursachen. Ein massiver Harnschwall aufgrund einer äußeren Gewalteinwirkung auf die Blase oder einer verpfuschten Operation würde einen Schock, aber keine Urämie auslösen.

[5] Friedel Pick, *Joh. Jessenius de Magna Jessen …*, Leipzig 1926, S. 112.

[6] Ebd.

[7] Wir danken Professor Dr. Thomas E. Andreoli, Vorstand der Abteilung für Innere Medizin an der Medizinischen Fakultät der Universität von Arkansas, und dem Urologen Dr. Stephen William Dejter jr. aus Washington, D. C., dass sie uns so fundiert und umfassend über die Erkrankungen der Harnorgane und die Auswirkungen einer Quecksilbervergiftung auf die ableitenden Harnwege informiert haben. Dank gilt auch Dr. John B. Sullivan jr., Prodekan, Gesundheitswissenschaftliches Zentrum der Medizinischen Hochschule von Arizona, der uns mit unschätzbaren Informationen über die Wirkungen einer Quecksilbervergiftung im menschlichen Organismus versorgte.

Kapitel 23 – Dreizehn Stunden (S. 222–228)

[1] Wir danken Dr. Jan Pallon, Professor am Fachbereich Physik der Universität Lund, dafür, dass er uns sein Labor gezeigt und uns die wissenschaftlichen Grundlagen sowie die Methodik des PIXE-Analyseverfahrens ausführlich erklärt hat.
[2] Vortrag von Dr. Jan Pallon am 3. Juli 1996 an der Universität Lund, bei dem er die Ergebnisse seiner PIXE-Analyse vorstellte.
[3] *TBOO* Bd. 14, S. 234–40.
[4] *TBOO* Bd. 13, S. 283.

Kapitel 24 – Das Elixier (S. 229–240)

[1] Über die Geschichte des Quecksilbers vgl. Goldwater, *Mercury*, a.a.O.
[2] Ebd., S. 211.
[3] Über den Selbstmordversuch mit metallischem Quecksilber vgl. Torald Sollmann, *A Manual of Pharmacology and Its Applications to Therapeutics and Toxicology*, Philadelphia 1957, S. 1317.
[4] Goldwater, *Mercury*, S. 211.
[5] Ebd., S. 212.
[6] Ebd., S. 168.
[7] Ebd.
[8] Ebd., S. 232f.
[9] Ebd., S. 222.
[10] *TBOO* Bd. 9, S. 165.
[11] Professor Allen G. Debus, emeritierter Morris-Fishbein-Professor für Wissenschafts- und Medizingeschichte an der Universität Chicago, hat bahnbrechende Forschungsarbeiten zur Geschichte der Alchemie und der Medizin erbracht. Professor Jole Shackelford, Gastprofessor für Medizingeschichte an der Universität Minnesota, ist ein ausgewiesener Experte für frühneuzeitliche Medizin in Europa, der sich auf die Geschichte der paracelsischen Medizin in Dänemark und Norwegen spezialisiert hat. Weitere Kapazitäten auf diesem Gebiet sind Dr. Lawrence Principe, Professor für Geschichte der Naturwissenschaften (insbesondere Chemie), der Medizin und der Technik an der Johns-Hopkins-Universität, und Karin Figala, Professorin für Geschichte der Naturwissenschaften an der Technischen Universität München. Viele der in diesem Buch dargelegten Erkenntnisse basieren auf ihren Publikationen und persönlichen Gesprächen, die wir mit ihnen geführt haben. Besonders aufschlussreich sind zwei Aufsätze von Karin Figala: »Tycho Brahes Elixier« und »Kepler and Alchemy« (siehe Bibliografie).
[12] »Medicamentorum« (Die Zubereitung von Arzneien) [*TBOO* Bd. 9, S. 165f.].
[13] Ebd., S. 165.
[14] Ebd.
[15] Ebd.
[16] Ebd.
[17] Ebd.
[18] Ebd.

[19] Shakespeare, *König Heinrich V*, 2. Aufzug, 1. Szene, zit. nach Stefan Winkle, *Geißeln der Menschheit*, a.a.O., S. 555.
[20] Über die Giftigkeit von Quecksilberdichlorid vgl. Sollmann, *A Manual of Pharmacology* ..., S. 1317.
[21] *TBOO* Bd. 9, S. 165 f.
[22] Über die Entdeckung der harntreibenden Wirkung von Quecksilber vgl. Sollmann, *A Manual of Pharmacology* ..., S. 1317.

Kapitel 25 – Das Motiv und die Mittel (S. 241–252)

[1] Martin Ruland, *Lexicon Alchemiae Sive Dictionarium Alchemisticum*, Frankfurt 1612.
[2] Brief an Mästlin, 10. Februar 1597 [*JKGW* Bd. 13, Nr. 60].
[3] Figala, »Kepler and Alchemy«, *Vistas in Astronomy* 18 (1975) [S. 457–71], hier: S. 457. Figala weist darauf hin, dass Kepler im Anhang zum 5. Buch seiner *Weltharmonik* gegen den Mystizismus des Engländers Robert Fludd Position bezieht: »Man kann auch sehen, dass er seine Hauptfreude an unverständlichen Rätselbildern von der Wirklichkeit hat, während ich darauf ausgehe, gerade die in Dunkel gehüllten Tatsachen der Natur ins helle Licht der Erkenntnis zu rücken. Jenes ist Sache der Chymiker, Hermetiker und Paracelsisten, dieses dagegen Aufgabe der Mathematiker.« (*Weltharmonik*, übers. und eingel. von Max Caspar, München und Berlin 1939, S. 362). Aber Kepler greift hier vor allem die okkulten Praktiken an, wie Kabbala, Magie und Geomantie, nicht die experimentelle Iatrochemie als solche.
[4] Figala, »Kepler and Alchemy«, S. 469, Anm. 44.
[5] Brief an Kepler, 11. April 1598, in: Caspar, *Briefe I*, S. 63 [*JKGW* Bd. 13, Nr. 92].
[6] *JKGW* Bd. 13, Nr. 92, Randbemerkungen von Keplers Hand.
[7] Brief an Mästlin, 16./26. Februar 1599 [*JKGW* Bd. 13, Nr. 113].
[8] Hammer, *Selbstcharakteristik*, S. 25 [*JKGW* Bd. 19, Nr. 7.30].
[9] Ebd., S. 25.
[10] Ebd., S. 26.
[11] Ebd., S. 19, mit Änderungen.
[12] Ebd., S. 18 u. 23, mit leichten Änderungen.

Kapitel 26 – Diebstahl (S. 253–255)

[1] Über die Situation der Hinterbliebenen von Brahe nach seinem Tod vgl. Christianson, *On Tycho's Island*, S. 299–306, 366–77.
[2] Brief an Johann Anton Magini, 1. Juni 1601, in: Caspar, *Briefe I*, S. 157 [*JKGW* Bd. 14, Nr. 190].
[3] Brief an David Fabricius, 1. Oktober 1602, *JKGW* Bd. 14, Nr. 226.
[4] Brief an Christoph Heydon, Oktober 1605, in: Caspar, *Briefe I*, S. 245 [*JKGW* Bd. 15, Nr. 357], mit Änderung.
[5] *JKGW* Bd. 15, Nr. 357.

Kapitel 27 – Die drei Gesetze (S. 256–264)

[1] Hammer, *Selbstcharakteristik*, S. 18 [*JKGW* Bd. 19, Nr. 7.30], mit leichten Änderungen.
[2] Arthur Koestler, *Die Nachtwandler*, Bern u.a. 1959, S. 332.
[3] Über Brahes Ansicht, die Gezeiten würden vom Mond verursacht, vgl. Thoren, *Lord*, S. 214, Anm. 76.
[4] Stephen Barr, *Modern Physics and Ancient Faith*, Notre Dame 2003, S. 90.
[5] Lehrreiche Darstellungen des von Kepler formulierten fotometrischen Grundgesetzes finden sich bei Kitty Ferguson, *Tycho and Kepler …*, New York 2002, und James R. Voelkel, *Johannes Kepler and the New Astronomy*, New York 2001.
[6] Johannes Kepler, *Weltharmonik*, übers. und eingeleitet von Max Caspar, München und Berlin 1939, V. Buch, 4. Kapitel, S. 298.
[7] Ebd., V. Buch, 7. Kapitel, S. 311.
[8] Ebd., V. Buch, 9. Kapitel, S. 317.
[9] Ebd., Vorrede zum V. Buch, S. 280.

Nachwort (S. 265–270)

[1] Brief an Fabricius, 11. Oktober 1605, in: Arthur Koestler, *Die Nachtwandler*, S. 354 [*JKGW* Bd. 15, Nr. 358].
[2] Vgl. *JKGW* Bd. 11.2.
[3] Dt. Übersetzung von Arthur Koestler, *Die Nachtwandler*, S. 424.
[4] Über Keplers Horoskop für das Jahr 1630 vgl. Caspar, *Johannes Kepler*, S. 428, Fußnote.
[5] Ebd., S. 428.
[6] Jakob Bartsch, Brief an Philipp Müller, 3. Januar 1631 [*JKGW* Bd. 19, Nr. 6.1].
[7] Dt. Übersetzung aus Mechthild Lemcke, *Johannes Kepler*, Reinbek 1995, S. 141.
[8] Über das angebliche Deuten mit dem Zeigefinger auf Stirn und Himmel vgl. Ludwig Günther, *Kepler und die Theologie …*, Gießen 1905, S. 80; Koestler, S. 427.

BIBLIOGRAFIE

Aiton, Eric John: »Johannes Kepler in the Light of Recent Research«, *History of Science* 14, Nr. 2 (1976), S. 77–100.

Ders.: »Kepler and the „Mysterium Cosmographicum"«, *Sudhoffs Archiv* 61, Nr. 2 (1977), S. 173–94.

Ders.: »Kepler's Path to the Construction and Rejection of His First Oval Orbit for Mars«, *Annals of Science* 35, Nr. 2 (1978), S. 173–90.

Arena, Jay M.: »Treatment of Mercury Poisoning«, in: Eusebio Mays u.a. (Hg.), *Mercury Poisoning*, Bd. 2, New York: MSS Information Corporation, 1973, S. 44–50.

Aristoteles, *Vom Himmel*, in: ders., *Vom Himmel, Von der Seele, Von der Dichtkunst*, übers., hg. und mit einer neuen Vorbemerkung versehen von Olof Gigon, München: DTV, 1987.

Ashbrook, Joseph: »Tycho Brahe's Nose«, *Sky and Telescope* 29, Nr. 6 (1965), S. 353–58.

Barr, Stephen: *Modern Physics and Ancient Faith*, Notre Dame: University of Notre Dame Press, 2003.

Beer, Arthur: »Kepler's Astrology and Mysticism«, *Vistas in Astronomy* 18 (1975), S. 399–426.

Benzendörfer, Udo: *Paracelsus*, Reinbek bei Hamburg: Rowohlt Taschenbuch Verlag, 1997.

Betsch, Gerhard: »Michael Mästlin and His Relationship with Tycho Brahe«, in: Christianson u.a. (Hg.) (siehe dort), S. 102–12.

Bialas, Volker: »Kepler as Astronomical Observer in Prague«, in: Christianson u.a. (Hg.) (Siehe dort), S. 128–36.

Bias, Marie und A. Rupert Hall: »Tycho Brahe's System of the World«, *Occasional Notes of the Royal Astronomical Society* 3, Nr. 21 (1959), S. 253–63.

Blair, Ann: »Tycho Brahe's Critique of Copernicus and the Copernican System«, *Isis* 51, Nr. 3 (1990), S. 355–77.

Boas Hall, Marie: »The Spirit of Innovation in the Sixteenth Century«, in: Owen Gingerich (Hg.), *The Nature of Scientific*

Discovery: A Symposium Commemorating the 500th Anniversary of the Birth of Nicolas Copernicus, Owen Gingerich (Hg.), Washington, D.C.: Smithsonian Institution, 1975, S. 308–34.

Brackenridge, J. Bruce: »Kepler, Elliptical Orbits, and Celestial Circularity: A Study in the Persistence of Metaphysical Commitment. II.«, *Annals of Science* 39, Bd. 3 (1982), S. 265–95.

Brahe, Tycho: *Tycho Brahe's Description of His Instruments and Scientific Works as Given in* Astronomiae Instauratae Mechanica (*Wandsburgi 1598),* übers. und hg. von Hans Raeder u.a., Kopenhagen: I Kommission hos E. Munksgaard, 1946.

Bubenik, Andrea: »Art, Astrology, and Astronomy at the Imperial Court of Rudolf II (1576–1612)«, in: Christianson u.a. (Hg.) (siehe dort), S. 256–63.

Bukovinska, Beket: »The „Kunstkammer" of Rudolf II: Where It Was and What It Looked Like«, in: Fucíková u.a.(siehe dort), S. 199–219.

Burckhardt, Fr.: *Aus Tycho Brahe's Briefwechsel*, wissenschaftliche Beilage zum Bericht über das Gymnasium, Schuljahr 1886–87. Basel: Schultze'sche Universitätsbücherei, 1887.

Caspar, Max: *Bibliographia Kepleriana: Ein Führer durch das gedruckte Schrifttum von Johannes Kepler*, im Auftrag der Bayerischen Akademie der Wissenschaften unter Mitarbeit von Ludwig Rothenfelder, München: C.H. Beck, 1968.

Ders.: *Johannes Kepler*, hg. von der Kepler-Gesellschaft, Weil der Stadt, 4. Aufl., Stuttgart: Verlag für Geschichte der Naturwissenschaften und der Technik, 1995.

Ders. und Walther von Dyck (Hg.), *Johannes Kepler in seinen Briefen*, 2 Bde., München und Berlin: Verlag R. Oldenbourg, 1930.

Chapman, Allan: »Tycho Brahe: Instrument Designer, Observer, and Mechanician«, *Journal of the British Astronomical Association* 99 (1989), S. 70–77.

Christianson, John Robert: »The Celestial Palace of Tycho Brahe«, *Scientific American* 204, Nr. 2 (1961), S. 118–28.

Ders.: »Copernicus and the Lutherans«, *Sixteenth Century Journal* 4, Nr. 2 (1973), S. 1–10.

Ders.: *On Tycho's Island: Tycho Brahe and His Assistants, 1570–1601*, New York: Cambridge University Press, 2000.

Ders: »Tycho and Sophie Brahe: Gender and Science in the Late Sixteenth Century«, in: Christianson u.a. (Hg.) (siehe dort), S. 30–45.

Ders.: »Tycho Brahe's Cosmology from the Astrologia of 1591«, *Isis* 59 (1968), S. 312–18.

Ders.: »Tycho Brahe's German Treatise on the Comet of 1577: A Study in Science and Politics«, *Isis* 70 (1979), S. 110–40.

Christianson, John Robert u.a. (Hg.): *Tycho Brahe and Prague: Crossroads of European Science. Proceedings of the International Symposium on the History of Science in the Rudolphine Period*, Prag, 22.–25. Oktober 2001, Acta Historica Astronomiae 16, Frankfurt a.M.: Verlag Harri Deutsch, 2002.

Colombo, Giuseppe: »Johannes Kepler: From Magic to Science«, *Vistas in Astronomy* 18 (1975), S. 451.

Copenhaver, Brian P.: »Natural Magic, Hermetism, and Occultism in Early Modern Science«, in: David C. Lindbergh und Robert Westman (Hg.), *Reappraisals of the Scientific Revolution*, New York: Cambridge University Press, 1990, S. 261–301.

Danielson, Dennis Richard: *The Book of the Cosmos: Imaging the Universe from Heraclitus to Hawking*, Cambridge, Mass.: Perseus Publishing, 2000.

Ders.: »The Great Copernican Cliché«, *American Journal of Physics* 69, Nr. 10 (2001), S. 1029–35.

Davis, Ann Elizabeth Leighton, »Grading the Eggs (Kepler's Sizing-Procedure for the Planetary Orbit)«, *Centaurus* 35, Nr. 2 (1992), S. 121–42.

Dies.: »Kepler's „Distance Law" – Myth, Not Reality«, *Centaurus* 35, Nr. 2 (1992), S. 103–20.

Dies.: »Kepler's Resolution of Individual Planetary Motion«, *Centaurus* 35, Nr. 2 (1992), S. 97–102.

Debus, Allen G.: *The Chemical Philosophy: Paracelsian Science and Medicine in the Sixteenth and Seventeenth Century*, New York: Dover, 2002.

Dick, Wolfgang und Jürgen Hamel: *Beiträge zur Astronomiegeschichte*, Bd. 2, Thun und Frankfurt a. M.: Verlag Harri Deutsch, 1999.

Divisovska-Bursikova, Bohdana: »Physicians at the Prague Court of Rudolf II«, in: Christianson u.a.(Hg.), a.a.O., S. 270-75.

Donahue, William H.: »Kepler's Approach to the Oval of 1602 from the Mars Notebook«, *Journal for the History of Astronomy* 27, Nr. 4 (1996), S. 281–95.

Ders.: »Kepler's Fabricated Figures: Covering Up the Mess in the ›New Astronomy‹«, *Journal for the History of Astronomy* 19, Nr. 4 (1988), S. 217–37.

Ders.: »Kepler's First Thoughts on Oval Orbits: Text, Translation, and Commentary«, *Journal for the History of Astronomy* 24, Nr. 1–2 (1993), S. 71–100.

Ders.: »The Solid Planetary Spheres in Post-Copernican Natural Philosophy«, in: Robert Westman (Hg.), *The Copernican Achievement*, Berkeley: University of California Press (1975), S. 244–75.

Dreyer, J. L. E.: *A History of Astronomy: From Thales to Kepler* (1906), New York: Dover, 1953.

Ders.: »On Tycho Brahe's Catalogue of Stars«, *Observatory* 40 (1917), S. 229–33.

Ders.: »On Tycho Brahe's Manual of Trigonometry«, *Observatory* 39 (1916), S. 127–31.

Ders.: *Tycho Brahe: A Picture of Scientific Life and Work in the Sixteenth Century* (1890), New York: Dover, 1963.

Ders. (Hg): *Tychonis Brahe Opera Omnia*, 15 Bde., Kopenhagen: Libraria Gyldendaliana, 1913–29.

Efron, Noah J.: »Irenism and Natural Philosophy in Rudolfine Prague: The Case of David Gans«, *Science in Context* 10, Nr. 4 (1998), S. 627–49.

Einspinner, August: *Eine Schrift der Andacht über Johannes Kepler*, Graz: Leykam, 1920.

Eisenstein, Elizabeth L.: *The Printing Press as an Agent of Change: Communications and Cultural Transformations in Early Modern Europe*, 2 Bde., New York: Cambridge University Press, 1979.

Evans, Robert John Weston: *Rudolf II. Ohnmacht und Einsamkeit*, Graz, Köln u.a.: Verlag Styria, 1980.

Ferguson, Kitty: *Tycho and Kepler: The Unlikely Partnership That Forever Changed Our Understanding of the Heavens*, New York: Walker and Company, 2002.

Ferris, Timothy: *Coming of Age in the Milky Way*, New York: Anchor Books, 1989.

Field, Judith V.: »A Lutheran Astrologer: Johannes Kepler«, *Archive for History of Exact Science* 31 (1984), S. 189–205.

Dies.: »Kepler's Cosmological Theories: Their Agreement with Observation«, *Quarterly Journal of the Royal Astronomical Society* 23 (1982), S. 556–68.

Dies.:, »Kepler's Rejection of Solid Celestial Spheres«, *Vistas in Astronomy* 23, Nr. 3 (1979), S. 207–11.
Dies.: »Kepler's Star Polyhedra«, *Vistas in Astronomy* 23 Nr. 2 (1979), S. 109–41.
Figala, Karin: »Kepler and Alchemy«, *Vistas in Astronomy* 18 (1975), S. 457–71.
Dies.: »Tycho Brahes Elixier«, in: *Veröffentlichungen des Deutschen Museums für die Geschichte der Naturwissenschaften und der Technik*, Reihe C, Quellentexte und Übersetzungen, Nr. 13 (1972), S. 141ff.
Dies. und Claus Priesner: *Alchemie: Lexikon einer hermetischen Wissenschaft*, München: C.H. Beck, 1998.
Frisch, Christian (Hg.): *Joannis Kepleri Astronomi Opera Omnia*, 8 Bde., Frankfurt a.M. und Erlangen: Heyder und Zimmer, 1858–71.
Fucíková, Eliska: »The Belvedere in Prague as Tycho Brahe's Museum«, in: Christianson u.a. (Hg.), a.a.O. S. 276–81.
Dies. u.a.: *Rudolf II and Prague: The Court and the City*, Prag: Prague Castle Administration/New York: Thames and Hudson 1997.
Gade, John Allyne: *The Life and Times of Tycho Brahe*, Princeton: Princeton University Press for the American-Scandinavian Foundation, 1947.
Gingerich, Owen: *The Eye of Heaven: Ptolemy, Copernicus, Kepler*, New York: American Institute of Physics, 1993.
Ders.: »Johannes Kepler«, in: R. Taton und C. Wilson, *Planetary Astronomy from the Renaissance to the Rise of Astrophysics*, 2 Bde., New York 1989–95, Bd. 2A, S. 54–78.
Ders.: »Tycho Brahe and the Great Comet of 1577«, *Sky and Telescope* 54 (1977), S. 452–58.
Ders.: »Tycho Brahe: Observational Cosmologist«, in: Christianson u.a. (Hg.), a.a.O., S. 21–29.
Gingerich, Owen und James R. Voelkel, »Tycho Brahe's Copernican Campaign«, *Journal for the History of Astronomy* 29 (1998), S. 1–34.

Gingerich, Owen und Robert Westman, »The Wittich Connection«, in: *Transactions of the American Philosophical Society* 78 (1988), Teil 7.

Goldwater, Leonard J.: *Mercury: A History of Quicksilver*, Baltimore: York Press, 1972.

Gotfredsen, Edvard: »Tyge Brahe sidste sygdom og død«, *Fund og Farskning* 2 (1955), S. 33–38.

Grafton, Anthony: *Defenders of the Text: The Traditions of Scholarship in an Age of Science, 1450–1800*, Cambridge, Mass.: Harvard University Press, 1991.

Günther, Ludwig: *Kepler und die Theologie: Ein Stück Religions- und Sittengeschichte aus dem XVI. und XVII. Jahrhundert*, Gießen: Verlag von Alfred Töpelmann, 1905.

Haage, Bernhard Dietrich: *Alchemie im Mittelalter: Ideen und Bilder von Zosimus bis Paracelsus*, Düsseldorf und Zürich: Artemis & Winkler 1996.

Hall, Manly P: *The Mystical and Medical Philosophy of Paracelsus*, Los Angeles: Philosophical Research Society, 1964.

Hamel, Jürgen: *Bibliographia Kepleriana: Verzeichnis der gedruckten Schriften von und über Johannes Kepler*, hg. im Auftrag der Deutschen Forschungsgemeinschaft und der Bayerischen Akademie der Wissenschaften von der Kepler-Kommission der Bayerischen Akademie der Wissenschaften, München: C.H. Beck, 1998.

Hammer, Franz: *Johannes Kepler: Selbstzeugnisse*, Stuttgart-Bad Cannstatt: Friedrich Frommann Verlag (Günther Holzboog), 1971.

Hannaway, Owen: »Laboratory Design and the Aim of Science: Andreas Libavius versus Tycho Brahe«, *Isis* 77 (1986), S. 585–610.

Hasner, Joseph von: *Tycho Brahe und J. Kepler in Prag: Eine Studie*, Prag: J. G. Calve, 1872.

Haupt, Herbert: »In the Name of God: Religious Struggles in the Empire, 1555–1648«, in: Fucíková u.a., a.a.O., S. 75–79.

Helfrecht, Johann Theodor Benjamin: *Tycho Brahe, geschildert nach seinem Leben, Meynungen und Schriften: Ein kurzer biographischer Versuch*, Hof: Grauische Buchhandlung, 1798.

Hellman, Doris: »Was Tycho Brahe as Influential as He Thought?«, *British Journal for the History of Science* 1 (1963), S. 295–324. Hemleben, Johannes: *Johannes Kepler in Selbstzeugnissen und Bilddokumenten*, Reinbek bei Hamburg: Rowohlt Taschenbuch Verlag, 1971.

Hohenheim, Theophrast von: »Paragranum. Vorrede und erste zwei Bücher. Entwürfe und 1. Ausarbeitung in Berezhausen 1529/30«, in: Theophrast von Hohenheim gen. Paracelsus, Sämtliche Werke, 1. Abteilung, Medizinische, naturwissenschaftliche und philosophische Schriften, hg. von Karl Sudhoff, 8. Band, *Schriften aus dem Jahr 1530, geschrieben in der Oberpfalz, Regensburg, Bayern und Schwaben*, München: Otto Wilhelm Barth, 1924 [S. 31–113].

Ders.: »Die drei (vier) Bücher des Opus Paramirum«, in: ders., Sämtliche Werke, 1. Abteilung, Medizinische, naturwissenschaftliche und philosophische Schriften, hg. von Karl Sudhoff, 9. Band, *»Paramirisches« und anderes Schriftwerk der Jahre 1531–1535 aus der Schweiz und Tirol*, München-Planegg: Otto Wilhelm Barth Verlag, 1925 [S. 37–230].

Ders.: »Neun Bücher Archidoxis (Decem libri Archidoxis) (1525/26)«, in: ders., Sämtliche Werke, 1. Abteilung, Medizinische, naturwissenschaftliche und philosophische Schriften, hg. von Karl Sudhoff, 3. Band, München und Berlin: R. Oldenbourg 1930 [S. 89–200].

Hübner, Jürgen: *Der Streit um das neue Weltbild: Johannes Keplers Theologie und das kopernikanische System*, Vortrag auf der Mitgliederversammlung der Kepler-Gesellschaft am 3.12.1974, Weil der Stadt: Kepler-Gesellschaft Weil der Stadt, 1974.

Humberd, Charles D.: »Tycho Brahe's Island«, *Popular Astronomy* 45 (1937), S. 118–25.

Hynek, J. Allen: »Kepler's Astrology and Astronomy« (Zusammenfassung), *Vistas in Astronomy* 18 (1975), S. 455.

Jardine, Nicolas: *The Birth of History and Philosophy of Science: Kepler's »A Defense of Tycho against Ursus« with Essays on Its Provenance and Significance*, New York: Cambridge University Press, 1984.

Kaempe, Bent und Claus Thykier: »Tycho Brahe død of forgiftning? Bestemmelse af gifte I skaeg og hår ved atomabsorptionektrometri«, *Naturens verden* (1993), S. 425–34.

Kaempe, Bent, Claus Thykier und N.A. Petersen: »The Cause of Death of Tycho Brahe in 1601«, *Proceedings of the 31st TIAFT Congress 15–23 August 1993 in Leipzig*, S. 309–15.

Kepler, Johannes: *Gesammelte Werke*, Im Auftrag der Deutschen Forschungsgemeinschaft und der Bayerischen Akademie der Wissenschaften herausgegeben von der Kepler-Kommission der Bayerischen Akademie der Wissenschaften, 25 Bde., München: C.H. Beck, 1937–.

Ders.: *Weltharmonik* (Harmonice Mundi), übers. und eingeleitet von Max Caspar, München und Berlin: Verlag R. Oldenbourg 1939.

Ders.: *Das Weltgeheimnis* (Mysterium Cosmographicum), übers. und eingeleitet von Max Caspar, München und Berlin: Verlag R. Oldenbourg, 1936.

Ders.: *Neue Astronomie* (Astronomia Nova), übers. und eingeleitet von Max Caspar, München: R. Oldenbourg Verlag, 1990.

Ders.: *Vom sechseckigen Schnee.* (Strena seu De Nive Sexangula), übers. von Dorothea Goetz, Leipzig 1987.

Ders.: *Somnium: Keplers Traum vom Mond*, übers. und hg. von Ludwig Günther, Leipzig 1898.

Kirchvogel, Paul Adolf: »Tycho Brahe als astronomischer Freund des Landgrafen Wilhelm IV. von Hessen-Kassel«, *Sudhoffs Archiv* 61, Nr. 2 (1977), S. 165–72.

Koestler, Arthur: *Die Nachtwandler. Das Bild des Universums im Wandel der Zeit*, Bern u.a.: Alfred Scherz Verlag, 1959.

Kozhamthadam, Job: *The Discovery of Kepler's Law: The Interaction of Science, Philosophy, and Religion,* Notre Dame: University of Notre Dame Press, 1994.

Krafft, Fritz: *Astronomie als Gottesdienst: Die Erneuerung der Astronomie durch Johannes Kepler. Der Weg der Naturwissenschaft von Johannes Gmunden zu Johannes Kepler*, hg. von Günther Hamann und Helmuth Grössing, Wien: Verlag der Österreichischen Akademie der Wissenschaften, 1988, S. 182–96.

Langebek, Jacob: »Sammlung verschiedener Briefe und Nachrichten, welche des berühmten Mathematici TYCHONIS BRAHE Leben, Schriften und Schicksale betreffen, und teils von ihm selbst, teils aber von anderen verfassen sind«, *Dänische Bibliothek* 9 (1747), S. 229–80.

Lemcke, Mechthild: *Johannes Kepler*, Reinbek bei Hamburg: Rowohlt Taschenbuch Verlag, 1995.

Lindbergh, David C. und Robert Westman (Hg.), *Reappraisals of the Scientific Revolution*, New York: Cambridge University Press, 1990.

List, Martha: »Der handschriftliche Nachlass der Astronomen Johannes Kepler und Tycho Brahe«, *Geschichte und Entwicklung der Geodäsie*, Bd. 2, München: Verlag der Bayerischen Akademie der Wissenschaften, 1961.

Dies.: »Kepler as a Man«, *Vistas in Astronomy* 18 (1975), S. 97–105.

Dies.: »Wallenstein's Horoscope« (Abstract), *Vistas in Astronomy* 18 (1975), S. 449f.

List, Martha und Walther Gerlach: *Johannes Kepler. Dokumente zu Lebenszeit und Lebenswerk*, München: Ehrenwirth Verlag, 1971.

Martens, Rhonda: *Kepler's Philosophy and the New Astronomy*, Princeton: Princeton University Press, 2000.

Matiegka, Heinrich: *Bericht über die Untersuchung der Gebeine Tycho Brahe's*, Prag: Verlag der königl. Böhmischen Gesellschaft der Wissenschaften, 1901.

McEnvoy, Joseph P.: »The Death of Tycho and the Scientific Revolution«, in: Christianson u.a. (Hg.), a.a.O., S. 217–22.
Meayama, Yas: »Tycho Brahe's Stellar Observations: An Accuracy Test«, in: Christianson u.a. (Hg.), a.a.O., S.113–27.
Mell, Anton: *Johannes Keplers steirische Frau und Verwandtschaft: Eine familiengeschichtliche Studie*, Graz: Verlag der Universitäts-Buchhandlung Leuschner und Lubenskh, 1928.
Moesgaard, Kristian Peder, »Tycho Brahe's Discovery of Changes in Star Latitudes«, *Centaurus* 32, Nr. 4 (1989), S. 310–23.
Ders.: »Tychonian Observations, Perfect Numbers, and the Date of Creation: Longomontanus's Solar and Processional Theories«, *Journal for the History of Astronomy* 6 (1975), S. 84–99.
Moran, Bruce T.: *Patronage and Institutions: Science, Technology, and Medicine at the European Court, 1500–1750*, Rochester, NY: Boydell Press, 1991.
Moryson, Fynes: *An Itenerary Containing his Ten Yeeres Travell through the Twelve Dominions of Germany, Bohmerland, Sweitzerland, Netherland, Denmark, Poland, Italy, France, England, Scotland & Ireland*, New York und Glasgow: Macmillian Company and J. McLehose and Sons, 1907.
Ders.: *Shakespeare's Europe: A Survey of the Condition of Europe at the End of the 16th Century, Being Unpublished Chapters of Fynes Moryson's* Itinerary (1617). Mit einer Einleitung und einem Bericht über den Werdegang von Fynes Moryson von Charles Hughes, New York: B. Blom, 1967.
Mout, Nicolette: »The Court of Rudolf II and Humanist Culture«, in: Fucíková u.a., a.a.O., S. 220–37.
Newman, William R. und Lawrence M. Principe, *Alchemy Tried in the Fire: Starkey, Boyle, and the Fate of Helmontian Chemistry*, Chicago und London: University of Chicago Press, 2002.
Oestmann, Günther: »Tycho Brahe's Attitude toward Astrology and His Relations to Heinrich Rantzau«, in: Christianson u.a. (Hg.), a.a.O., S. 84–94.

Olbers, W.: »Tycho de Brahe als Homöopath«, *Jahrbuch für 1836*, hg. von H.C. Schumacher, Stuttgart: Cotta, 1836, S. 98–100.

Osler, Margaret J. (Hg.): *Rethinking the Scientific Revolution*, New York: Cambridge University Press, 2000.

Peinlich, Richard: *M. Johann Kepler's Dienstzeugnis bei seinem Abzuge aus den innerösterreichischen Erbländern*, vom Autor selbst verlegt, Graz 1868.

Ders.: *M. Johann Kepler's erste Braut und Ehestand*, vom Autor selbst verlegt, Graz 1873.

Pesek, Jiri: »Prague between 1550 and 1650«, in: Fucíková u.a., a.a.O., S. 252–68.

Pick, Friedel: *Joh. Jessenius de Magna Jessen: Arzt und Rektor in Wittenberg und Prag. Hingerichtet am 21. Juni 1621. Ein Lebensbild aus der Zeit des Dreißigjährigen Krieges*, Leipzig: Verlag von Johann Ambrosius Barth, 1926.

Popovzter, Mordecai, »Renal Handling of Phosphorus in Oliguric and Nonoliguric Mercury-Induced Acute Renal Failure in Rats«, in: Eusebio Mays u.a. (Hg.), *Mercury Poisoning*, Bd. 2, New York: MSS Information Corporation, 1973, S. 52–67.

Postl, Anton: »Kepler, Mystic and Scientist«, *Vistas in Astronomy* 18 (1975), S. 453–54.

Rosen, Edward: »Galileo and Kepler: Their First Two Contacts«, *Isis* 57 (1966), S. 262–64.

Ders.: »In Defense of Tycho Brahe«, *Archive for the History of Exact Science* 24, Nr. 4 (1981), S. 257–65.

Ders.: »Kepler's Attitude toward Astrology and Mysticism«, in: Brian Vickers (Hg.), *Occult and Scientific Mentalities in the Renaissance*, New York: Cambridge University Press, 1984, S. 253–72.

Ders.: *Three Imperial Mathematicians: Kepler Trapped between Tycho Brahe and Ursus*, New York: Abaris Books, 1986.

Ders.: »Tycho Brahe and Erasmus Reinhold«, *Archives Internationales d'Histoire des Sciences* 32 (1982), S. 3–8.

Rothman, Stephen: *Physiology and Biochemistry of the Skin*, Chicago: University of Chicago Press, 1954.

Ruland, Martin: *Lexicon Alchemiae Sive Dictionarium Alchemisticum. Cum obscuriorum Verborum & Rerum Hermeticarum, tum Theophrast-Paracelsiarum Phrasium, Planam Explicationem continens*, Francofurtensium: Palthenius, 1612.

Shackelford, Jole: »Documenting the Factual and the Artifactual: Ole Worm and Public Knowledge«, *Endeavour* 23, Nr. 2 (1999), S. 65–71.

Ders.: »Nordic Science in Historical Perspective«, *Nordic Culture Curriculum Project* 1 (1994), S. 1–4.

Ders.: »Paracelsianism and Patronage in Early Modern Denmark«, in: Bruce T. Moran (Hg.), *Patronage and Institutions: Science, Technology, and Medicine at the European Court, 1500–1750*, Rochester: Boydell Press, 1991, S. 85–109.

Ders.: »Paracelsianism in Denmark and Norway in the 16th and 17th Centuries«, Dissertation, Universität von Wisconsin, 1989.

Ders.: »Providence, Power, and Cosmic Casualty in Early Modern Astronomy: The Cause of Tycho Brahe and Petrus Severinus«, in: Christianson u.a. (Hg.), a.a.O., S. 46–69.

Ders.: »Rosicrucianism, Lutheran Orthodoxy, and the Rejection of Paracelsianism in Early Seventeenth-Century Denmark«, *Bulletin of the History of Medicine* 70, Nr. 2 (1996), S. 181–204.

Ders.: »Tycho Brahe, Laboratory Design, and the Aim of Science: Reading Plans in Context«, *Isis* 84 (1993), S. 211–30.

Simon, Gérard: »Kepler's Astrology: The Direction of a Reform«, *Vistas in Astronomy* 18 (1975), S. 439–48.

Snyder, George Sergeant: *Maps of the Heavens*, New York: Abbeville Press, 1984.

Sollmann, Torald: *A Manual of Pharmacology and Its Applications to Therapeutics and Toxicology*, 8. Aufl., Philadelphia: Saunders, 1957.

Strano, Giorgio: »Testing Tradition: Tycho Brahe's Instruments and Praxis«, in: Christianson u.a.(Hg.), a.a.O., S. 120–27.
Sutter, Berthold: *Der Hexenprozess gegen Katharina Kepler*, Weil der Stadt: Kepler-Gesellschaft Weil der Stadt, 1979.
Ders.: *Johannes Kepler und Graz*, Graz: Leykam Verlag, 1975
Taton, René und Curtis Wilson: »*Planetary Astronomy from the Renaissance to the Rise of Astrophysics*, 2 Bde., New York: Cambridge University Press, 1989–95.
Temkin, C. Lilian u.a.: *Four Treatises of Theophrastus von Hohenheim called Paracelsus*, Baltimore: Johns Hopkins University Press, 1941.
Thoren, Victor E.: »The Comet of 1577 and Tycho Brahe's System of the World«, *Archives Internationales d'Histoire des Sciences* 29 (1979), S. 53–67.
Ders.: *The Lord of Uraniborg: A Biography of Tycho Brahe*, New York: Cambridge University Press, 1990.
Ders.: »New Light on Tycho's Instruments«, *Journal for the History of Astronomy* 4 (1973), S. 25–45.
Ders.: »Prosthaphaeresis Revisited«, *Historia Mathematica* 15 (1988), S. 32–39.
Ders.: »Tycho Brahe«, in: Taton and Wilson, a.a.O., Bd. 2A, S. 3–21.
Ders.: »Tycho Brahe: Past and Future Research«, *History of Science* 11 (1973), S. 270–82.
Ders.: »Tycho Brahe's Discovery of the Variation«, *Centaurus* 12 (1967–68), S. 151–66.
Ders.: »Tycho and Kepler on the Lunar Theory«, *Publications of the Astronomical Society of the Pacific* 79 (1967), S. 483–89.
Ders.: »An „Unpublished" Version of Tycho Brahe's Lunar Theory«, *Centaurus* 16, Nr. 3 (1971–72), S. 203–30.
Thurston, Hugh: *Early Astronomy*, New York: Springer, 1996.
Trevor-Roper, Hugh: »The Paracelsian Movement«, *Renaissance Essays*, Chicago: University of Chicago Press, 1985.
Valentinus, Basilus: »Von den natürlichen und übernatürlichen

Dingen, Auch Von der ersten Tinctur-Wurtzel und Geiste der Metallen und Mineralien, wie dieselbe empfangen, ausgekocht, gebohren, verändert und vermehret werden«, in: ders., *Chymische Schriften*, 5. Edition, Hamburg 1740 [S. 205–285].

Voelkel, James R.: *Johannes Kepler and the New Astronomy*, New York: Oxford University Press, 2001.

Waite, Arthur Edward (Hg.): *The Hermetic and Alchemical Writings of Aureolus Philippus Theophrastus Bombast, of Hohenheim, called Paracelsus the Great* (1894), 2 Bde., Berkeley: Shambhala, 1976.

Warren, Robert: »Tycho and the Telescope«, in: Christianson u. a. (Hg.), a. a. O., S. 302–09.

Weistritz, Philander von der [C.G. Mengel]: *Lebensbeschreibung des berühmten und gelehrten dänischen Sternsehers Tycho v. Brahe*, 2 Bde., Kopenhagen und Leipzig: Friedrich Christian Pelt, 1756.

Wesley, Walter: »The Accuracy of Tycho Brahe's Instruments«, *Journal for the History of Astronomy* 9 (1978), S. 42–53.

Ders.: »Tycho Brahe's Solar Observations«, *Journal for the History of Astronomy* 10 (1979), S. 96–101.

Westman, Robert (Hg.): *The Copernican Achievement*, Berkeley: University of California Press, 1975.

Wexler, Philip (Hg.): *Encyclopedia of Toxicology*, Bd. 2, New York: Academic Press, 1998.

White, Ralph (Hg.): *The Rosicrucian Enlightenment*, Hudson: Lindisfarne Books, 1999.

Winkle, Stefan: *Geißeln der Menschheit – Kulturgeschichte der Seuchen*, Düsseldorf, Zürich: Artemis & Winkler 1997.

Wolfschmidt, Gudrun: »The Observations and Instruments of Tycho Brahe«, in: Christianson u. a. (Hg.), a. a. O., S. 203–16.

Wollgast, Siegfried und Siegfried Marx: *Johannes Kepler*, Leipzig: Urania, 1976.

Yates, Frances A.: *Aufklärung im Zeichen des Rosenkreuzes*, Stuttgart: Klett, 1975.

Zeeberg, Peter: »Alchemy, Astrology, and Ovid: A Love Poem by Tycho Brahe«, in: Ann Moss (Hg.), *Acta Conventus Neo-Latini Hafniensis*, Tagungsberichte des 8. Internationalen Kongresses für Neulateinische Studien, Kopenhagen, 12.–17. August 1991, Binghamton: Medieval and Renaissance Texts and Studies, 1994, S. 997–1007.

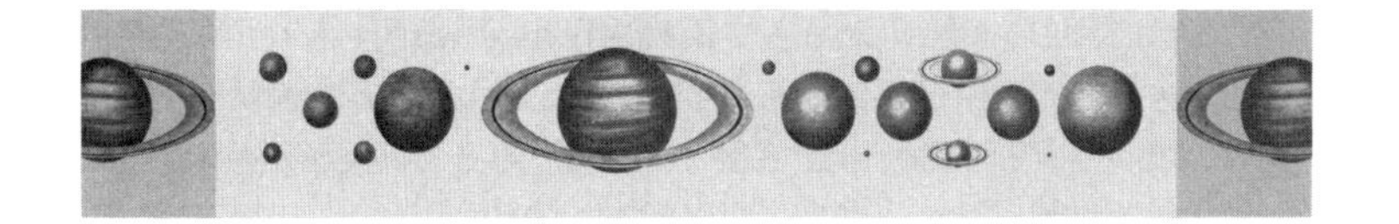

ABBILDUNGSNACHWEIS

Das Porträt von Johannes Kepler und die Uranienburg mit Gartenanlage: Archiv für Kunst und Geschichte, Berlin.

Das Porträt von Tycho Brahe: Det Nationalhistoriske Museum på Frederiksborg, Hillerød.

Komet von 1577: Zentralbibliothek Zürich, Sammlung Wickiana.

Todesprognostikum von 1578: Abdruck mit freundlicher Genehmigung des UKATC, Royal Observatory, Edinburgh, Crawford Collection.

Die Uranienburg, Quadrans Maximus, Sextant, Armilla, Mauerquadrant und die Stjerneborg: *Dansk Astronomi Gennem Firehundrede År*, Rhodos: Kopenhagen, 1990.

Das Polyeder-Modell von Johannes Kepler: Bildarchiv Preußischer Kulturbesitz.

Porträt Rudolfs II. von Hans von Aachen: Kunsthistorisches Museum Wien.

Handschrift-Illustration einer Katheterisierung, von einem Anonymus gemalt nach Heinrich Füllmaurer und Albrecht Meyer. 197°.d.02 XVI: Abdruck mit freundlicher Genehmigung der Trustees of the British Museum, London.

Hans Bock der Ältere, *Das Bad zu Leuk?*, 1597: Öffentliche Kunstsammlung, Basel, Kunstmuseum. Foto: Öffentliche Kunstsammlung, Martin Bühler.

PIXE-Analyse einer Haarprobe von Tycho Brahe: Abdruck mit freundlicher Genehmigung von Jan Pallon, Universität Lund, Schweden.

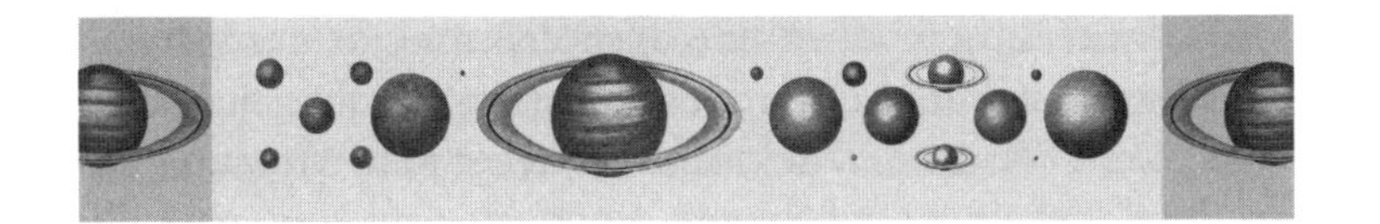

DANKSAGUNG

Zuallererst möchten wir unserem brillanten Agenten, James Vines, der uns von Anfang an partnerschaftlich unterstützte, unseren tief empfundenen Dank aussprechen. Ferner unserer hervorragenden Lektorin Katie Hall, deren beständige wohlwollende Begleitung und deren kluge, sachkundige Ratschläge unserem Buch erst den letzten Schliff gaben, sowie unserer Lateinübersetzerin für die englische Ausgabe, Rose Williams, die nicht nur das Renaissance-Latein zu frischem Leben erweckte, sondern auch viele wertvolle Anregungen und Erkenntnisse beisteuerte. Ein sehr herzliches Dankeschön auch an Thorsten Schmidt, den Übersetzer der deutschen Ausgabe. Seine Arbeit besticht nicht nur in ihrer stilistischen Brillanz, sondern ebenso durch die unübertroffene Gewissenhaftigkeit und Genauigkeit im Umgang mit Fakten und Originalzitaten. Wir danken dem außergewöhnlich tüchtigen Team bei Doubleday, insbesondere Bill Thomas, dessen Glauben an dieses Buch ein unerschöpflicher Quell der Kraft und Motivation für uns war; Kendra Harpster, die das Buch auf den Weg brachte; und der ungemein kreativen Designerin Deborah Kerner.

Wir können all den liebenswerten Menschen, die uns bei unseren Recherchen in Europa so freundlich aufgenommen und uns so großzügig und geduldig ihre Zeit und ihr unschätzbares Wissen zur Verfügung gestellt haben, gar nicht genug danken: Göran Nyström, Direktor des Tycho-Brahe-Museums auf der Insel Ven und Koordinator des Worldview Network; Elisabeth Lundin, Abteilungsleiterin des Tycho-Brahe-Museums; Vilhelm Flensburg, unserem Führer auf der Insel Ven; Dr. Jan Pallon, Professor am Fachbereich Physik der Universität Lund; Klas Hylten-Cavallius, einem versierten Brahe-Spezialist aus Lund; Dr. Bent Kaempe, Doktor der Pharmakologie und emeritierter Vorstand des Instituts für Rechtsmedizin an der Universität Kopenhagen und seit 1995 Träger des dänischen Ehrentitels »Ritter«; Claus Thykier, Direktor des Ole-Rømer-Museums in Kopenhagen und ein begnadeter Musiker; Björn Jörgenson, Direktor des Tycho-Brahe-Observatoriums in Kopenhagen; Henrik Wachtmeister, dessen Familie seit 1771 den Stammsitz der Brahes, Schloss Knutstorp, besitzt; Bohadana Divisova-Bursikova, M. A., vom Prager Institut für Medizingeschichte; Dr. Zdenek Hojda, Professor an der philosophischen Fakultät der Karls-Universität Prag, und Dr. Martin Solc, Professor am astronomischen Institut der Karls-Universität Prag. Außerdem möchten wir Dr. Gerhard Betsch, emeritierter Professor am Institut für Mathematik der Universität Tübingen, danken, dem wir leider nicht persönlich begegnet sind.

Ohne die Hilfe zahlreicher Fachleute und Wissenschaftler, die uns durch die manchmal geheimnisvollen Welten der Alchemie und der modernen Medizin führten, wäre dieses Buch nicht geschrieben worden: Karin Figala, Professorin für Geschichte der Naturwissenschaften an der Technischen Universität München; Lawrence M. Principe, Ph. D., Professor für Geschichte der Naturwissenschaft (insbesondere Chemie), Medizin und Technik an der Johns-Hopkins-Universität, dessen einzigartig breites Wissen und unvergleichliche Kombination von Fähigkeiten uns ermöglichten, Tycho Brahes Quecksilberrezeptur zu entschlüsseln, und uns damit einen wichtigen Anhaltspunkt für die Klärung der rätselhaften Umstände seines Todes lieferten; Dr. med. Stephen William Dejter jr., Facharzt für Urologie, in Washington, D. C., und Dr. med. Thomas E. Andreoli, Professor und Vorstand der Abteilung für innere Medizin an der medizinischen Fakultät der Universität von Arkansas, die uns beide viele Stunden lang über die Funktion der Nieren und der übrigen Harnorgane belehrten; und der Toxikologe John B. Sullivan jr., Prodekan des gesundheitswissenschaftlichen Zentrums der Medizinischen Hochschule von Arizona, dem wir wertvolle Informationen über das Krankheitsbild der Quecksilbervergiftung verdanken.

Unser Dank gilt auch Owen Gingerich, Ph. D., emeritierter Chefastronom am Smithsonian Astrophysical Observatory und Professor für Astronomie und Wissenschaftsgeschichte an der Harvard-Universität, und Hugh Thurston, Ph. D., Professor Emeritus am Fachbereich Mathematik der Universität von British Columbia, der unsere zahlreichen Fragen über die Astronomie des 16. Jahrhunderts geduldig beantwortete; Kevin D. Dohmen, einem leidenschaftlichen Amateurastronomen; Geoff Chester, dem Leiter Öffentlichkeitsarbeit am U.S. Naval Observatory. Danken möchten wir ferner Ruben Blaedel, dem Verleger von Rhodos International Science and Art Publishing, der uns mit zahlreichen Illustrationen behilflich war, und unseren Übersetzern Lisa Ringland, Nigel Coulton, Vanessa Johnson und Mary Ann Eiler. Dessen ungeachtet übernehmen die Autoren natürlich die alleinige Verantwortung für sämtliche Fehler, die in diesem Buch enthalten sein mögen.

Für ihre liebenswürdige Unterstützung bei der Beschaffung von Primär- und Sekundärliteratur danken wir Bruno Sperl und Dr. Siegrid Reinitzer (Universitätsbibliothek Graz), Ninette Wollmann-Steppan und Stefan Renner (Universitätsbibliothek Heidelberg), Irene Friedl (Universitätsbibliothek München), Rita Jenatsch (Universitätsbibliothek Zürich) und all den wunderbaren Mitarbeitern der Europa-Abteilung der Kongressbibliothek.

Dieses Buch wäre ohne die tätige Unterstützung von Anne-Lees Eltern, Renate und Werner Boldt-Nachtigall, nicht termingerecht erschienen. Sie wohnten ein halbes Jahr lang bei uns, kümmerten sich um unseren Sohn, verköstigten uns und hielten Haus und Garten in tadellosem Zustand. Euch beiden ist ein Platz im Himmel sicher! Viele unserer Freunde haben uns zu Beginn der Arbeit an diesem Buch ermuntert und uns redaktionelle Anregungen gegeben: Penny und Simon Linder, Ralph Benko, Michael und Deborah Dobson, Bob und Blanca Reilly, Barbara Feuer und Maarten Rietvelt, Tony Dolan, Sam Goodman, Andreas Gutzeit, Carsten und Britta Obländer und natürlich die begeisterten Mitglieder von Anne-Lees Buchklub: Patricia McNeill, Jodie Hooper, Deb Fiscella, Dara Roberts, Gigi Thompson und Kerry Reichs. Joshuas Mutter, Mary-Ellen Gilder, war wie immer eine besonders aufmerksame Leserin, die uns in diesem Vorhaben nachhaltig bestärkte. Ein besonderes Dankeschön geht an Anne-Lees geliebte Schwester, Halla Beck, die uns bei unseren Recherchen in Europa begleitete und unseren Sohn liebevoll betreute.

Dass Anne-Lee während der anstrengenden Recherchen und der konzentrierten Arbeit an dem Manuskript nicht buchstäblich den Verstand verloren hat, verdankt sie ihrer wunderbaren Freundin Patricia McNeill, die ihr von Anfang bis Ende eine große Stütze war und ihr immer ein Glas Wein anbot, wenn sie sich am Wochenende mal eine Verschnaufpause gönnte. Josh wiederum verdankt es Anne-Lee, dass er während der Arbeit an diesem Buch bei Verstand blieb.

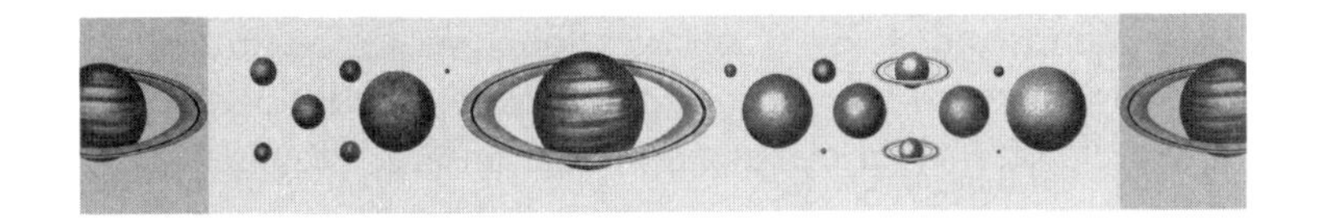

REGISTER

Aalborg, Hans 50
Abendmahlslehre, Kontroverse um 158f.
Abstandsgesetz, quadratisches 260f.
Alchemie/Alchemisten 49, 57–66, 74, 188, 234, 246
- Brahes Experimente 66, 76, 234, 247
- Keplers Kenntnisse der 247
- Quecksilber in der 229–232
Alfonsinische Tafeln 46f., 60, 177
Alfons X., König v. Kastilien 47, 177, 204
Andree-Expedition 222
Aquapedente, Fabricius 219
Arcimboldo, Giuseppe 151
Archimedes 53
Aristarchos 87
Aristoteles 61, 63, 86, 95
- Kosmologie des 68, 85, 88f., 120, 260
Armand, Nils 211
Arsenvergiftung 212
Astrologie 21, 48, 73, 186
- Brahes Einstellung zur 48, 73–76, 185ff.
- Brahe Vorlesungen über 73f., 97
- Keplers Horoskope und 20f., 28, 106f., 126, 160, 266, 269
Astronomie 21, 57, 256, 262
Atomabsorptionaspektrometer 213
Aufklärung 74f.
Augsburger Religionsfriede 156
Avicenna 61, 231

Bacon, Roger 59, 75
Bär, Nicholas Reimers s. Ursus
Barr, Stephen 260
Barwitz, Johannes 143f., 187, 251
Benatek 146f., 152, 184, 242
Besold, Christoph 39
Bille, Steen 56f.
Blasenstein-Hypothese 216f.
Bleivergiftung 213, 222
Böhmen, Königreich 149
Boyd, Helle Burchard 214
Brahe, Beate 42, 78
Brahe, Cecilie 254
Brahe, Elisabeth 198, 206
Brahe, Eric 15, 215
Brahe Jørgen 42ff., 49, 56, 78
Brahe, Kirsten Jørgensdatter 16, 55, 208, 210, 215, 253f.
Brahe, Magdalena 286
Brahe, Otto 42, 44, 54
Brahe, Sophie 80
Brahe, Tycho
- Beobachtungsjournale 11, 48, 50,

164–167, 170, 171f., 195, 203, 207, 253
– De Stella Nova 71f., 85
– Ehe 55f., 96, 98, 100
– „Elegie auf Dänemark“ 103
– „Elegie an Urania“ 71
– Erkrankung, tödliche 17, 206, 207f., 212, 215f, 218f., 226, 239
– experimentelle Methode 60, 66, 76, 84, 135, 259
– Finanzen 79, 100, 146, 177, 189, 244, 286
– forensische Analyse v. B.s sterbl. Überresten 19, 211–214, 223–227
– Grabmal 208
– Himmelsbeobachtungen 11, 48, 51, 85, 242, 256
– und Kapuzinerepisode 188
– Konstitution, körperliche 18, 218, 227
– Korrespondenz mit Mästlin 134f.
– Mechanica 46, 51, 73, 83, 103f., 253
– moderne Wissenschaft und 48f., 52f., 75
– „Oratio“ 76
– Persönlichkeit 12, 44ff., 50, 53, 56, 60, 71f., 97, 195, 242, 281
– Quecksilberrezeptur 212, 235ff., 240, 271–274
– Rudolf II. und 145f., 184–187, 203f.
– Ruhm 72, 78, 82, 242
– testamentarische Verfügung 17, 204, 226
– Theorien über B.s Tod 18f., 212f., 214, 216ff., 221, 224, 228, 239, 241, 243, 245
Brahe, Tyge 163, 254
Bürgi, Joost 130

Calvin, Johannes 38
Calvinismus/Calvinisten 97, 149, 156, 159
– Prädestinationslehre 159
Christian III., König v. Dänemark 41f.
Christian IV., König v. Dänemark 99f., 102ff., 266
Christianson, J.R. 281
Cohr, Karl-Heinz 214

Dänemark 43f., 54, 97, 99, 149, 266
Debus, Allen G. 289
Dioskurides 230
Dirac, Paul 117
Dreißigjähriger Krieg 147, 209, 265f.
Dreyer, J.L.D. 281

Einstein, Albert 177
Ephemeriden 46
Epizyklen 91f., 94, 256
Eriksen, Johannes 198f.

Fabricius, David 204, 254
Fels, Daniel 167, 186
Ferdinand, Erzherzog v. Steiermark 154f., 157, 160, 177f., 180, 249
als F. II., röm.-deutscher Kaiser 265, 266
Feselius, D. 246
Figala, Karin 247, 289f.
Fludd, Robert 290
Forsling, Bo 225
Foss, Andres 18
Frederick II., König v. Dänemark 16, 42f., 77f., 98f., 101
– als Förderer Brahes 77ff., 96,. 100
Friis, Christian 99ff., 102f., 204
Fundamentum Astronomicum (Bär) 130, 137

Galenus 61, 63, 230
Galilei, Galileo 51, 85, 90
Gargantua und Pantagruel (Rabelais) 233
Gegenreformation 105, 149, 155, 245
Gingerich, Owen 47, 278
Gnesiolutheraner 98, 100
Gotfredsen, Edvard 216f., 220
Gravitation/sgesetz 11, 74, 88, 120, 259f.

Große Konjunktionen v. Jupiter u. Saturn 48, 108ff.
Gyldenstierne, Knud 285

Haffenreffer, Matthias 36, 40
Hagecius, Thaddeus 143
Heinrich IV., König v. England 59
Heinrich der Seefahrer 47
Herwart von Hohenburg, Georg 127, 159f.
Hexenverfolgung 26, 268
Heydon, Christoph 254f.
Hipparchos 47
Hoffmann, Johann Friedrich von 162, 163, 172f., 182
Hodja, Zdenek 245
Hussiten 149

Iatrochemie/Iatrochemiker 60–66, 237, 243

Jakob I., König v. England 81
Jessenius, Johannes 143, 220, 265
- Grabrede für Brahe 16ff., 206ff., 241f., 253
- über tödl. Erkrankung Brahes 207, 215, 218f., 226
- Mittlerrolle in Verhandlungen Brahes mit Kepler 170, 172f., 215f.
Jesuiten 105f., 155, 159
Johannes XXII., Papst 59

Kaempe, Bent 211–214, 221, 225f.
Kapuziner 150, 188, 245
Karl, Erzherzog von Steiermark 106
Kepler, Barbara Müller 122f., 124f., 126f., 177, 182, 190, 197f., 246, 267
Kepler, Christoph 268
Kepler, Cordula 246
Kepler, Friedrich 23
Kepler, Heinrich (Bruder) 24, 121, 267
Kepler, Heinrich (Vater) 22–25
Kepler, Heinrich (Sohn) 126
Kepler, Johannes
- Apologia pro Tychone contra Ursum 192
- apriorische Deduktion, wiss. Methode d. 116, 134f., 162
- Astronomia Nova 258, 261, 162
- Ausbildung 27f., 33f.
- Beziehung zu Brahe 140f., 153f., 164, 166f., 169, 171ff., 177, 196, 248ff.
- und Brahes Beobachtungsdaten 141, 162, 166, 170, 175, 195, 201, 247f., 253ff.
- als Brahes Nachfolger 251f., 266
- Diebstahl von Brahes Beobachtungsdaten 17, 252, 253ff.
- Dioptrice 261
- Eheschließung(en) 122, 127f., 267
- familiärer Hintergrund 12, 21–26
- Finanzen 106, 125, 127f., 167, 181, 190, 200, 266
- Gesundheitszustand 24f., 28f., 105, 174, 190f., 266
- göttliche Geometrie d. Kosmos nach K. 108–116, 140, 263
- und Gravitation, Untersuchungen zur 260f.
- Harmonice Mundi 160, 162, 164, 201, 202, 205, 251, 254, 258, 262f., 265, 269, 290
- Jahreshoroskope 20f., 106, 126f., 160, 197
- und kopernikanische Theorie 34, 38f., 97, 205, 251
- Korrespondenz mit Brahe 129, 133, 138f., 152ff., 166, 168–175
- Korrespondenz mit Herwart 127, 159, 161f., 165, 177, 192
- Korrespondenz mit Mästlin 107, 114, 125f., 137, 140, 155f., 160f., 167, 181, 193ff., 283
- Lehrtätigkeit 107, 122
- über Magnetismus 119f., 258f.
- als Mordverdächtiger 13, 246–252
- optische Studien 260f.
- Persönlichkeit 12f., 32f., 40, 117, 122, 139, 169, 173, 178f., 195
- und Religion 37f., 158f., 161, 267

– und Rudolf II. 21, 177, 183, 199ff.
– Selbstcharakteristik 28f., 34f., 107, 121, 124f., 137, 164, 179f., 205, 249f.
– Somnium 261, 268f.
– Tengnagels Disput mit 254f., 260
– Tertius Interveniens 247
– Tod von 270
– Ursus-Affäre und 133f., 135f., 139f.
– Verbannung aus Graz 180ff.
– Vertreibung aus Tübingen 36–40
Kepler, Katharina 22
Kepler, Katharina Guldenman 25f., 267f.
– Anklage wg. Hexerei 26, 267ff.
Kepler, Kunigunde 22
Kepler, Regina 124f., 182
Kepler, Sebald 21f., 123
Kepler, Sebaldus 23
Kepler, Susanna 126
Kepler, Susanna Reuttinger 267
Knutstorp 43f., 98
Komet von 1577 25f., 68, 85f., 242
Kopernikanische Tafeln 108, 186, 204
kopernikanisches Weltbild 34, 38f., 47, 89–92, 134
Kopernikus, Nikolaus 47, 87, 90f., 93, 95, 116, 119
– De Revolutionibus 39, 89
Ko Hung 229
Kristallsphären-Theorie 49, 52, 86, 94f., 112, 258
Kurtz, Jacob 143, 188f.

Lange, Erik 59, 129f.
Leonardo da Vinci 53
Longomontanus 18, 178, 180, 204
Luther, Martin 37f.
– Ubiquitätslehre 158
Luthertum/Lutheraner 97, 149, 156, 158, 161

Magini, Giovanni Antonio 95, 201ff., 249, 254
Magnetismus 258
Massenanziehungsgesetz s. Gravitationsgesetz
Mästlin, Michael 34, 39f., 51, 95, 97, 123, 134, 137, 192–196, 249, 259
Matiegka, Heinrich 209
Matthias, Erzherzog 151
Mauerquadrant 83
Mecklenburg, Herzog von 103, 186
Melanchthon, Philipp 37f., 97, 149
Minckwitz, Ernfried von 15, 206
Müller, Jobst 122f., 124, 197
Müller, Johannes 199, 204
Müller, Marx 123
Murr, Simon 121
Mysterium Cosmographicum (Kepler) 39, 108, 112–118, 123, 134, 205, 251, 259, 262
– Brahes Daten und 141, 165, 168, 247f., 254
– kopernikanisches Weltsystem in 34, 110
– in Korrespondenz Kepler–Brahe 133f., 135f., 139f., 152f.
– in Korrespondenz Kepler–Ursus 132f.

Napoleon I. 212
Niederlande 148
Newton, Isaac 11, 75, 89, 260
Numerologie 262f.

Oberndorffer, Johann 246
Optik 260f.
Oxe, Inger 78
Oxe, Peter 43, 50, 77f., 99

Pallon, Jan 222–227, 239, 240
Papius, Rektor d. Grazer Stiftsschule 121
Paracelsus (Philippus von Hohenheim) 60f., 63, 65f., 229, 233f., 239
Parallaxe 69f., 85, 89
– Sternparallaxe 70, 89
Parsberg, Manderup 45
Physik, neuzeitliche 11f., 259f.
Pick, Friedel 220

Pistorius, Johannes 255
PIXE-Verfahren (protoneninduzierte Röntgenemission) 222f.
Planetenbewegung 118f., 256, 258
- Gesetze der 11, 108, 118, 165, 257–260
- rückläufige 90–94
- im tychonischen System 89f., 93ff., 164
platonische (pythagoreische) Körper 112, 115, 262
Plinius d. Ä. 67, 230
Praetorius, Johannes 114
Pratensis, Johannes 71
Preußische (Prutenische) Tafeln 39, 46f., 60
Principe, Lawrence 234f., 289
Prostataadenom 217f.
Prostatavergrößerung 217
Ptolemäische Tafeln 108, 186, 204
Ptolemäus, Claudius 47, 87f., 90
Pythagoras 262

quadrans maximus 51f.
Quecksilber 65, 229–234, 238
- zur Behandlung von Syphilis 232f.
Quecksilbervergiftung 220, 224f., 227f., 231, 233–240, 243
- in Brahes Rezeptur 234–237
- in Brahes sterbl. Überresten Hinweise auf 213, 224–228
- urämische Wirkung der 212, 220f., 238

Rabelais, François 233
Rantzau, Heinrich 104, 129, 142
Reformation 38, 57, 147, 149
- Schismen 38, 97, 149
Reinhold, Erasmus 39
Rhazes (Al Razi) 230, 231
Rheticus, Joachim 38f.
Rollenhagen, Georg 18, 187
Rømer, Ole 211
Rosenkrantz, Friedrich 176, 285
Rozmberk, Peter Vok Ursinus 206, 216
Rudolf II., röm.-deutscher Kaiser 11, 132, 142f., 145ff., 149ff., 156, 176f., 184–188, 198, 203f., 245, 249ff., 265
Rudolfinische Tafeln 204f., 250f., 254f., 266
Ruland, Martin 246
Rumpf, Freiherr von 144f.

Savery, Roland 151
Schweden 43f., 50, 266
Seiffert, Matthias 207, 243
Shackelford, Jole 289
Solc, Martin 245
Sophie, Königin v. Dänemark 78
Spranger, Bartholomäus 151
Stadius, Georg 37
Stjerneborg 82
Streicher, Renate 26
Supernova von 1572 67, 70, 242
Syphilis 62f., 232f.

Tanckius, Joachim 246
Tengnagel, Franz 142, 163, 167, 198, 204, 206, 242, 253ff.
Thoren, Victor 281
Thott, Otto 80
Thykier, Claus 211
Transsubstantiationsdogma 158
Transversale 83
Tübinger Universität 36–40, 97, 161, 181f., 192, 248
„Turpethum minerale“ 237
„Tycho-Bande“ 211
Tycho-Brahe-Planetarium 211
tychonisches Planetensystem 17, 86, 93, 129, 164, 242

Ubiquitätslehre 158
Uranienburg 11, 79ff., 100, 104, 129, 242, 280
Urämie 19, 212, 218ff., 227, 238f., 288
- Behandlungsmethoden 219f.
Ursus (Nicholas Reimers Bär) 17, 129f., 131f., 143, 152
Ursus-Affäre 129–141
- Bär–Kepler-Korrespondenz in 132f., 138

– Bärs Tod und 191f.
– Brahe–Kepler-Korrespondenz in 152f.

Valentinus, Basilius 57f., 65, 279
Vedel, Anders Sørensen 71

Walkendorf, Christoffer 99, 102f.
Wallenstein, Albrecht von 266
Weißer Berg, Schlacht am 209, 265
Weltharmonik s. Kepler, Johannes: Harmonice Mundi
Wensøsil, Jens 102
Wilhelm IV., Landgraf v. Hessen-Kassel 130, 132, 231
Wincke, Karen Andersdatter 104
Winstrup, Peter 99, 101
Wittich, Johannes 216
Württemberg, Herzog Friedrich v. 123f., 182

Zeiler, Bernhard 125
Zeiler, Hyppolyta 125